Oka
Wolga
Dnjepr
Donez
Bug
Dnjepr
Don
Dnjestr
Donau
W
O
S
Kaspisches Meer
Schwarzes Meer
Ḫattuša
Kaniš
Troja
Ägäis
Tigris
Assur
Aleppo
Euphrat
Mykene
Tiryns
Thera
Ugarit
Mari
MESOPOTAMIEN
Qatna
Uluburun
Zypern
Malia
Knossos
Byblos
Babylon
Phaistos
Mochlos
Kommos
Uruk
Kreta
Anemospilia
Hazor
Ur
Mittelmeer
Avaris
Marsa Maruth
Gizeh
Memphis
Sakkara
SINAI
UNTERÄGYPTEN
Rotes Meer
Nil
Theben
Schiffsroute
0 200 400 km
Um 1400 Sonnenwagen von Trundholm und Bronzehand von Prêles
Vor 1300 Schiff von Uluburun und Königsgrab von Kivik
Um 1200 Ende von Mykene, Ugarit und des homerischen Trojas
1100
v. Chr.

Harald Meller & Kai Michel

Griff nach den Sternen

HARALD MELLER · KAI MICHEL

GRIFF NACH DEN STERNEN

NEBRA, STONEHENGE, BABYLON: REISE INS UNIVERSUM DER HIMMELSSCHEIBE

PROPYLÄEN

MIX
Papier aus verantwortungsvollen Quellen
FSC® C002795

Propyläen ist ein Verlag der Ullstein Buchverlage GmbH
www.propylaeen-verlag.de

3. Auflage 2022
ISBN: 978-3-549-10027-1

Karten: Peter Palm, Berlin

Satz und Bildbearbeitung: Red Cape Production, Berlin
unter Verwendung einer Buchgestaltung von: pockrandt . visuelle kommunikation
Gesetzt aus Arno Pro und Neue Frutiger
Druck und Bindearbeiten: Livonia Print, Riga
Printed in Latvia

INHALT

SEHNSUCHT NACH UNENDLICHKEIT

Wir sind zu spät. Nirgends ein Ort, der noch unbekannt wäre. Kein Dschungel, in dem sich lianenüberwucherte Tempel verbergen. Nirgendwo streift mehr ein Okapi unerkannt durch den Regenwald. Kein Dodo legt auf einer unbekannten Insel seine Eier. Überall war schon jemand vor uns. Die weißen Flecken der Landkarten sind längst gefüllt. Schlechte Zeiten für Entdecker.

Zum Glück gibt es die Archäologie. Sie erlaubt uns, durch die Zeit zu reisen und in Sphären vorzudringen, die nie ein moderner Mensch zuvor gesehen hat. Sie beschert uns Abenteuer, von denen noch niemand hörte, enthüllt obskure Mysterien und entführt uns in fremde Reiche und fantastische Zivilisationen.

In Sachen Archäologie sind wir alles andere als zu spät. Da leben wir genau im richtigen Moment. Dank modernster naturwissenschaftlicher Methoden werden spektakulären, aber auch gänzlich unscheinbaren Objekten ihre Geheimnisse entlockt. Dass wir mittlerweile das Erbgut längst verstorbener Menschen lesen können, gleicht der Entdeckung einer neuen Sprache. Dank der Genetik gilt: Und Tote reden doch.

Endlich stoßen wir in Vergangenheiten vor, die uns bisher verschlossen blieben, weil keine schriftlichen Quellen von ihnen berichten. Das sind Zeiten, die uns viel mehr angehen, als uns bisher bewusst war. Wir erhalten Einsichten, wer wir sind, woher wir kommen und wie die Welt entstanden ist,

«
Verlorene Welten: So flach die Himmelsscheibe erscheint, so gewaltig ist der Kosmos, den sie verewigt. Sie ermöglicht, was der Archäologie ansonsten schwerfällt: das Weltverständnis von Menschen schriftloser Zeiten zu erkunden.

in der wir heute leben. Und wir erkennen, wie divers menschliche Realitäten schon immer waren.

Lange galt die Vorgeschichte Europas im besten Fall als barbarisch, im schlimmsten Fall als primitiv. Was ist schon zu erwarten von Kulturen, die nicht einmal über Schrift verfügten? Dann tauchte die Himmelsscheibe von Nebra auf. Eine Sensation, die umso größer wird, je besser wir sie verstehen. Sagenhafte 3800 Jahre alt, ist sie die älteste konkrete Himmelsdarstellung der Welt, die bisher gefunden wurde. Die UNESCO hat sie zum Welterbe der Menschheit erklärt.

Was sie so erstaunlich macht: Die Scheibe aus Bronze und Gold stammt nicht aus Ägypten oder den Hochkulturen Mesopotamiens, sondern aus dem dunklen Herzen Mitteleuropas. Genial verschlüsselt enthält sie das Geheimnis, wie der Lauf der Sonne mit dem des Mondes in Einklang gebracht werden kann. Das Ergebnis ist ein funktionierender Kalender, der die himmlischen Angelegenheiten mit denen der Erde verbindet. Die Himmelsscheibe von Nebra kündet vom menschlichen Griff nach den Sternen. Höchste Zeit, ihr Universum zu erkunden.

DIE VERMESSUNG DER SCHEIBE

Nie war die Gelegenheit besser: Zwei Jahrzehnte sind vergangen, seit einer von uns beiden im Jahr 2001 das erste Mal von diesem fantastischen Fund erfuhr und alles daransetzte, ihn aus zwielichtigen Kreisen für die Öffentlichkeit zu retten. Damit währt die Erforschung der Himmelsscheibe bereits gut 20 Jahre, was sie zu dem archäologischen Objekt macht, das wohl die größte Forschungsleistung pro Quadratzentimeter Fläche auf sich vereint.

In unserem letzten Buch haben wir die Geschichte ihrer krimihaften Entdeckung und ihrer nicht weniger spannenden Erforschung geschildert. Seither gibt es neue Forschungsergebnisse, und die sind eindrucksvoll. In den vergangenen Monaten wurden nicht nur das Innen- wie das Außenleben der Scheibe mit modernsten Verfahren inspiziert und jede noch so winzige Furche protokolliert, als handle es sich um die Vermessung einer unbekannten Welt. Es ist auch eine Menge unternommen worden, der Himmelsscheibe ihren Platz im bronzezeitlichen Kosmos vor gut 4000 Jahren zuzuweisen. Deshalb möchten wir sie nun mit der großen weiten Welt in Verbindung bringen. Wir werden Nebra mit Stonehenge, Ägypten und Babylon vernetzen und erstaunliche Beziehungen aufdecken, von denen manche bis heute reichen.

» 3600 Jahre ruhte die Himmelsscheibe im Boden. Deutlich zeigen sich die Beschädigungen durch die unsachgemäße Bergung und Reinigung seitens der Raubgräber und die hier erst teilweise entfernten zementierten Erdanhaftungen.

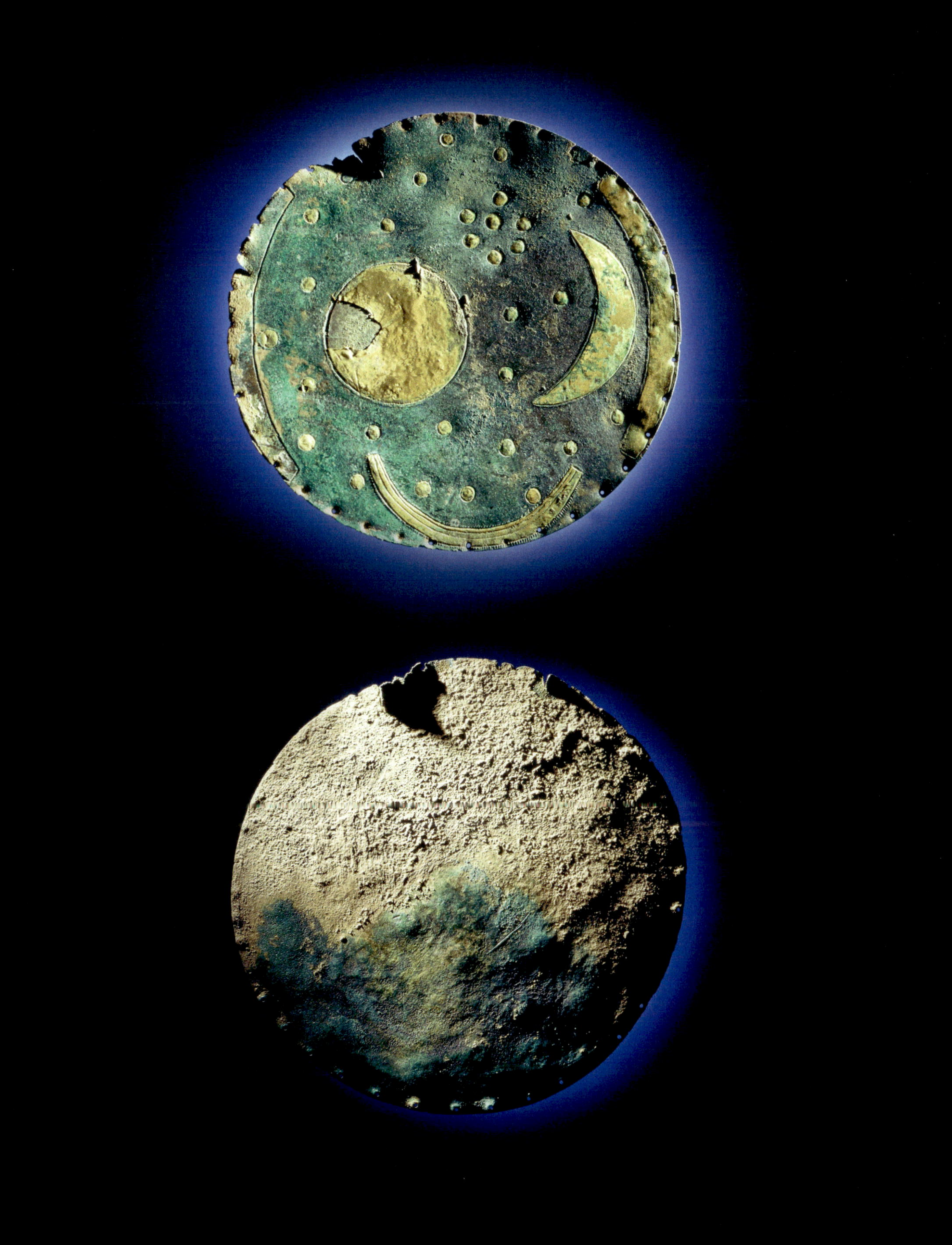

Die Sternstunden dieser Vergangenheit kennen die meisten: die minoischen Paläste Kretas, die Pyramiden, die Stufentempel Mesopotamiens. Wie hängen sie mit der Himmelsscheibe zusammen? Standen sie, und wenn ja in welcher Weise, mit dem Reich von Nebra in Verbindung? Wir versuchen diese Fragen auf der Grundlage der aktuellen Forschungen, soweit derzeit möglich, zu beantworten. Wir werden die Beziehungsgeflechte, die den bronzezeitlichen Kosmos durchziehen, rekonstruieren und zeigen, dass einer der Knotenpunkte zwischen Harz, Elbe und Saale lag.

Unser letztes Buch endete mit einer faktenbasierten Spekulation, um eine mögliche Verbindungslinie aufzuzeigen: Wir skizzierten, wie ein reisender Held aus dem Reich von Nebra das vermutlich aus Babylon stammende astronomische Wissen nach Mitteleuropa gebracht haben könnte und es dann auf der Himmelsscheibe verewigte. Mittlerweile wird nach möglichen Reiserouten und weiteren Hinweisen auf Fernkontakte gefahndet. Selbst Mini-U-Boote sind in italienischen Meeresgrotten zum Einsatz gekommen. Immer deutlicher zeigt sich, wie eng verbunden, ja globalisiert die damalige Welt war.

Unbekannte Gefilde kartieren: Harald Meller inspiziert die Scheibenoberfläche, um jeden noch so kleinen Hinweis auf ihre Herstellung, ihren Gebrauch und ihr Schicksal zu finden.

Erst dank digitaler Mikroskopie konnte nachgewiesen werden, dass auch der fehlende Horizontbogen links aus Gold war. In der Tauschierrinne (roter Kreis) zeigen sich winzigste Goldpartikel, die dort haften geblieben sind.

Überraschungen tauchen allerorten auf. Kaum war unser Buch erschienen, präsentierten Schweizer Archäologen eine von Raubgräbern geborgene bronzene Hand, wenig jünger nur als die Himmelsscheibe. Nicht nur die Kombination mit einem goldenen Armband erinnert an die Herrscher des Reichs von Nebra. Es handelt sich um ein für Mitteleuropa einzigartiges Stück; Parallelen finden sich hier keine, wohl aber, wie wir sehen werden, im Orient.

Ein zweites Beispiel: 2020 konnten Wissenschaftler jene Affen bestimmen, die in minoischen Wandfresken der Insel Santorin herumturnen. Es sind nicht, wie man lange annahm, afrikanische Meerkatzen, deren Kenntnis über ägyptische Handelskontakte in die Ägäis gelangt sein könnte. Nein, es handelt sich um Hanuman-Languren, die in Indien heimisch sind. Die Künstler haben sie vor über 3600 Jahren so realistisch dargestellt, dass Primatologen sie noch heute identifizieren können. Damals müssen Beziehungen zwischen der Ägäis und dem 4500 Kilometer entfernten indischen Subkontinent bestanden haben. Sollte da der Kontakt ins kaum 2000 Kilometer entfernte Reich von Nebra ein Ding der Unmöglichkeit gewesen sein?

Auch die rund ums »deutsche Stonehenge«, das Ringheiligtum von Pömmelte, laufenden Ausgrabungen bringen Funde zutage, die uns einen bisher unbekannten Einblick in jene Welt gewähren, der wir die Himmelsscheibe verdanken. Es fand sich eine Siedlung, die so groß ist, dass die Presse bereits von

Himmelstheater: Stonehenge bietet dem Mond, der Sonne und den Sternen eine überwältigende Bühne. Hier traten die Menschen in Kontakt mit den Kräften des Kosmos. Manche versuchen es noch immer.

einem »New York der Bronzezeit« schrieb. Zudem gibt es Hinweise auf weitere Heiligtümer, die nahelegen, dass wir es unweit der Elbe mit einer Rituallandschaft zu tun haben, die an das Kultareal rund um Stonehenge erinnert.

Fast könnte man glauben, die Archäologie liefe gerade zur Hochform auf. Eine neue Entdeckung jagt die andere. Anfang 2021 sorgte die Schlagzeile »Stonehenge stand ursprünglich ganz woanders« für Aufsehen. Selbst die *New York Times* fragte sich, ob es sich bei dem berühmtesten Steinkreis der Welt nur um ein »Secondhand«-Monument handelte. Wir werden uns das ansehen.

PYRAMIDEN, SCHIFFSWRACKS, SONNENKULT

Deshalb möchten wir nun entscheidende Schritte weitergehen und das Reich von Nebra in das grandiose Panorama der Welt vor 4000 Jahren einpassen. Damit meinen wir grob gesagt die Zeit von 2500 bis 1500 vor Christus: jenes bronzezeitliche Universum, in dem der neue Stern der Himmelsscheibe aufgegangen ist und nun seinen Platz sucht. Wir wollen mögliche und reale Verbindungslinien aufzeigen, und zwar bildkräftig. Das ist umso bedeutsamer, da wir es mit einer Epoche zu tun haben, in der die Grundlagen dessen gelegt wurden, was heute als Zivilisation gilt. Vieles prägt noch die Umrisse unserer Gegenwart.

Stellen wir uns vor, wir hätten es mit einem riesigen Puzzle zu tun. Manches ist wohlvertraut: Babylon, die Pyramiden, Stonehenge. Mit der Himmelsscheibe ist nun ein neues Puzzleteil dazugekommen, und zwar ein so erstaunliches, dass es nicht recht an den Ort zu passen scheint, an den es gehören soll. Was wissen wir schon über die Welt Mitteldeutschlands am Anbeginn der Bronzezeit? Im allgemeinen Bewusstsein ist sie nichts weiter als ein großer weißer Fleck.

»Mitteldeutschland in der Bronzezeit – selbst für Fans der Archäologie war das lange eine Terra incognita, eine Welt fast so unbekannt wie ein ferner Planet«, schreibt Bundespräsident Frank-Walter Steinmeier in seinem Geleitwort zur Sonderausstellung *Die Welt der Himmelsscheibe von Nebra – Neue Horizonte*. Das ändert sich langsam, der Scheibe sei Dank.

Um also das neue Puzzleteil einzufügen, werden wir im ersten Kapitel die Himmelsscheibe begutachten, ihre Entstehung und Eigenheiten nachvollziehen und die Rätsel lösen, die sie beinhaltet (zumindest soweit das heute möglich ist). Im zweiten Kapitel stellen wir die wichtigsten Aspekte jener verblüffenden Kultur vor, die wir als das Reich von Nebra bezeichnen. Dazu muss niemand unser letztes Buch gelesen haben, aber selbst jene, die es kennen, werden hier Neues erfahren – und vor allem zu Gesicht bekommen.

Im dritten Kapitel besichtigen wir die wichtigsten Kulturen, die zur Nebra-Zeit existierten. Sie stellen das Universum, den Rahmen des Puzzles dar, in dem es der Himmelsscheibe ihren Platz zuzuweisen gilt. Wir haben es mit einer erstaunlich globalisierten Welt zu tun. Wichtig ist uns dabei, die unterschiedlichen Bedingungen aufzuzeigen, die jeweils verschieden organisierte Gesellschaften hervorbrachten.

In den Kapiteln vier bis sechs rekonstruieren wir darauf aufbauend die Verbindungen, die sich zwischen der Himmelsscheibe, dem Reich von Nebra und den Kulturen der damaligen Welt ziehen lassen. Wir folgen den Spuren, die das Gold oder der Bernstein hinterlassen haben, wir spüren astronomischen Einsichten nach, begutachten die

Primatologen identifizierten die blauen Affen auf Fresken des minoischen Santorin als Hanuman-Languren und wiesen damit Verbindungen aus der Ägäis bis nach Indien nach – und das vor über 3600 Jahren.

erstaunlichen Übereinstimmungen in Sachen Sonnenkult und besteigen heilige Berge. Wir stoßen auf Schiffswracks und inspizieren Menschenopfer und Königsgrüfte. Auf diese Weise puzzeln wir das bildgewaltige Panorama der Welt der Bronzezeit zusammen, das Universum, in dem mit der Himmelsscheibe von Nebra nun ein neuer Fixstern strahlt. Es gibt viel zu entdecken. Schließlich präsentieren wir im siebten Kapitel den derzeit wahrscheinlichsten Weg, den der Herr der Himmelsscheibe ins Zweistromland genommen haben könnte.

Bei all der Detektivarbeit ist es wichtig, im Hinterkopf zu behalten: Wie fast immer in der Archäologie wird es auch in unserem Fall keine absoluten Gewissheiten geben. Wir sammeln Indiz um Indiz, um unsere Argumentation zu untermauern. Wie bei jedem guten Krimi gilt auch hier: Nichts ist spannender als die Ermittlungsarbeit.

Das Ringheiligtum von Pömmelte ist Pfosten für Pfosten genau rekonstruiert worden. Die Archäologen fanden in Opfergruben Spuren uns heute verstörend erscheinender Rituale, Menschenopfer inklusive.

WOHER KOMMEN WIR? WOHIN GEHEN WIR?

An der apulischen Küste Italiens kommt eine SeaCat-Unterwasserdrohne zum Einsatz, um den möglichen Weg zu erkunden, auf dem das auf der Himmelsscheibe verewigte Wissen aus dem Vorderen Orient nach Mitteldeutschland gelangte.

Doch die Reise in die Vergangenheit ist kein Selbstzweck. Sie hilft, uns und unsere Welt besser zu verstehen. Archäologie ist ein Mittel der Selbsterkenntnis des Menschen. Als der Astronaut der Europäischen Weltraumorganisation ESA Matthias Maurer gefragt wurde, was er gern mit auf den Mond nehmen würde, antwortete er: eine Kopie der Himmelsscheibe von Nebra. »An ihr kann ich erkennen, dass die Menschen schon vor 4000 Jahren in den Himmel geschaut und sich die gleichen Fragen gestellt haben wie wir.«

Im Herbst 2021 nun wird Maurer zunächst vom Kennedy Space Center in Florida mit dem SpaceX Crew-3 in den Weltraum starten, um zur Internationalen Raumstation ISS zu reisen, die in rund 400 Kilometern Höhe die Erde umkreist. Das Logo seiner Mission ist von der Himmelsscheibe inspiriert. Ob er eine Kopie der Nebra-Scheibe im Gepäck hat, wenn er ins Weltall startet?

Archäologie und Astronomie bündeln zentrale Fragen der Menschheit: Woher kommen wir? Wohin gehen wir? Die Sehnsucht nach dem Mond, der Sonne, den Gestirnen, das sich weder Begrenzenkönnen noch -wollen auf das Hier und Jetzt begleiten uns schon sehr, sehr lange. Wir werden dieser Sehnsucht nach Unendlichkeit in unserem Buch immer wieder begegnen. Der Griff nach den Sternen ist etwas, das charakteristisch für die Welt der Bronzezeit ist und ihre Kulturen über alle Grenzen vereint.

Heute trennen wir fein säuberlich zwischen Astronomie und Astrologie. Das eine ist Wissenschaft, das andere gilt als dubios, als Aberglaube. Damals aber waren beide Bereiche eins: Sterndeuter erkundeten den Lauf der Himmelskörper, weil es sich um schicksalsbestimmende Mächte handelte, sichtbare Spuren der Götter. An ihnen hing das Überleben von Königen, Reichen, Menschen. Die intime Kenntnis der Gestirne spendete Macht und begründete Herrschaft.

Deshalb passt die Himmelsscheibe von Nebra bestens in diese Welt, sie dokumentiert den Griff nach den Sternen auf idealtypische Weise. Wie in einem Brennglas fokussieren sich in ihr die wichtigsten Strömungen der Zeit. Das gilt selbst für ihre Form: Wir werden einigen Scheiben begegnen, die in ihrer Kreisgestalt eine Reminiszenz an die Sonne, den Mond, die himmlische Unendlichkeit darstellen. So ist der in einem Palast auf Kreta gefundene Diskos von Phaistos ein Zeitgenosse der Nebra-Scheibe. Im alten Ägypten wird das Motiv der kreisförmig sich selbst in den Schwanz beißenden Schlange, der Uroboros, populär, das für Ewigkeit und Unendlichkeit steht. Besonders prominent prangt es auf einem Goldschrein des Tutanchamun.

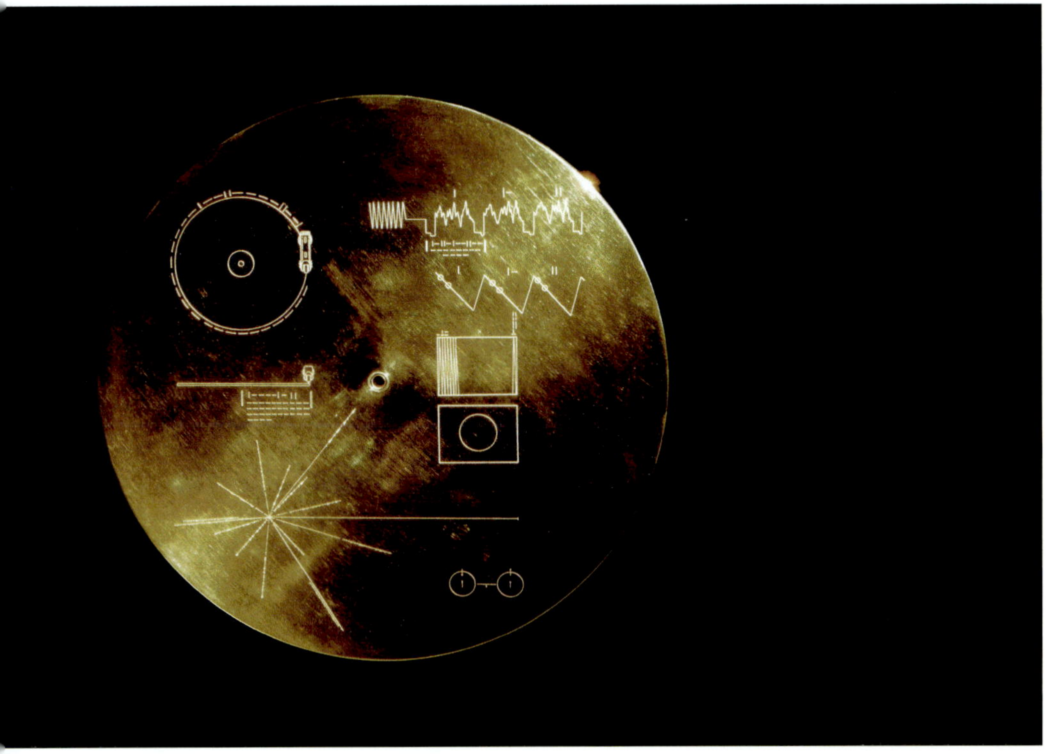

Rätsel in rund: Die Himmelsscheibe und der Diskos von Phaistos sind über 3600 Jahre alt. Die Golden Record ist 1977 an Bord der Voyager 1-Raumsonde ins All gestartet. Ihre Botschaften fordern jeden Betrachter heraus.

Der Kreis – ein menschlicher Archetypus? Immerhin huldigen wir ihm bis in die Gegenwart. Die »Golden Record«, die an Bord der Voyager-Raumsonde als erstes Menschenwerk unser Sonnensystem verlassen hat, ist eine kreisrunde, mit Gold überzogene Kupferscheibe, die außerirdischen Wesen Auskunft über den Planeten Erde geben soll. Der Kreis als ideale Form, als himmlisches Symbol, schlägt Menschen seit jeher in den Bann.

Auch deshalb mutet es als symbolische Tat an, die der Astronaut Matthias Maurer im Sinn hat, wenn er die Himmelsscheibe auf den Mond bringen möchte. Schon immer waren die Menschen auf der Suche nach den Geheimnissen des Himmels. Ist die Himmelsscheibe der Schlüssel und der Mond das Schloss dafür? Beißt sich die Schlange damit in den Schwanz?

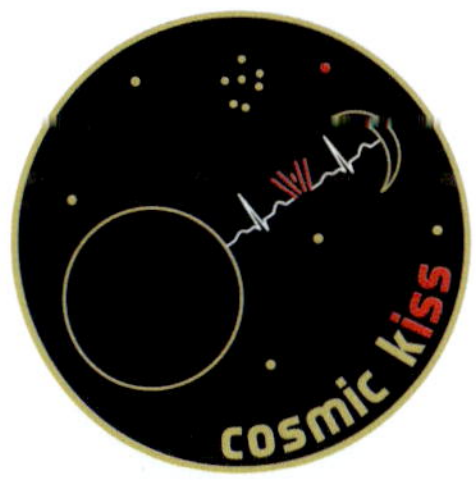

Tribut an eine große Tradition: Das Logo der ISS-Mission des Astronauten Matthias Maurer zitiert deutlich Himmelsscheibe und Golden Record.

1

GOLDENE STERNE IM BRONZEHIMMEL

Das Geheimnis der Himmelsscheibe? Zumindest eines ist das: Weil sie von größter Einfachheit und höchster Komplexität zugleich ist, spricht sie alle an. Kinder erkennen sofort Sonne, Mond und Sterne. Astronomen schwärmen, dass die Scheibe ihre verschlüsselte Botschaft in einer ähnlich eleganten Prägnanz wie Einsteins Relativitätstheorie $E = mc^2$ präsentiere. Und Menschen mit spirituellem Talent spüren ihre magischen Kräfte, die selbst das Glas der Museumsvitrine nicht zurückhalten kann.

Möchte man die Himmelsscheibe von Nebra verstehen, hilft es, sich zu vergegenwärtigen, dass ihr heutiges Erscheinungsbild das Produkt einer bewegten Geschichte ist. So, wie uns Menschen näherkommen, sobald wir ihr Leben kennen und wissen, woher jene Narbe stammt und was diese Falten ins Gesicht gegraben hat. Es gilt also, sich zunächst mit der Biografie der Himmelsscheibe vertraut zu machen. Wir beschränken uns erst einmal ganz auf ihre Herstellung und die Veränderungen, die sie erfahren hat. Wir werden ihren Metamorphosen nachgehen, liefern diese doch Fährten hinaus in die weite Welt des Altertums, denen wir im weiteren Verlauf des Buchs folgen werden.

Die Himmelsscheibe hat nicht nur ein Leben, sondern drei. Da ist zunächst ihr irdisches: Eine Reihe von Gründen lässt uns annehmen, dass die Bronzescheibe zwischen 1800 und 1750 vor Christus geschmiedet und – nachdem sie eine Anzahl von Umgestaltungen erfahren hat – um 1600 vor Christus in der Erde vergraben

« Unvergängliche Schönheit: Die Jahrtausende konnten der Himmelsscheibe kaum etwas anhaben. Im Gegenteil, die Spuren der Zeit haben ihr Antlitz nur noch faszinierender werden lassen – und geheimnisvoller.

wurde. Dort begann ihr zweites, ihr unterirdisches Leben, das sagenhafte 3600 Jahre währte und sich ihr deutlich ins bronzene Antlitz geschrieben hat, bis sie mit dem heftigen Schlag eines zur Hacke umfunktionierten Feuerwehrbeils zu einem neuen, ihrem dritten Leben erweckt wurde. Dessen Zeugen sind wir alle heute. Beginnen wir mit ihrem ersten Leben, um im Bild der Biografie zu bleiben: mit ihrer Geburt, denn schon diese macht sie zum Geschöpf einer neuen Welt.

GEBOREN IM FEUER

Steinzeit, Bronzezeit, Eisenzeit – mit dem Schubladisieren ist das so eine Sache. So einfach und klar voneinander geschieden sind die Epochen nicht, wie man sich das früher dachte. Bereits in der ausgehenden Steinzeit, dem Neolithikum, nutzten die Menschen Metall. Erst Kupfermineralien, die sie schon früh kalt bearbeiteten, indem sie daraus Schmuckperlen hämmerten. Später dann schufen sie aus Gold atemberaubenden Schmuck und andere Prestigeobjekte, für Waffen und Werkzeuge aber war das Edelmetall zu weich. Ötzi trug bereits vor über 5000 Jahren ein Kupferbeil, als er in den Alpen seinen Tod fand.

Der Unterwelt übergeben: 3600 Jahre ruhte die Himmelsscheibe mit ihren Beigaben auf dem Mittelberg bei Nebra in der Erde.

Die Entdeckung, dass die Legierung von Kupfer mit Arsen oder Antimon viel härtere Metalle ergab und damit deren Einsatzbereich erweiterte, war eine Revolution. Der Kombination von Kupfer und Zinn schließlich gehörte die Zukunft, sodass man nicht unrecht tat, mit ihrem Auftauchen eine neue Zeit, die Bronzezeit, beginnen zu lassen. Bronze punktete nicht nur mit Härte, einem niedrigeren Schmelzpunkt und besseren Eigenschaften beim Guss – sie bestach auch mit ihrem sonnenhaften Glanz.

Werkzeuge und Waffen konnten erstmals schnell und in großen Mengen hergestellt werden. Das war der Beginn der seriellen Fertigung, die aus unserem modernen Leben nicht mehr wegzudenken ist. Weitere Parallelen zum Heute sind die beginnende Ressourcenabhängigkeit und der Fernhandel. Kupfererz gab es nicht überall. Vor allem waren damals erst wenige Orte bekannt, wo das für die Bronzeherstellung unverzichtbare Zinn zu finden war. In der Folge kam es zu einer Forcierung des Güteraustauschs. Das Zinn, mit dem etwa in Mesopotamien erste Bronzen hergestellt wurden, stammte aus mittelasiatischen Regionen wie Afghanistan. Und wie die Analysen der Himmelsscheibe zeigen, kam deren Zinn aus Cornwall im Südwesten Englands. Ihr Kupfer dagegen war in den österreichischen Alpen abgebaut worden, in den Minen des Mitterbergreviers bei Bischofshofen. Die Himmelsscheibe ist damit eines der ersten eindrucksvollen Zeugnisse einer sich globalisierenden Welt. Sehen wir uns ihren Herstellungsprozess an.

Die Bronze, aus der sie besteht, fällt durch ihren geringen Zinnanteil auf. Während der ansonsten in der Regel 8 bis 15 Prozent beträgt, sind es bei der Scheibe nur 2,5 Prozent. Der Grund: Umso weniger Zinn, desto weicher die Bronze und desto besser ist sie zu bearbeiten. Außerdem war die Scheibe keinem groben Gebrauch ausgesetzt, sie sollte eine Botschaft bewahren.

Anders als etwa Beile ist die Himmelsscheibe nicht in einer Form gegossen, sondern aus einem erkalteten Bronzefladen geschmiedet, den der Schmied zwischendurch immer wieder zum Glühen brachte. Es war alles andere als leicht, sie auf eine kreisrunde Form von der Größe einer Langspielplatte zu bringen und zu verhindern, dass sie an den Rändern ausriss. Noch heute ist sie im Zentrum (4,5 mm) dicker als außen (1,5 mm).

Was die Bronzescheibe zur Himmelsscheibe macht, sind die goldenen Himmelskörper, die ihre Schauseite zieren. Das dafür verwendete Gold war ebenfalls ein Import aus Cornwall. Zunächst schnitt der Schmied die Gestirne aus Goldblech aus, dann schlug er mit einem härteren Bronzemeißel die Umrisse als feine, etwas unterschnittene Rinnen in die Scheibe. Nachdem ein Goldobjekt in diese eingepasst worden war, wurde die durch die Rinnen aufgeschobene Bronze vorsichtig zurückgehämmert und das Gold damit befestigt. Das lässt sich als eine Art Tauschierung beschreiben, für das Mitteleuropa der frühen Bronzezeit eine äußerst ungewöhnliche Technik. Ähnliche Arbeiten, wenn auch in deutlich höherer Qualität, kennen wir vor allem aus der Ägäis. Auch das ein Hinweis, der in die Ferne zeigt.

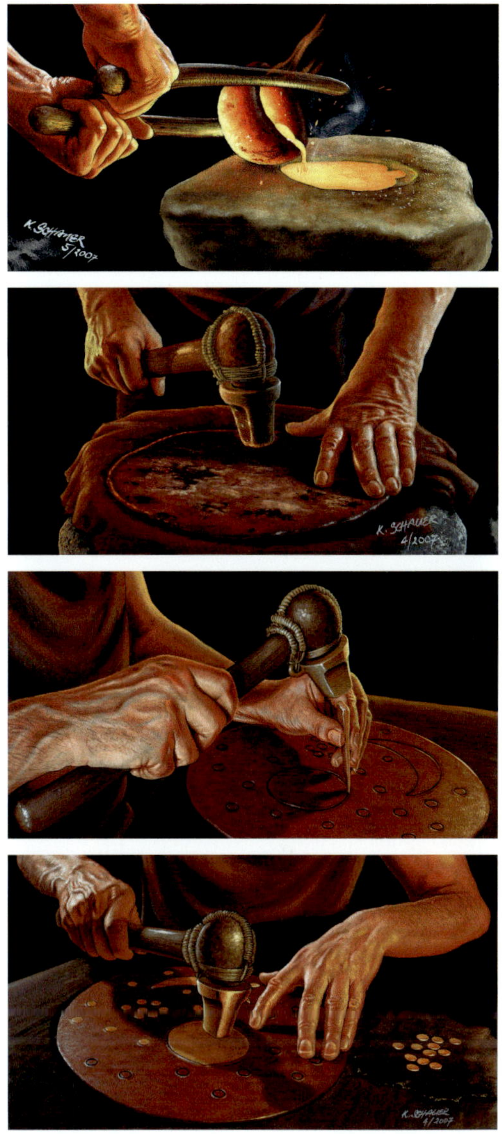

Den Himmel schmieden: Das Gießen und Austreiben der Bronzescheibe, das Anlegen der Tauschierrinnen und das Befestigen der Goldobjekte erforderten einen erfahrenen Handwerker, der mit manchen Tücken zu kämpfen hatte.

Ursprünglich strahlten 32 goldene Sterne aus dem Bronzerund. An ihnen lässt sich beobachten, wie der Schmied im Laufe seiner Arbeit besser wurde – den ersten Stern umgibt noch ein deutlich erkennbarer, etwas unförmiger Bronzewulst. Angefangen hat er oben und sich dann nach unten gearbeitet. Auch wenn die neuen Untersuchungen der Scheibenoberfläche zeigen, dass die Qualität der Sternbefestigung mitunter variiert, und derzeit darüber diskutiert wird, ob nicht vielleicht doch ein zweiter Handwerker beteiligt war, lässt sich konstatieren: Die im dunklen Nachthimmel prangenden Sterne wurden immer geschickter eingefügt.

Unerreichtes Vorbild für die Himmelsscheibe waren Meisterwerke ägäischer Metalleinlegetechnik wie dieser Dolch aus dem Schachtgrab V, Gräberrund A, in Mykene, 17. Jh. v. Chr.

Nachthimmel? Woher weiß man, dass die Urversion der Scheibe dunkel war? Wir vermuten es. Denn damals stellte sich ein Problem, das heute nicht auf den ersten Blick einsichtig ist. Im Museum leuchten die Sterne prächtig aus dem schimmernden Lagunengrün. Dieses aber ist das Ergebnis eines Jahrtausende währenden Korrosionsprozesses, der die Bronzescheibe mit einer Malachitpatina überzog. Die einst frisch gefertigte Bronze indes leuchtete noch golden, wenn sie nicht, unpoliert, anlief. Goldene Himmelskörper jedoch auf goldener Bronze fallen kaum auf. Wozu der ganze Aufwand, wenn die Wirkung verpufft?

Insofern spricht alles dafür, dass die Scheibe auf künstlichem Weg eine dunkle Patina erhielt, aus der die Sterne eindrücklich herausstachen. Die Behandlung von Bronze mit Ammoniak aus gegorenem Urin etwa kann nachtblaue Wunder bewirken. Und damit war die Scheibe fertig.

HIMMEL N° 1

» Die Urversion der Scheibe verzaubert mit ihrer archetypischen Einfachheit. Die Bronze war wohl dunkel gefärbt, um die Himmelskörper zum Strahlen zu bringen.

Es ist faszinierend, dass sich eine Scheibenarchäologie betreiben lässt, die herausarbeitet, wie sich Schicht um Schicht neue Inhalte und Bedeutungen auf der Bronzeoberfläche ablagerten oder verankert wurden. Was also zeigte die Himmelsscheibe im Urzustand? Ein betörend einfaches Bild: zwei große Himmelskörper

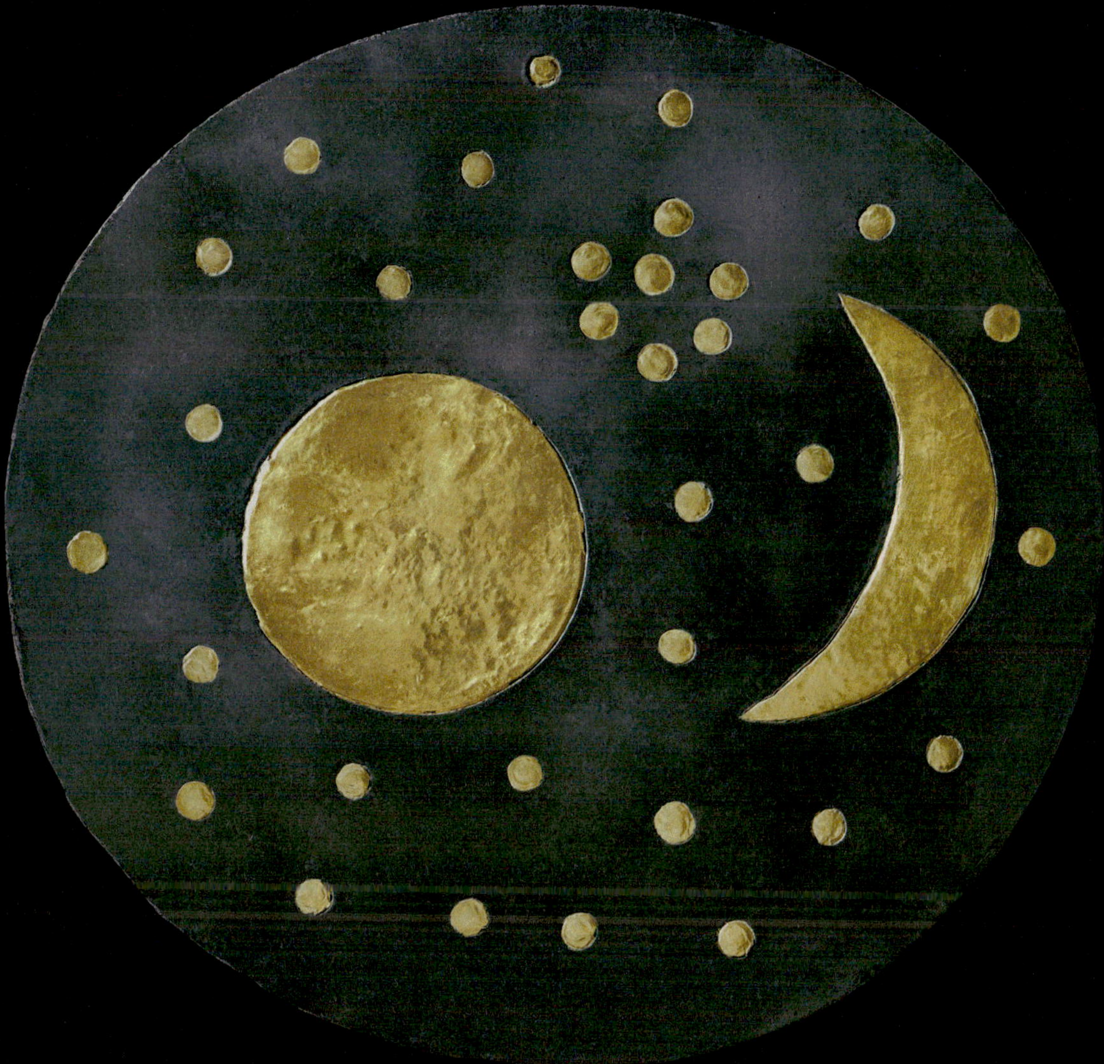

in einem Sternenmeer. Noch keine mysteriösen Bögen lenken den Blick ab, auch keine Randlochung stört. Es gibt einen großen Goldkreis, der die Sonne sein könnte, aber ebenso gut als Vollmond zu deuten ist. Rechts davon prangt eine Mondsichel – und zwar in zunehmender Gestalt. Zwischen den beiden befindet sich eine markante, aus sieben Punkten bestehende Sternenrosette. Um sie herum weitet sich der Nachthimmel, den weitere 25 Sterne zieren. Diese sind so gleichmäßig verteilt, dass sie kein anderes Sternbild erkennen lassen.

Was fällt an der Urversion auf? Sie ist viel klarer und prägnanter als das heutige Bild, damit aber auch geheimnisvoller in ihrer einfachen Schönheit. Zugleich ist da ihr Naturalismus. Jeder erkennt, was sie zeigt. »Nüchtern wie ein Verkehrsschild«, nannte das der Astronom Wolfhard Schlosser. Die Himmelsscheibe erinnert an moderne Piktogramme, einfache Bildzeichen, die an Flughäfen oder Bahnhöfen Passagieren aus aller Welt den Weg weisen.

Andere Himmelsdarstellungen sind meist mythologischer Natur. Die ältesten Darstellungen des Großen Bären im alten Ägypten zeigten diesen zum Beispiel als Rinderschenkel. Frühe Astronomen stellten die Gestirne mit großer Leidenschaft als Tiere, Götter oder Heroen dar. Auf der Himmelsscheibe aber werden sie erstmals so präsentiert, wie wir die Sterne heute noch wahrnehmen: als funkelnde Punkte am Himmel. Sie konserviert eine menschliche Urerfahrung, ebenso einfach wie faszinierend: den Blick in den Sternenhimmel. Und das ist seltsam.

Frühe Himmelsdarstellungen sind meist mythologischer Natur. Da wird der Große Wagen zum Rinderschenkel, der von der Nilpferdgöttin an der Leine geführt wird, wie in dieser über 2000 Jahre alten Darstellung aus dem ägyptischen Tempel von Esna.

Denn was jeder kennt – warum sollte man das auf kostbare und aufwendige Weise darstellen? Das kann also nicht alles gewesen sein. Ohnehin gibt es Auffälligkeiten, die verwundern. Zunächst diese: Seit wann steht die Sonne gemeinsam mit Mond und funkelnden Sternen am Himmel? Auch wenn der große Goldkreis den Vollmond darstellen sollte, bleibt es merkwürdig. Ein Himmel mit zwei Monden ist gleichfalls ein Ding der Unmöglichkeit. Zumindest beim Blick von der Erde aus. Doch bisher hat nicht einmal Erich von Däniken den Gedanken ins Spiel gebracht, die Himmelsscheibe könnte von einem anderen Planeten stammen.

Dann fällt jene Rosette aus sieben Sternen zwischen den beiden großen Himmelsobjekten auf: Aller Wahrscheinlichkeit nach stellen sie das Siebengestirn, die Plejaden, dar. Dabei handelt es sich um einen der auffälligsten Sternhaufen am Nachthimmel. In vielen Kulturen der Welt erzählt man sich die abenteuerlichsten

Wie auf der Scheibe so am Himmel: Vor 3600 Jahren zeigten sich die Plejaden in Mitteldeutschland kurz vor ihrem Verschwinden im März bei der Mondsichel (links). Nach ihrem Wiedererscheinen im Oktober steht das Siebengestirn bei einem vollen Mond (rechts).

Geschichten über sie. Der Umstand, dass zuweilen ein Stern verschwindet – tatsächlich variiert seine Helligkeit –, provoziert die Fantasie und verlangt nach Erklärungen. Ebenso, dass Orion, der große Jäger, den Plejaden über den Himmel folgt: Immer wieder wurden diese als Gruppe junger Frauen, etwa als Töchter des Atlas, gedeutet, die auf der Flucht sind.

Wolfhard Schlosser wies darauf hin, dass die Plejaden auch in Bauernregeln, die traditionelles Wetterwissen festhalten, eine Rolle spielen. Schon in Hesiods um 700 vor Christus geschaffenem Lehrgedicht »Werke und Tage« ist zu lesen:

»Wenn das Gestirn der Plejaden, der Atlastöchter, emporsteigt,
Dann beginne die Ernte, doch pflüge, wenn sie hinabgehn;
Sie sind vierzig Nächte und vierzig Tage beisammen
Eingehüllt, doch wenn sie wieder im kreisenden Jahre
Leuchtend erscheinen, erst dann beginne die Sichel zu wetzen.«

Schlosser war es auch, der herausfand, dass sich die Plejaden im bronzezeitlichen Mitteldeutschland um den 10. März herum zum letzten Mal in der Abendröte zeigten, nämlich dort, wo auch die junge Mondsichel erscheint. Und im

Herbst finden sich die Plejaden um den 17. Oktober herum bei ihrem ersten Untergang am Morgenhimmel – oft in Begleitung eines ungefähren Vollmondes.

War das die Lösung? Kombiniert die Himmelsscheibe in ihrer Urversion zwei Bilder zu einem? Zeigt sie die Plejaden einmal mit Sichelmond und einmal mit Vollmond? Zeigte der erste Himmel der Scheibe Anfang und Ende des bäuerlichen Jahres in einem Bild?

WIE SONNE UND MOND ZUSAMMENGEHÖREN

So bemerkenswert diese Beobachtung ist, so stellt sich doch auch hier die Frage: Reicht das als Erklärung, warum jemand ein so aufwendiges Objekt wie die Himmelsscheibe herstellte? Auch in prähistorischen Zeiten besaßen Bauern genügend Hinweise dafür, wann es an der Zeit für Aussaat, Ernte und andere

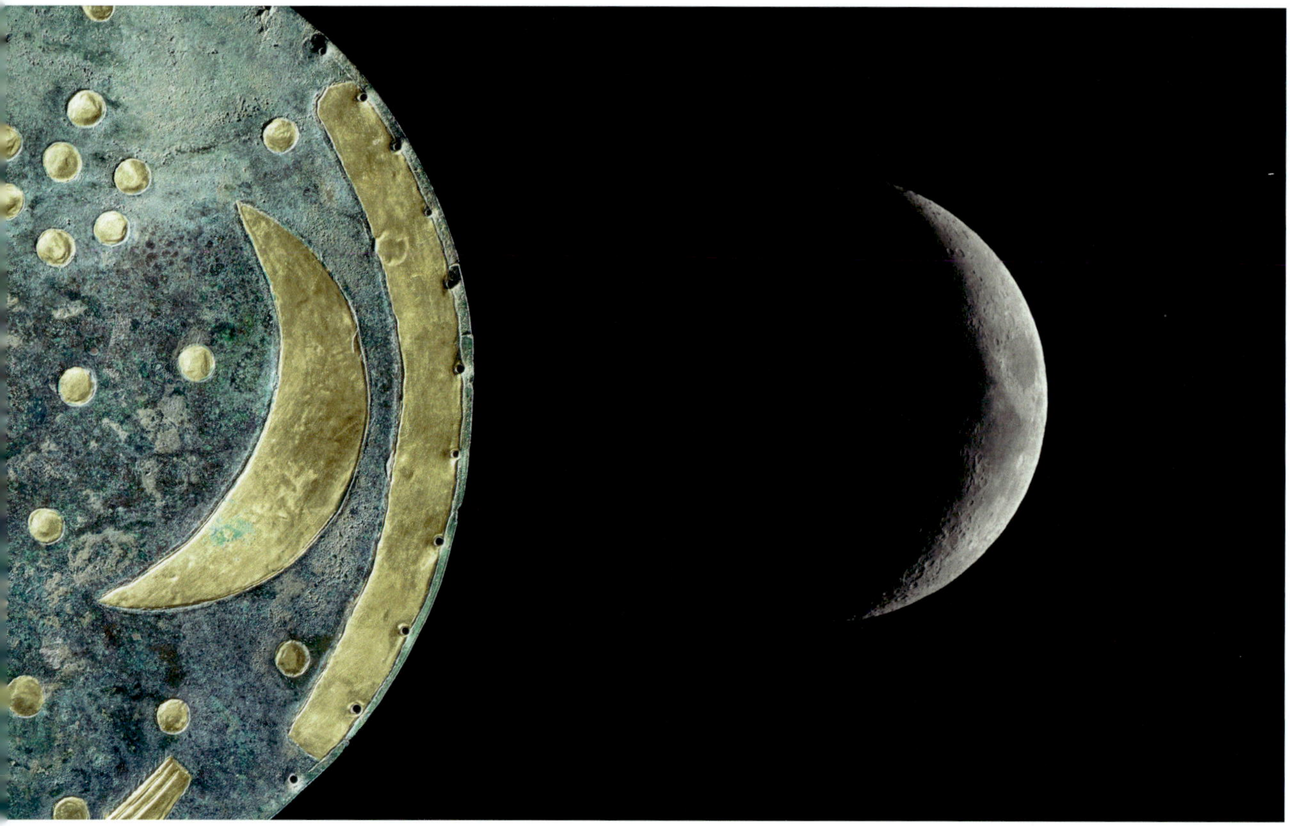

agrarische Aktivitäten war. Ihre Fähigkeiten, noch die kleinsten Veränderungen in der Natur zu erkennen, waren phänomenal. Wer an einem festen Ort lebte, dem gaben ohnehin schon die durch die Landschaft wandernden Sonnenauf- und Sonnenuntergänge genügend Aufschluss über die jeweilige zeitliche Position im Jahr. Brauchte es also ein kostbares Objekt für allerorten verfügbares Alltagswissen?

Der Astronom Rahlf Hansen hatte da seine Zweifel. Einem vertrackten Bilderrätsel gleich, ließ ihm die Himmelsscheibe keine Ruhe. Er grübelte und grübelte. Vor allem der Sichelmond erschien ihm merkwürdig. Der war seltsam dick, ganz im Widerspruch zur Ästhetik der Scheibe. Zu der hätte doch eher die schlanke und elegante Sichel gepasst, welche der Mond besitzt, wenn er sich erstmals wieder als Neulicht am Himmel zeigt. Die Plumpheit der Scheibensichel konnte kein Missgeschick sein, folgerte Hansen, da steckte eine Absicht dahinter. Die Dicke hatte etwas zu sagen. Er setzte sie in Relation zur vollen Gestalt des Mondes und kam zu dem Schluss, dass die Scheibensichel einem 4,5 Tage alten Mond entspricht (der Neulichtmond ist 1,5 bis 2,5 Tage alt). Doch was hatte das – um Himmels willen! – zu bedeuten?

« Der Sichelmond auf der Himmelsscheibe ist auffallend dick. Er zeigt einen 4,5 Tage alten Mond an. Steht ein solcher im Frühjahr neben den Plejaden, ist das ein Schaltsignal.

Hansen durchforstete astronomische Bibliotheken. Endlich, in einer Sammlung himmelskundlicher Erkenntnisse aus Mesopotamien, wurde er fündig. Im MUL.APIN, das babylonische Keilschrifttexte aus dem 7. bis 3. vorchristlichen Jahrhundert enthielt, aber auf teils viel ältere Erkenntnisse zurückging, stieß er auf den Hinweis, dass die Astronomen im ersten Monat des neuen Jahres, des Frühlingsmonats »Nisannu«, den Mond und die Plejaden beobachten sollten. Standen am 1. Nisannu Mond und Plejaden nahe beieinander, dann war alles in Ordnung, dann handelte es sich um ein reguläres Jahr. Stand der Mond aber erst am 3. Nisannu beim Siebengestirn, zeigte er sich also schon als deutlich dicke Sichel, war das Jahr aus dem Takt geraten. Dann waren Mond- und Sonnenjahr nicht mehr im Einklang, und es musste ein Schaltmonat eingefügt werden, um die himmlische Harmonie wiederherzustellen.

Was Hansen im MUL.APIN gefunden hatte, war eine Schaltregel, die eines der zentralen Probleme der Zeit lösen konnte. Das Mondjahr und das Sonnenjahr sind nicht synchron, das eine währt 354 Tage, das andere ist mit rund 365 Tagen elf Tage länger. Stützten sich Kulturen auf den Mond als Taktgeber, hatten sie mit dem Problem zu kämpfen, dass die Monate und damit auch die Feste im Laufe der Zeit durch das Jahr wanderten. Das ist heute noch in der auf den Mondkalender gestützten islamischen Welt mit dem Ramadan der Fall. Deshalb suchte man vielerorts nach Möglichkeiten, den Lauf der Sonne und des Mondes zu synchronisieren. Denn der Mond lieferte die Woche und den Monat, die Sonne den Tag und das Jahr.

Eine verlässliche Lösung präsentierte das MUL.APIN – und die Himmelsscheibe von Nebra. Hansen war überzeugt, ihr Geheimnis gefunden zu haben: Sie enthält das Rezept, einen funktionierenden Lunisolarkalender zu erschaffen, der Mond- und Sonnenjahr in Übereinstimmung bringt.

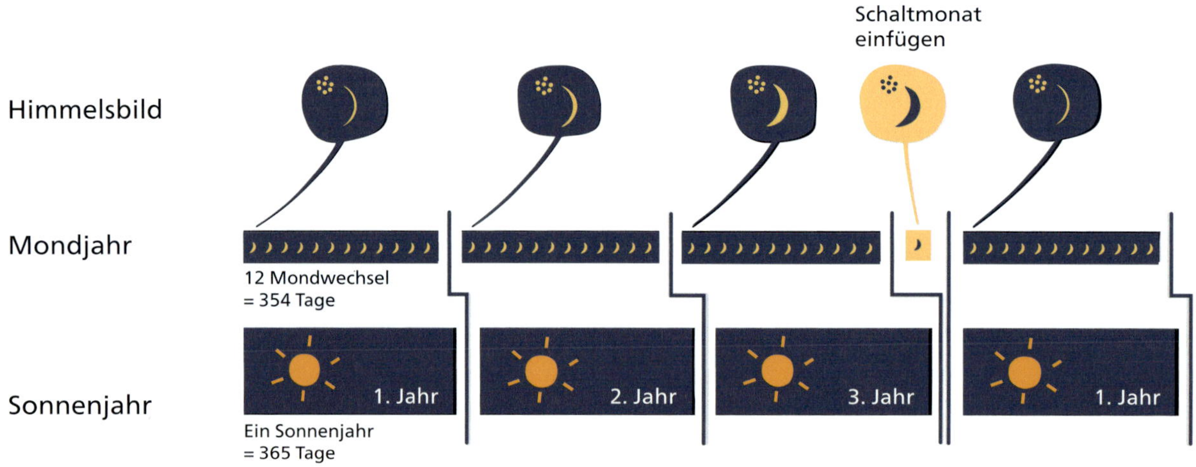

Jedes Jahr im Frühjahr zieht die Mondsichel in zunehmender Dicke an den Plejaden vorbei. Ist sie nach drei Jahren so füllig, wie auf der Scheibe dargestellt, wird ein Schaltmonat nötig. So lässt sich das kürzere Mond- mit dem längeren Sonnenjahr in Einklang halten.

Einmal Blut geleckt, suchte Hansen weiter: So überprüfte er die Zahl der Sterne. Neben den sieben der Plejaden zeigte die Himmelsscheibe 25 weitere Sterne, insgesamt also 32. Auch das passte: Vergingen nämlich vom Neulicht vor dem Frühlingsmonat 32 Tage, bis der Mond bei den Plejaden stand, hatten sich Mond- und Sonnenjahr zu sehr verschoben, dann brauchte es wieder einen Schaltmonat, um die Verhältnisse in Ordnung zu bringen. Es ist dasselbe Phänomen, nur auf andere Weise beschrieben und codiert.

Hansen ist überzeugt, dass die Scheibe noch eine dritte Erkenntnis bewahrt: Die 32 Sterne stehen auch für 32 Sonnenjahre, die – wenn man den großen Goldkreis als weiteren Punkt hinzuzählt – 33 Mondjahren gegenüberstehen. Das passt ausgezeichnet. Rechnet man mit gerundeten Monaten von 29,5 Tagen und 365 für das Sonnenjahr, entsprechen 32 Sonnenjahre (11.680 Tage) fast exakt 33 Mondjahren (11.682 Tagen). Eine komplexe Regel auf ebenso schlichte wie einfache Weise gleich doppelt, wenn nicht dreifach verschlüsselt – das darf man schon genial nennen.

Bleibt noch der Goldkreis. Immerhin eines der prominentesten Objekte auf der Himmelsscheibe. Wer genau hinsieht, erkennt, dass er als einziger Himmelskörper einen feinen Strahlenkranz besitzt, eine Korona, wie sie Sonne, aber auch Vollmond zeigen. Was also ist es? Sonne oder Mond? Hansens Antwort: beides! Sein Argument: Wenn die Mondsichel einst den Beginn des Frühlingsmonats signalisierte, markierte zur Zeit der Himmelsscheibe der zwölf Tage später auftretende Vollmond den tatsächlichen Beginn des Frühlings. Zugleich galt dieser volle Mond auch als Auftakt des Sonnenjahres. Der Goldkreis auf der Himmelsscheibe kann also beides symbolisieren: den Vollmond als Start des Sonnenjahres oder die Sonne, die an diesem Tag ihren jährlichen Lauf beginnt.

Dass höchst anspruchsvolles astronomisches Wissen in Mitteleuropa schon rund 1000 Jahre früher als im Vorderen Orient verzeichnet worden war, das wäre eine Sensation. Immerhin würde das den Aufwand erklären, der in der Himmelsscheibe mit ihren knapp 32 Gramm Gold steckte. Kann das sein?

Man muss genau hinsehen, dann zeigt sich der zarte Strahlenkranz um den Goldkreis. Handelt es sich um eine Korona, wie sie der Vollmond (oben), aber auch die Sonne zeigt? Oder sollte damit allein die Befestigung kaschiert werden?

NOTIZZETTEL AUS BRONZE

Astronomen gehen davon aus, dass es mindestens 40 Jahre kontinuierlicher Himmelsobservation bedarf, um diese plejadengestützte Schaltregel zu gewinnen. Zwar sind die Bedingungen dafür im östlichen Regenschatten des Harzes mit seinem oft wolkenfreien Himmel außerordentlich gut (zumindest im Vergleich zu anderen Teilen Mitteleuropas). Trotzdem ist es eher unwahrscheinlich, dass diese Erkenntnis hier gewonnen wurde. Vor 4000 Jahre haben wir es im heutigen Mitteldeutschland mit einer schriftlosen Kultur zu tun. Es fanden sich bisher auch keine Belege für alternative Notationssysteme, derer es aber wohl bedurft hätte, um Sternenkonstellationen über solch lange Zeiträume aufzuzeichnen. Auch fehlen Hinweise auf eine Kaste von Sterndeutern oder Druiden, die sich über Generationen hinweg der systematischen Himmelsbeobachtung verschrieben hätten.

Eindrucksvoll: Auf der Rückseite lassen sich nicht nur die Eindrücke des Schiffs (unten) und Umrisse einzelner Sterne erkennen. Deutlich ist eine gut fünf Zentimeter lange Rinne zu sehen, mit der ein späterer Schmied, der Veränderungen vornahm, testete, wie hart die Bronze ist.

Aus diesen Gründen erscheint es wahrscheinlicher, dass es sich bei der Schaltregel um importiertes Wissen handelt, um Erkenntnisse, die in Schriftkulturen in der Ferne gewonnen worden waren und ihren Weg auf verschlungenen Pfaden nach Mitteleuropa gefunden hatten. Kandidat Nummer eins für den Ursprungsort ist Babylon, das in der Welt des Altertums berühmt für seine frühen Astronomen war. Als die dem Stern von Bethlehem folgenden Weisen aus dem Morgenland schafften sie es sogar in die Bibel. Dass die Regel sich erst 1000 Jahre später im MUL.APIN niedergeschrieben findet, bedeutet ja nicht, dass sie an Euphrat und Tigris vorher unbekannt gewesen wäre.

Die Himmelsscheibe selbst stützt die Annahme, dass sie exotisches Wissen bewahrt. Zunächst belegt ihre aufwendige Gestaltung, dass keine anderen Schriftsysteme zur Verfügung standen, mit denen astronomische Kenntnisse fixiert werden konnten. Zugleich erklärt sich so die Nüchternheit ihrer Darstellung: Sie zeigt in ihrer Urversion schlicht eine Formel, um einen Kalender herzustellen. Diese hat ihr Schöpfer in einem klaren Bild notiert, weil er keine Schrift besaß. Da es keine wie auch immer gearteten Zeichen für Mond oder Sterne gab, zeigte er sie in ihrer allen einsichtigen Gestalt.

Die Himmelsscheibe ist also ein Memogramm. Ein Notizzettel aus Bronze, auf den jemand mit Gold das Geheimnis des Himmels niedergeschrieben hatte. Das Wissen, wie man die beiden wichtigsten Gestirne in Harmonie zueinander bringen kann, schien ihrem Schöpfer so kostbar, dass er es auf kostbare Weise verewigte, um es für die Nachwelt zu bewahren.

Die Himmelsscheibe ist damit in ihrer exorbitanten Gestalt ein profunder Beleg, dass es sich bei ihr um ein Speichermedium außergewöhnlichen Wissens handelt. Das ist eine der Fährten, die schnurstracks in die Welt der Hochkulturen des Orients führt. Wir werden ihr später folgen.

SONNE ZUM ERSTEN

Nun wird es mysteriös. Die Himmelsscheibe wird umgestaltet, und zwar wiederholt. Warum? Sehen wir uns ihre Metamorphosen an. Veränderung Nummer eins liefert Hinweise für die Annahme, dass es sich bei ihrem ersten Schöpfer um einen einzelnen Urheber gehandelt haben könnte (und nicht um das Wissen einer Expertengruppe), belegt sie doch, dass Wissen verloren gegangen war. Zu einem nicht genau datierbaren Zeitpunkt wurden am linken und rechten Scheibenrand goldene Bögen angebracht, von denen der linke heute fehlt. Dass auch er tatsächlich aus Gold war, zeigte sich erst bei der jüngsten Nachuntersuchung der Scheibe mit einem Digitalmikroskop, das Farben wiedergeben kann. In den noch deutlich erkennbaren Tauschierrinnen, mit denen der Bogen einst befestigt war, haften Goldpartikel.

In einer ersten Umgestaltung wurden links und rechts goldene Horizontbögen angebracht, die jenen Bereich in der Landschaft markieren, in dem die Sonne im Laufe eines Jahres auf- und untergeht.

Wer auch immer die erste Umgestaltung ausführte, hinterließ Spuren auf der Scheibe, die belegen, dass er vor keiner leichten Aufgabe stand. Zunächst wusste er nicht, wie hart die Bronze war und zu welchem Werkzeug er greifen musste. Was blieb ihm anderes übrig, als das Material zu testen. Er tat das auf der Rückseite – und hinterließ dort eine gut fünf Zentimeter lange, deutlich sichtbare Tauschierrinne. Jetzt zeigen sich dort auch noch von der Patina überwucherte kreisförmige Probe-Einkerbungen in Sternengröße.

Der Schmied stand vor einer großen Herausforderung: Er entfernte nicht nur zwei Sterne, sondern musste einen dritten versetzen, um Platz für die Randbögen zu schaffen. Bei dessen erneuter Befestigung unterlief ihm derselbe Anfängerfehler wie dem ersten Schmied: Er warf zu viel Bronze auf, die sich nur schwer wieder zurückhämmern ließ. Der versetzte Stern ist deshalb an seinem Wulst zu erkennen. Dem ersten Schmied wäre dieses Missgeschick kein zweites Mal passiert. Die Materialuntersuchungen stützen diese Beobachtungen auf bemerkenswerte Weise: Das Gold der Horizontbögen und des versetzten Sterns unterscheidet sich in seiner Zusammensetzung von dem für das astronomische Ursprungsprogramm verwendeten Gold.

Um die Horizontbögen zu befestigen, musste Platz geschaffen werden. Deutlich zu erkennen ist der Umriss des ursprünglichen Sterns. Beim Versetzen riss ein Stück Gold ab und blieb in der Tauschierrinne haften. Ein neuer Stern musste her. Dessen Befestigungswulst ist recht ungelenk geraten.

Dem Schmied und seinem Auftraggeber fehlte es aber nicht nur an Materialkenntnis, offensichtlich besaßen sie auch nicht mehr alles Wissen über den Bedeutungsinhalt der Scheibe. Denn indem sie zwei Sterne ganz entfernten, zerstörten sie einen Teil der Doppelcodierung der Schaltregel (den mit den 32 Tagen). Deshalb liegt die Annahme nahe, dass hier ein Bruch der Tradition vorlag und Wissen verloren gegangen ist. Höchstwahrscheinlich weil ein Besitzer der Scheibe es nicht mehr an seinen Erben weitergeben konnte – zum Beispiel, weil er überraschend ums Leben kam.

Wozu aber überhaupt die Umarbeitung? Die Forschung ist sich einig, die am Rand neu hinzugefügten Objekte als Horizontbögen anzusprechen. Sie bilden die Bereiche ab, in denen die Sonne im Laufe eines Jahres auf- und untergeht. Das hat mit einer Schaltregel, die einen Sonnen-Mond-Kalender ermöglicht, nichts mehr zu tun. Es ist sogar eine Reduktion, da sie sich allein dem Lauf der Sonne zuwenden. Ja, wenn man so will, handelt es sich sogar um einen Rückschritt.

Denn das, was Archäologen prosaisch »Kreisgrabenanlage« nennen (obwohl so überwältigende Monumente wie Stonehenge dazugehören), war schon Jahrtausende früher in Europa anzutreffen. Und die meisten von ihnen taten das, was jetzt die Horizontbögen auf der Himmelsscheibe machten: Sie markierten, wenn auch auf unterschiedliche Weise, den Sonnenlauf, indem sie die Punkte der Sonnenwenden in der Landschaft fixierten. Es kam also altes Wissen auf die Scheibe. Oder wurde sie mit heimi-

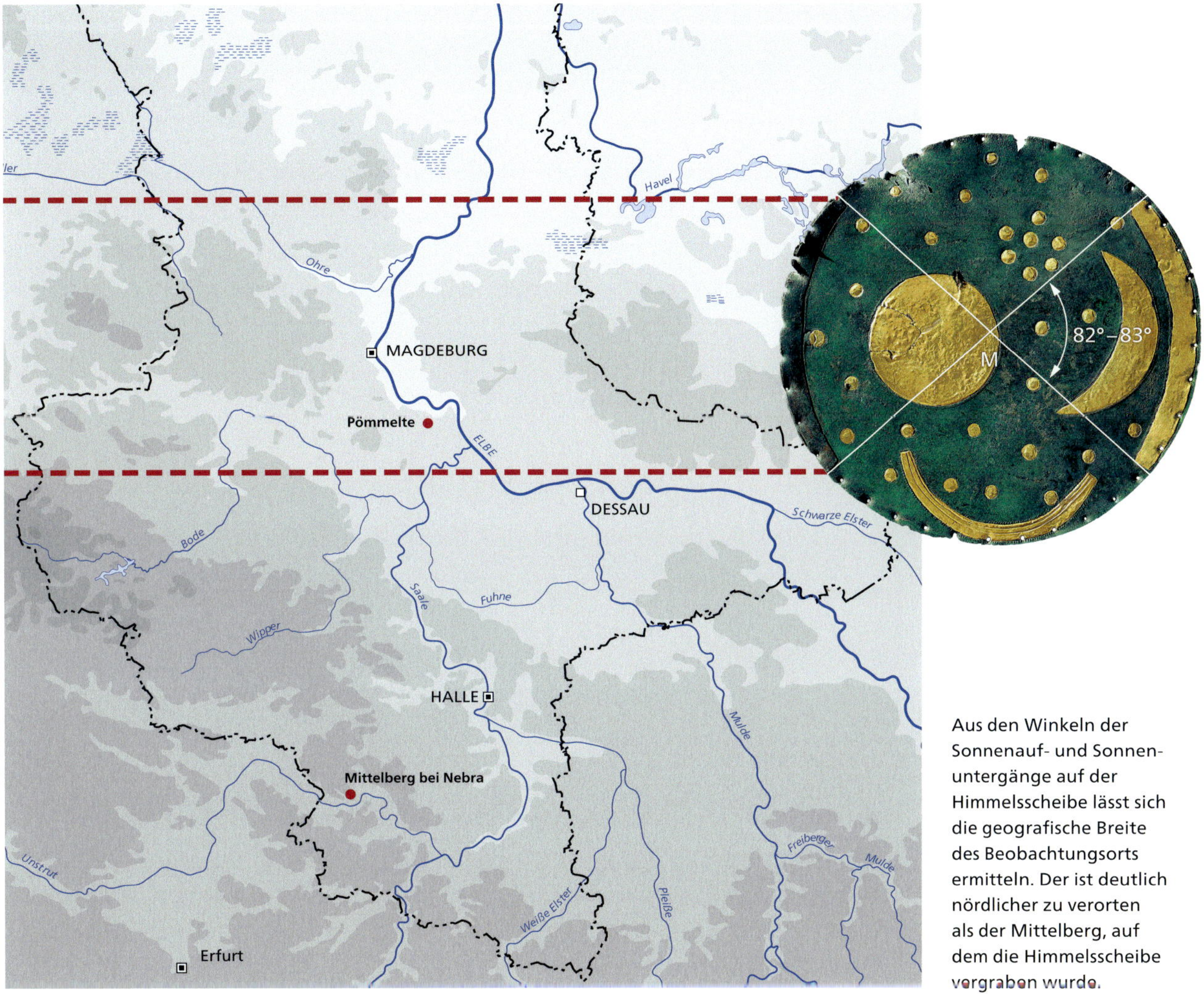

Aus den Winkeln der Sonnenauf- und Sonnenuntergänge auf der Himmelsscheibe lässt sich die geografische Breite des Beobachtungsorts ermitteln. Der ist deutlich nördlicher zu verorten als der Mittelberg, auf dem die Himmelsscheibe vergraben wurde.

schem Wissen angereichert und damit das fremde Wissen akkulturiert, also an die hiesigen Bedingungen angepasst? Doch auch das ging auf Kosten der ursprünglichen Botschaft.

Bemerkenswert ist, dass der Winkel, der sich aus den Horizontbögen ableiten lässt, Hinweise auf den Ort gibt, für den die entsprechenden Sonnenverläufe gelten. In diesem Fall deutet das auf eine geografische Breite von 82 bis 83 Grad, das ist eine Zone, die 30 Kilometer südlich und nördlich von Magdeburg liegt – also deutlich nördlicher als der Fundort der Scheibe bei Nebra. Wir werden noch auf einen besonderen Ort stoßen, dessen Koordinaten dazu passen.

SONNE ZUM ZWEITEN

Die nächste Station im Leben der Himmelsscheibe hängt erneut mit der Sonne zusammen. Wieder wird das Bildprogramm ergänzt, wieder liefern die Material- und Bearbeitungsanalysen deutliche Hinweise darauf, dass es sich bei der Umgestaltung um einen eigenen, zeitlich später zu verortenden Akt handelt. Dieser Handwerker, der für die zweite Metamorphose zuständig ist, geht behutsamer vor als sein Vorgänger. Er fügt zwar einen neuen Bogen an ihrem unteren Rand ein, achtet dabei aber tunlichst darauf, nichts zu beschädigen und das bestehende Bildprogramm zu bewahren – ganz im Gegensatz zum Schmied vor ihm, der den

Beim Goldbogen am unteren Rand handelt es sich um die zweite Umarbeitung. Behutsam wurde ein Schiff ins bestehende Bildprogramm eingefügt. Fast scheint ein Stern als Steuermann zu fungieren. Die feine Fiederung des Bogens könnte Ruder darstellen.

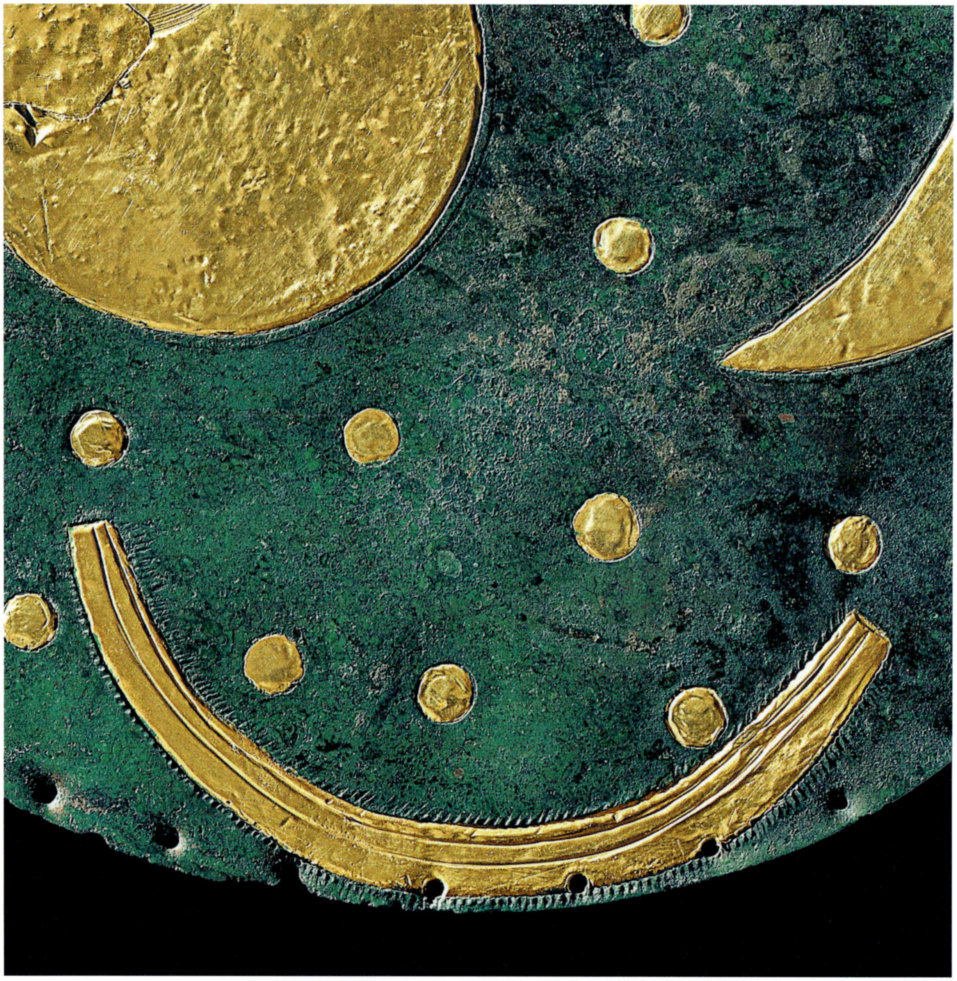

» Metamorphosen: In Phase drei kam das Schiff hinzu, in Phase vier wurde die Scheibe rundum gelocht, schließlich wurde der linke Horizontbogen entfernt. Es ist unklar, ob das absichtlich geschah oder ob er schlicht verloren ging.

Bestand durch die Entfernung von Sternen brachial veränderte.

Auch verwendet er für die zweite Metamorphose eine neue Goldcharge, ein Gold, das sich durch einen im Vergleich zu den anderen Goldobjekten geringeren Anteil an Silber auszeichnet. Der Grund ist vermutlich wieder Rücksichtnahme: Der neue Goldbogen soll farblich zum vorhandenen Bildprogramm passen. Das ursprünglich relativ blasse Gold der Urversion ist, da es einen Silbergehalt von über 20 Prozent besitzt, über die Jahre hinweg angelaufen. Durch die Verwendung eines von sich aus goldeneren Goldes sticht der neue Bogen nicht als neu heraus.

Um was es sich handelte? Um ein Schiff. Vermutlich um eine Sonnenbarke, wie wir sie vor allem aus dem alten Ägypten kennen. Dort reist die Sonne per Boot durch Himmel und Unterwelt. Für das nicht gerade für seine maritimen Verhältnisse bekannte Harzvorland dagegen ist es ein mehr als exotisches Motiv. Keine Frage, die Sonnenbarke ist eine weitere Fährte, die in ferne Länder weist.

Was wir in Phase zwei und drei sehen, ist eine Solarisierung. Der Sonnenbezug wird stärker betont. Es könnte also auch sein, dass der Goldkreis erst bei einer späteren Umarbeitung seinen angedeuteten Strahlenkranz erhielt, um ihn deutlicher als Sonne erscheinen zu lassen. Die Himmelsscheibe wird zur Sonnenscheibe.

Die Himmelsscheibe erlebte während ihres ersten Lebens noch zwei weitere Veränderungen. Sie wurde gelocht, einmal am Rand, ringsherum. Die Vermutung liegt nahe, dass sie damit auf etwas wie Leder oder Holz gebunden werden sollte, um als Standarte gezeigt zu werden. Die hohe Anzahl von 39 Löchern erstaunt, sie könnte eine symbolische Bedeutung haben. Auch eine Funktion als Steckkalender ist nicht auszuschließen.

Schließlich, als letzte Veränderung, ging der Scheibe ein Horizontbogen verloren. Das geschah, das wissen wir seit den jüngsten Untersuchungen, nach der Lochung. Im

Der Deponierungsort der Himmelsscheibe, der Mittelberg bei Nebra, erhebt sich sanft über die heute noch immer höchst fruchtbaren Lössböden. In der Frühbronzezeit war er nicht bewaldet.

Bereich des Bogens sind in den Löchern noch Goldpartikel zu entdecken, die bei der Lochung in die Bronze eingedrückt worden waren. Verschiedene Erklärungen für den Verlust sind denkbar: Vorstellbar ist, dass die Lochung den Bogen lockerte und er sich mit der Zeit gelöst hat – obwohl sich dann die Frage stellt, ob man sich nicht an einer Reparatur des altehrwürdigen Objekts versucht hätte. Eine andere Option: Die Beschädigung wurde gezielt vorgenommen, etwa im Kontext ihrer rituellen Deponierung. Opfergaben entwertete man vorher oft durch Zerstörung, um sie aus dem irdischen Kreislauf auszuscheiden. Es sind aber auch weitere Gründe möglich. Dazu müssen wir uns jedoch zunächst dem Ort widmen, an dem die Himmelsscheibe für gut 3600 Jahre in der Erde versenkt wurde.

»
Schatz aus Bronze und Gold: Die Himmelsscheibe wurde mit Schwertern, Beilen, einem Meißel und Armspiralen deponiert. Sie lehnte an einem Fels im Boden (Rekonstruktion).

WO HIMMEL UND ERDE VERSCHMELZEN

Das Ende ihres ersten irdischen Lebens kam, als die Himmelsscheibe um 1600 vor Christus auf dem Mittelberg unweit des heutigen Städtchens Nebra im Boden vergraben wurde. Die Zeitangabe wird uns dadurch möglich, dass sich die Himmelsscheibe nicht allein im Boden befand. Das Gesamtensemble bestand aus

zwei unbenutzten Schwertern, zwei Beilen, zwei Armspiralen und einem Meißel. Alles aus Bronze. Es sind vor allem die Schwerter, welche die Datierung gestatten. Sie gehören zu den frühesten in Mitteleuropa und lassen sich allein schon typologisch in diesem Zeithorizont verordnen. Vor allem aber fand sich in einer der Griffschalen ein Stück Birkenrinde als Rest der ehemaligen Polsterung. Da es sich um organisches Material handelt, ließ sich mittels der C14-Datierung das Alter bestimmen: um 1600 vor Christus. Der Umstand, dass dies just jene Zeit war, in der das Reich von Nebra unterging, und die Rolle, die dabei eine der größten Vulkankatastrophen der Menschheitsgeschichte spielte, der Ausbruch auf der Insel Thera im östlichen Mittelmeer, werden uns noch beschäftigen. Ebenso, dass das Himmelsscheibendepot womöglich als eine verzweifelte Intervention anzusehen ist, großes Unheil abzuwehren.

Hier interessiert uns zunächst der Berg selbst, ist dieser doch alles andere als zufällig gewählt. Obwohl nur bescheidene 254 Meter hoch, gehört er Richtung

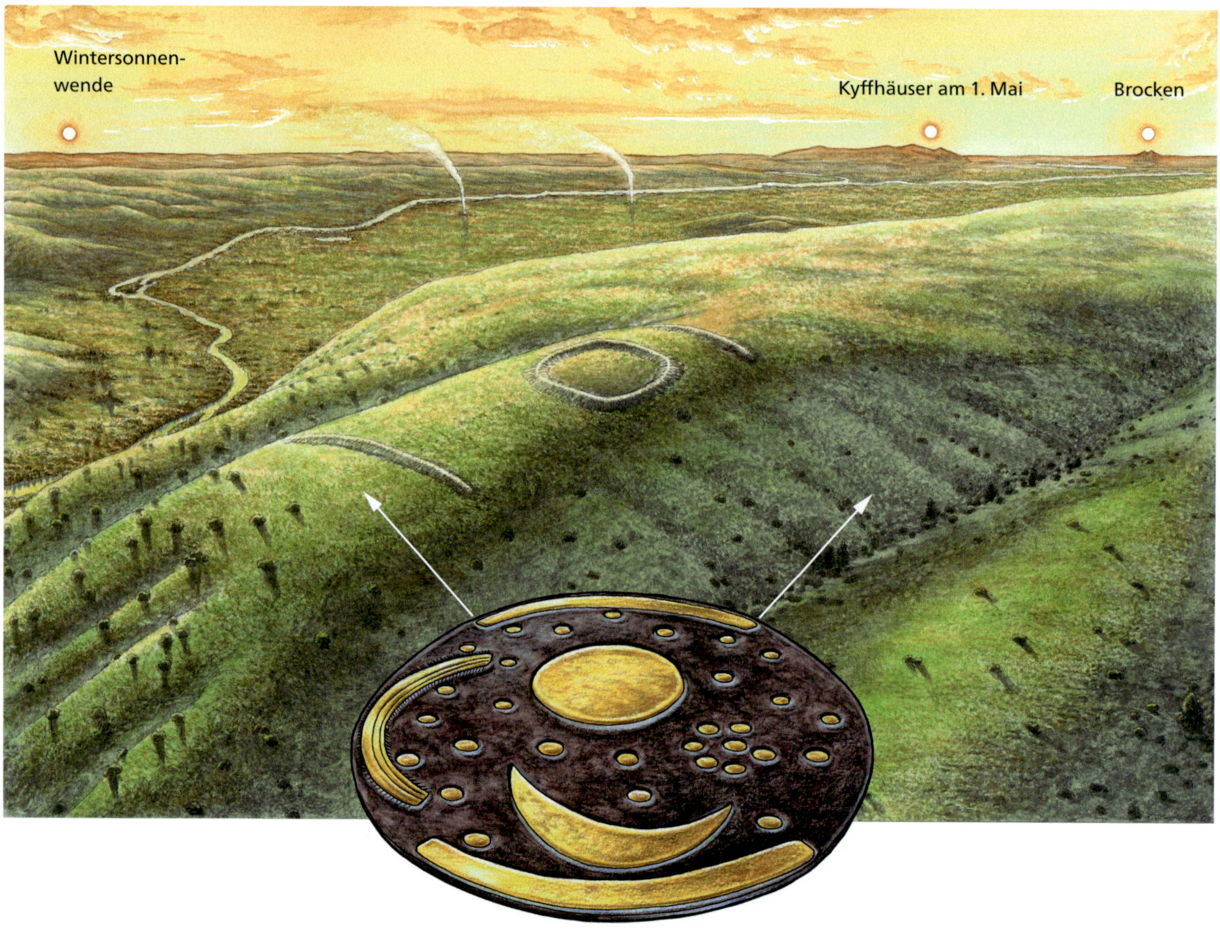

Vom Mittelberg aus gesehen, geht die Sonne zum Zeitpunkt der Sommersonnenwende (21. Juni) hinter dem Brockenmassiv und am 1. Mai hinter dem Kyffhäuser unter. Die Wahl des Berges als Deponierungsort (Bildmitte) ist alles andere als zufällig erfolgt.

Im Juli 1999 waren Sondengänger auf dem Mittelberg unterwegs. Zunächst hielten sie die Himmelsscheibe für einen alten Eimerdeckel – und gingen wenig pfleglich mit ihr um. Die Demolierungen durch das umgeschmiedete Feuerwehrbeil (unten) sind bis heute zu sehen.

Osten zu den höchsten Erhebungen. In der Bronzezeit war er nicht bewaldet und bot gen Westen einen beeindruckenden Ausblick. Aber nicht nur das, der Mittelberg war durch den Sonnenlauf geadelt. Von hier aus gesehen ging die Sonne am längsten Tag des Jahres, der Sommersonnenwende, fast hinter dem höchsten Berg des Harzes, dem Brocken, unter. Und der Kyffhäuser markierte den Untergangsort der Sonne am 1. Mai, einem Termin, zu dem viele Kulturen Feste begehen (etwa die Kelten Beltaine), handelt es sich doch um den halben Weg der Sonne zwischen Tagundnachtgleiche und Sommersonnenwende. Auch im bereits erwähnten Bronzezeitheiligtum von Pömmelte ist ein Tor auf diesen Termin hin orientiert.

Der Mittelberg ist ein natürlicher Kalender, ein von den himmlischen Mächten privilegierter Ort. Hielt man die Himmelsscheibe horizontal und brachte den oberen Rand des linken Horizontbogens mit dem Brocken in Deckung, war die Scheibe eingenordet. Vom Berg zeigte sich also das, was der Horizontbogen symbolisierte. Einen besseren Ort konnte es für sie nicht geben.

Dass also die Himmelsscheibe ausgerechnet auf diesem Kalenderberg deponiert wurde, ist kein Zufall. Und deshalb ist es womöglich auch kein Zufall, dass die Scheibe einen Horizontbogen verlor – und zwar ausgerechnet den westlichen. Diesen Anzeiger des Sonnenlaufs brauchte sie nun nicht mehr, den stellte ja jetzt

der Berg selbst zur Verfügung. Insofern könnte es sich – so die Vermutung – bei der Entfernung des Bogens um eine symbolische Verschmelzung von Scheibe und Berg handeln. Sie ging mit der physischen Verschmelzung einher, als die Himmelsscheibe in der Erde versenkt wurde. Damit hätte die Scheibe ihre Bestimmung erfüllt: Himmel und Erde waren kurzgeschlossen.

Nun gibt es aber auch eine ganz prosaische Verlusterklärung. Weil die Scheibe alles andere als sorgfältig geborgen wurde, bleibt unsicher, wie sie nun genau im Boden lagerte. Nur dass sie aufrecht an einem Stein lehnte, ist durch die von der Hacke der Raubgräber verursachte Beschädigung dokumentiert (und durch deren Aussagen vor Gericht bestätigt). Ebenso, dass sie nicht allzu tief im Boden verborgen war, weil jene, die sie damals vergraben hatten, recht bald auf Fels stießen. Da auf der linken Seite nicht nur der Bogen fehlt, sondern auch ein Stück Bronzerand (dort, wo die Löcher ausgefranst sind), ist die Möglichkeit gegeben, dass dieser Bereich nach oben zeigte. Durch die auf einer Bergkuppe nicht unerhebliche Bodenerosion könnte der Rand besonders in Mitleidenschaft gezogen worden sein, wenn er nicht sogar für eine Weile geringfügig aus der Erde ragte und der Goldbogen sich dabei löste. Wer weiß, wo der Wind ihn hingetragen hat.

Über das zweite, das unterirdische Leben der Himmelsscheibe, mochte es auch 3600 Jahre währen, gibt es nichts weiter zu sagen; die wunderbare grobkristalline Malachitpatina, die heute das Antlitz der Scheibe bestimmt, ist das offensichtlichste Produkt der dort ablaufenden Korrosionsprozesse. Schlagartig endete es am 4. Juli 1999, als zwei Sondengänger das Bronzedepot fanden (und zunächst für einen Eimerdeckel hielten). Über die sich daraus entwickelnde Kriminalgeschichte haben wir an anderer Stelle berichtet. Harald Meller erfuhr im Mai 2001 von dem Fund. Ein Jahr später konnte er ihn als Lockvogel in einer verdeckten Aktion der Schweizer Polizei in Basel

retten. Seither leitet Meller die Erforschung der Himmelsscheibe und ihrer Beifunde durch ein internationales Expertenteam der unterschiedlichsten Disziplinen.

Sorgsam von Bodenanhaftungen befreit und unter der Leitung Christian-Heinrich Wunderlichs behutsam restauriert, leuchtet sie seither im Allerheiligsten des Landesmuseums für Vorgeschichte in Halle an der Saale. Scheinbar schwerelos schwebt sie dort in ihrer Vitrine wie ein mythisch strahlender grün-goldener Planet im All. Faszinierend und rätselhaft. Wie sieht ihr Universum aus?

Behutsam wurde die Himmelsscheibe restauriert, der beschädigte Goldkreis ergänzt. Eine große Herausforderung war es, das Gold von den grünlichen, glasharten Korrosionsschichten aus Malachit zu befreien.

«
Links fehlt neben dem Goldbogen auch Bronze. Die Scheibe könnte für einige Zeit ein wenig aus der Erde geragt haben.

2

AUFSTIEG UND FALL DES REICHS VON NEBRA

Der Entdeckung der Himmelsscheibe haftete etwas von einer Erscheinung an. Vollkommen unerwartet war sie aufgetaucht. Niemand hatte sich vorgestellt, dass so etwas existieren könnte. Eine ähnliche Überraschung stellen auch die neuen Erkenntnisse über jene Kultur dar, die sie hervorgebracht hat. Dass es etwas Derartiges im Herzen Europas vor 4000 Jahren gegeben haben soll, erscheint zunächst unvorstellbar – und stößt bisweilen auf eine gewisse Skepsis. Aber das hat weder etwas mit der Himmelsscheibe zu tun noch mit der Kultur, die sie schuf, mochte die auch auf den eher ungewohnten Namen Aunjetitz hören (sie ist benannt nach einem böhmischen Dorf). Das war schlicht Pech – und zwar gleich doppeltes.

Einmal, ganz allgemein, weil die Vorgeschichte Europas lange ein Mauerblümchendasein führte. Da es sich um schriftlose Kulturen handelte, fehlte die längste Zeit die Möglichkeit, ihre Hinterlassenschaften zum Sprechen zu bringen. Und wenn es aus späteren Zeiten doch schriftliche Quellen gab, stammten die von den Griechen oder Römern, die abschätzig über die »Barbaren« berichteten und diese als rückständig und grausam darstellten.

So hielt noch der Archäologieklassiker schlechthin, C. W. Cerams *Götter, Gräber und Gelehrte*, die Welt nördlich von Athen und Rom keiner Erzählung

«
Insignien der Macht: Der schwere Armring und die Lockenringe aus Gold zeichnen den Fürsten von Leubingen aus. Seine Bronzewaffen, allen voran der Stabdolch, signalisieren die Herrschergewalt. So porträtiert ihn der Künstler und Museumsillustrator Karol Schauer.

für würdig. Das hat uns einen gigantischen weißen Fleck auf der Landkarte unserer Vergangenheit hinterlassen, der in unseren Köpfen die Beschriftung trägt: »Hier lebten wilde Tiere und primitive Menschen.« Wer soll dort solch ein Meisterwerk wie die Himmelsscheibe erschaffen haben?

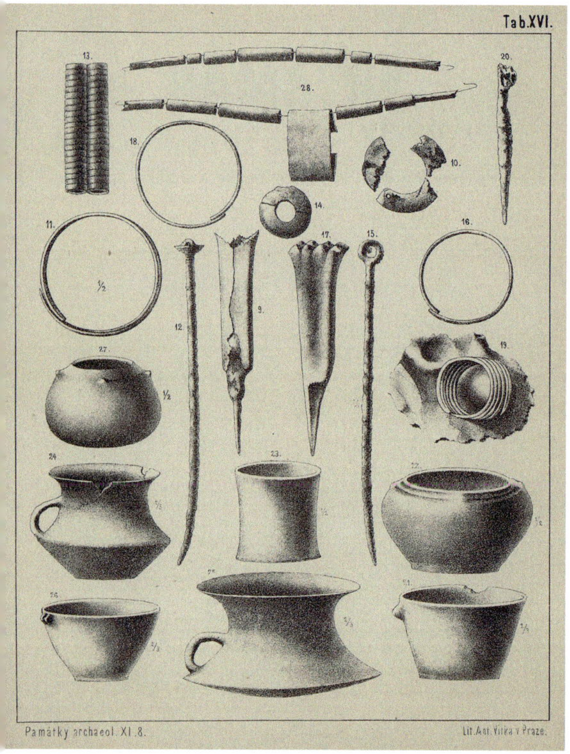

Namensgebend: Unweit des Dorfs Únětice (dt. Aunjetitz) bei Prag hat Čeněk Rýzner Ende des 19. Jahrhunderts zwei bronzezeitliche Gräberfelder entdeckt. Er dokumentierte sie auf für seine Zeit vorbildliche Weise, Tafel von 1880.

Dann, im Besonderen, verhinderte die Weltgeschichte, dass Aunjetitz die Anerkennung erfuhr, die es verdiente. Am Ende des 19. Jahrhunderts entdeckt, erschwerte der Erste Weltkrieg die weitere Erforschung der Aunjetitzer Kultur massiv. Und die Teilung Europas nach dem Zweiten Weltkrieg ließ sie hinterm Eisernen Vorhang verschwinden. Im Realsozialismus hatte man wenig Interesse an einer Zeit, in der erstmals einzelne Individuen enormen Reichtum anhäuften und sich zu Herrschern aufschwangen. Auch war man archäologisch eher an den mittelalterlichen Slawen interessiert, um eine Zusammenhalt stiftende Vorgeschichte der sozialistischen Brudervölker zu rekonstruieren. Deshalb blieb Aunjetitz ein Stiefkind der Forschung und allein Spezialisten bekannt. Hätten sich deren Herrscher ihre Grabhügel nicht östlich, sondern westlich des Harzes aufhäufen lassen, wäre Aunjetitz längst ein selbstverständlicher Bestandteil unserer Schulbücher.

Doch das doppelte Pech hat sich mittlerweile in Glück verwandelt: Es ermöglicht uns, diese erstaunliche Kultur mit den fortschrittlichsten wissenschaftlichen Methoden, die der Archäologie heute zur Verfügung stehen, zu erkunden. Viele Erkenntnisse hätten wir aus denselben Funden noch vor 20 Jahren gar nicht herauslesen können. Deshalb ist der aktuelle Zugang zur Welt vor 4000 Jahren viel breiter und umfassender und macht es möglich, die archäologischen Neuigkeiten in eine Perspektive einzubetten, die uns hilft, uns selbst und unsere Gesellschaften besser zu verstehen. Denn die Himmelsscheibe von Nebra markiert eine bedeutende Schwelle der Menschheitsgeschichte. Hier entstehen nicht nur Besitz und Ungleichheit in zuvor unbekannten Dimensionen, hier formiert sich zum ersten Mal die Herrschaft einzelner Individuen, die sich in monumentalen Gräbern bestatten lassen, alle anderen zu Untertanen degradieren und ihre Macht auf ebenso überlegenes wie exklusives Wissen stützen.

Neue Lebensweise: Die Linearbandkeramiker waren vor 7500 Jahren die Ersten, die in Mitteleuropa dem sesshaften Leben mit Ackerbau und Viehzucht nachgingen. Sie lebten in imposanten Langhäusern.

WAS VORHER GESCHAH

Holen wir ein wenig aus: Über 30.000 Jahre hatte der *Homo sapiens* in Europa als nomadischer Jäger und Sammler gelebt, der Eiszeit getrotzt und allein davon existiert, was die Natur hergab. Die kleinen Gruppen verfügten über keinen nennenswerten Besitz, waren damit weitgehend egalitär, kannten also weder übergroße

2000 Jahre älter als Stonehenge: Um 4900 v. Chr. wurde die Kreisgrabenanlage von Goseck erbaut, die auf die Sonnenwenden hin ausgerichtet ist.

Oft weisen Schädel von Schnurkeramikern verheilte Frakturen auf. Diese werden als Zeugnisse ritueller Zweikämpfe gedeutet.

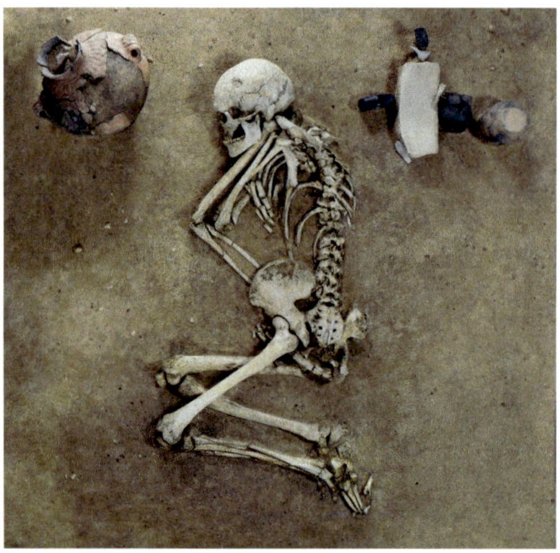

Hierarchien noch Herrschaft. Dann kamen vor über 7500 Jahren die ersten Bauern nach Mitteleuropa. Erst seit wenigen Jahren wissen wir – der Möglichkeit, altes Erbgut zu entziffern, sei Dank –, dass es Einwanderer aus Anatolien waren, die eine neue Lebensweise mitbrachten: sesshaft, die Nahrung durch Ackerbau und Viehzucht selbst produzierend. Rasch erkannten sie, wie enorm fruchtbar die Lössböden am Rande der Mittelgebirge mit ihren tiefen Schwarzerden waren, bestens geeignet, um Getreide anzubauen. Die neue Lebensweise führte zu einem vorher nie gekannten Bevölkerungswachstum, damit aber auch zu Konkurrenz und Krieg ums beste Land.

In unserem Kontext wichtig: Während die mobilen Jäger und Sammler sich vor allem der Sterne zur Orientierung in Zeit und Raum bedienten, hatte für die sesshaft gewordenen Menschen die Stunde der Sonne geschlagen. Denn vom immer gleichen Ort aus betrachtet, taugt sie als Jahresuhr. Das kennt jeder: das Hin-und-her-Wandern der Sonnenauf- und Sonnenuntergangspunkte am Horizont im Jahreslauf. Früh schon bauten die Bauern Ringheiligtümer, die besagten Kreisgrabenanlagen. Die ältesten, wie jene von Goseck unweit von Nebra, sind nahezu 7000 Jahre alt. Kultische Architekturen, deren Sinn wir noch nicht vollkommen verstanden haben. So viel ist auffällig: Die Holzpalisaden und Gräben besaßen in der Regel Tore und Durchlässe, die auf jahreszeitliche Wegmarken der Sonne hinwiesen. Hier wurden Feste und Versammlungen abgehalten, Rituale vollzogen, Märkte veranstaltet und vermutlich in Notzeiten Zuflucht gesucht.

Über Jahrtausende wechselten sich in Mitteldeutschland die Kulturen in rascher Folge ab. Zu begehrt waren die überaus fruchtbaren Böden, zu wenig Schutz bot die Landschaft. Weder Gebirge noch unüberwindliche Ströme hielten Feinde fern. Im 3. Jahrtausend vor Christus dann, oder für uns treffender: gut 1000 Jahre vor der Himmelsscheibe, kam es zur gewaltigen Zäsur. Aus der eurasischen Steppe nördlich des Schwarzen und des Kaspischen Meeres drangen Reiterkrieger nach Europa vor. Ihre Reflexbögen waren von enormer Durchschlagskraft, ihre Kämpfer begruben sie unter weithin sichtbaren Grabhügeln, mit Steinäxten an der Seite. Ironischerweise werden die Invasoren nach ihrer Keramik benannt: Weil ihre Becher und Amphoren Muster eingedrückter Schnüre trugen, spricht man von der Schnurkeramikkultur. Ab 2800 vor Christus begannen sie, Mitteldeutschland zu dominieren.

Die Schnurkeramiker drangen aus der eurasischen Steppe nach Mitteleuropa vor. Ab 2800 v. Chr. kamen sie nach Mitteldeutschland.

300 Jahre später gesellte sich ihnen eine zweite Kultur bei. Angesichts ihrer Trinkgefäße taufte man sie Glockenbecherkultur. Dank neuester genetischer Erkenntnisse wissen wir: Auch sie stammten ursprünglich aus der Steppe des Ostens, wenn auch aus weiter südlich gelegenen Regionen. Beide haben Wurzeln in der Jamnaja-Kultur. Das sind Pastoralisten gewesen, die Weidewirtschaft betrieben. Ihr Erfolgsgeheimnis: Mobilität! Sie setzten auf gezähmte Pferde und nutzten die neu erfundenen Wagen. In der endlosen Steppe war das eine sehr erfolgreiche Strategie, die mehr als nur das Überleben sicherte. Sie führte zu einem steten Bevölkerungswachstum, das zu immer neuen Abwanderungen führte: Go West!

Weil es an Schrift fehlt, sind wir auf Keramik angewiesen: Die Becher der Schnurkeramiker waren mit Schnurabdrücken verziert, die der Glockenbecherkultur tragen ihre Besonderheit bereits im Namen. Aunjetitz dagegen setzte auf schnörkellose Eleganz.

» In den Gräbern inszenieren sich Glockenbecherkrieger als Bogenschützen. Sie waren bewandert in der Kunde der Metallurgie, ihre Kontakte reichten bis nach England. Sie verschmelzen mit den Schnurkeramikern zur neuen Kultur von Aunjetitz.

Die Genetik zeigt das Ausmaß der Migration. Es kam zu einem massiven Bevölkerungsaustausch in Mitteleuropa, noch heute tragen die meisten Europäer Steppengene in sich. Bisher ist uns nicht bekannt, was diese Einwanderung so erfolgreich machte. Wurden weite Teile der Bevölkerung hingemetzelt? Oder hatte eine Seuche die meisten Mitteleuropäer dahingerafft, sodass die Ankömmlinge aus dem Osten in menschenleere Regionen vordrangen? Tatsächlich finden sich in dieser Zeit die ersten Hinweise auf die Pest. Für das zweite Szenario spräche, dass Schnurkeramiker und Glockenbecherleute überraschend friedlich in Mitteldeutschland nebeneinandersiedelten. Es muss also genügend Land für alle gegeben haben. In jedem Fall verschmolzen sie über die Jahrhunderte hinweg zu einer neuen Kultur: zu Aunjetitz, dem Reich der Himmelsscheibe, mit Herrschern an der Spitze, wie sie Europa zuvor nicht gekannt hatte.

STONEHENGE AN DER ELBE

Lange war nur zu vermuten, was hier eigentlich passierte: Ab 2300 vor Christus formierte sich im Herzen Europas immer deutlicher eine neue Kultur, die ab 2000 für vier Jahrhunderte in der Region östlich des Harzes, aber auch in Böhmen,

Mähren, Niederösterreich, Großpolen und Schlesien dominierte. Für Archäologen erkennbar an einem neuen Keramiktyp, der auf Verzierungen verzichtete, dafür durch dunkle, polierte Eleganz auffiel. Die Vertreter dieser Kultur leisteten sich den Luxus, allein auf den fruchtbarsten Böden zu siedeln. Und schafften das, was für Jahrhunderte niemandem gelungen war: sich in der Mitte Europas dauerhaft zu etablieren und zur alles dominierenden Kultur aufzuschwingen. Ihren Namen verdankt die Aunjetitz-Kultur dem kleinen Ort Únětice unweit von Prag, wo im 19. Jahrhundert zwei Gräberfelder ausgegraben worden waren.

Auch wenn es lange Zeit schien, dass die Glockenbecherleute die Schnurkeramiker schlicht eliminiert hätten – deren archäologisch fassbare Hinterlassenschaften verschwanden immer mehr –, wissen wir heute durch genetische Analysen, dass sich die Menschen beider Kulturen vermischten, wobei die Glockenbecherleute diesen Prozess kulturell dominierten. Aktuell gewährt eine der spektakulärsten Ausgrabungen Europas immer tiefere Einblicke in jene Zusammenhänge, denen wir die Entstehung des Reichs der Himmelsscheibe zu verdanken haben.

Über das von der Presse als »deutsches Stonehenge« titulierte Heiligtum Pömmelte und die wenig mehr als einen Kilometer entfernte Anlage von Schöne-

Avalon in Mitteldeutschland: Während Stonehenge aus gewaltigen Steinen errichtet wurde, ist das Ringheiligtum von Pömmelte unweit der Elbe ganz in Holz ausgeführt. Bei starkem Hochwasser ragte es aus den Fluten.

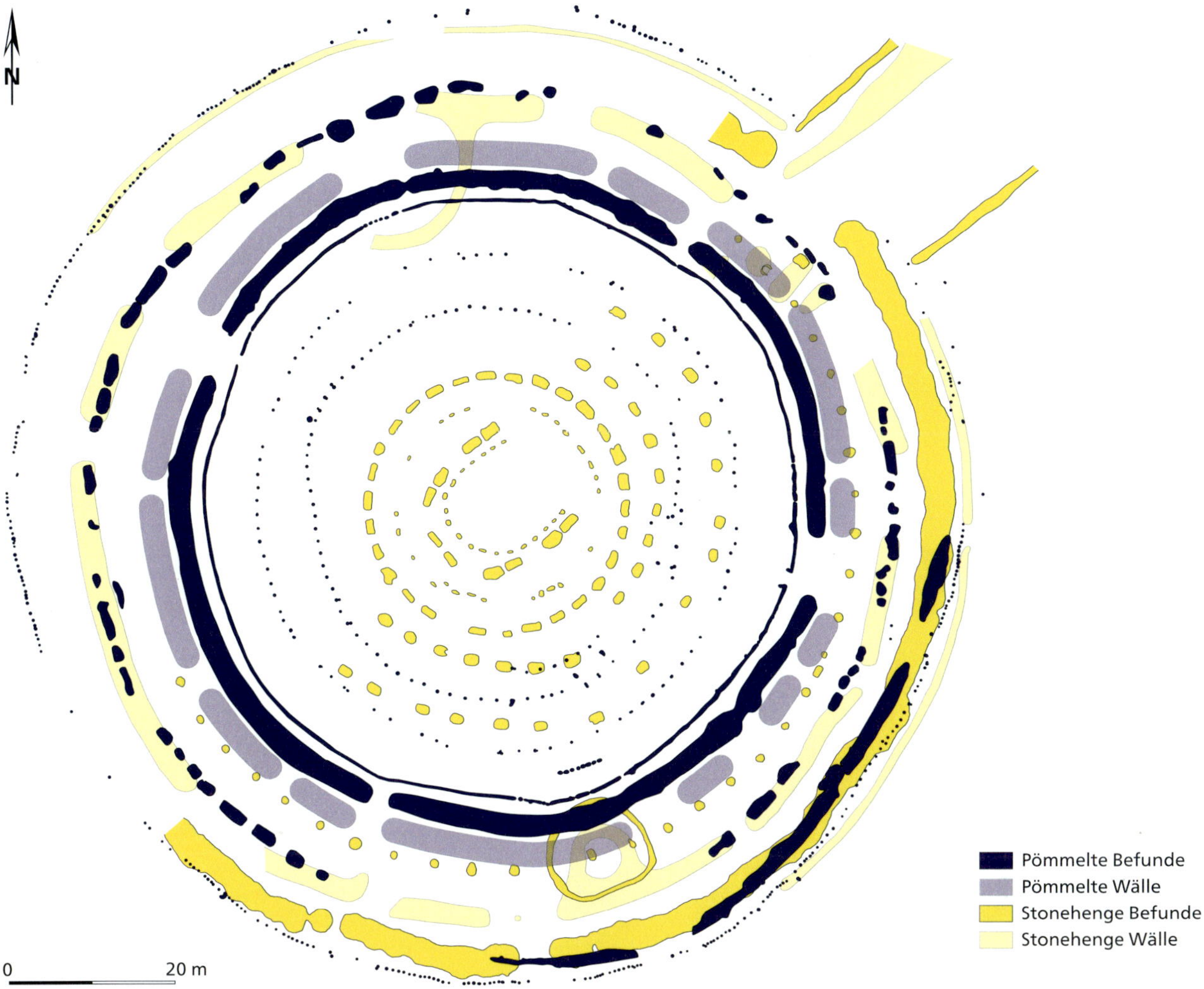

beck haben wir bereits in unserem letzten Buch berichtet. Es ist überaus erstaunlich, dass das ältere Rondell von Pömmelte nahezu exakt denselben Durchmesser wie Stonehenge aufweist. Das kann kein Zufall sein. Hier wie dort hat man es mit komplexen Architekturen aus Gräben, Wällen und Gruben zu tun. In einem Fall aber bildeten gewaltige Steine die Rondellstruktur, im anderen Abertausende von Holzstämmen, wie es ähnlich bei den zur sakralen Landschaft von Stonehenge gehörenden Ringheiligtümern Woodhenge und Southern Circle der Fall war.

Die Archäologen legen eine immer erstaunlichere Rituallandschaft inmitten der Elbauen unweit der Saalemündung frei. »In ihrer Komplexität und Monumentalität haben wir es mit einer in Mitteleuropa einzigartigen Anlage zu tun«,

Kein Zufall: Bei allen Unterschieden besitzen Stonehenge und Pömmelte denselben Durchmesser, wie wir hier erstmals dokumentieren. Die Glockenbecherleute haben über ihre Verbindungen bis nach England mächtige Rituale und Ideen importiert.

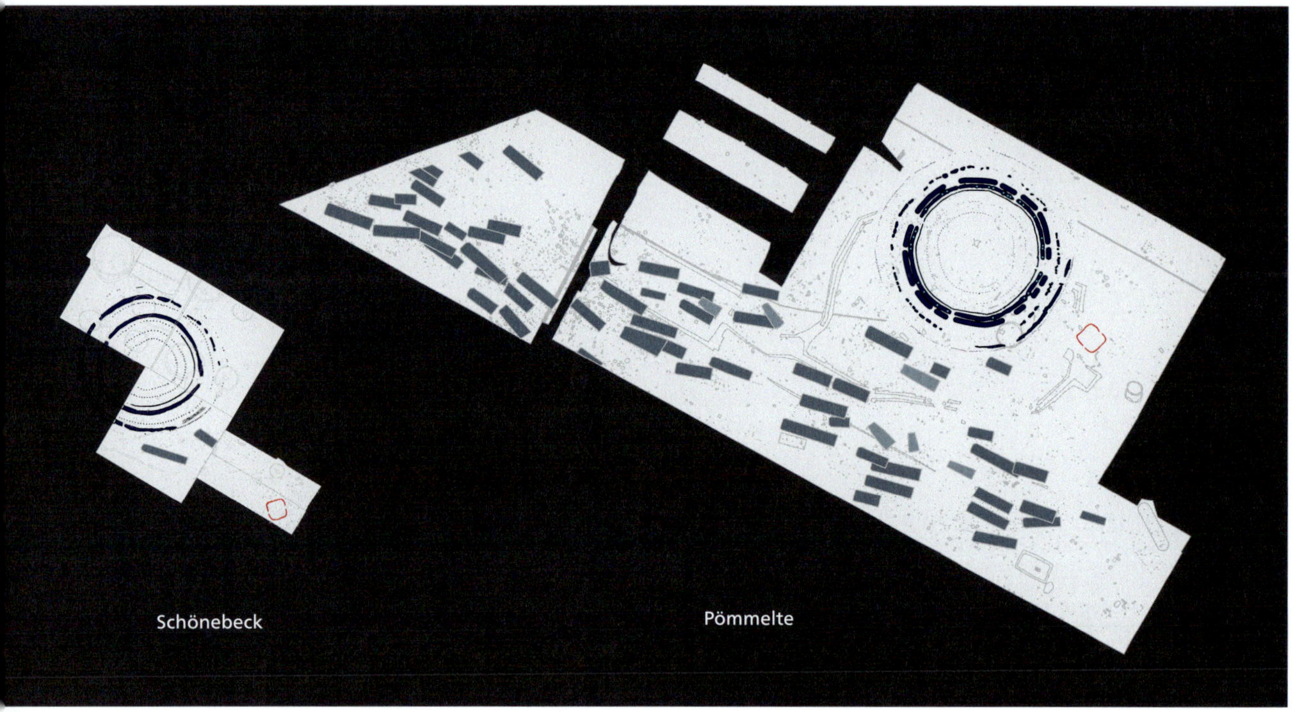

Heiliges Terrain: Beide Rondelle, sowohl das von Schönebeck als auch das ältere, 1400 Meter entfernte von Pömmelte, wurden neben früheren schnurkeramischen Anlagen (rot) errichtet. In Pömmelte lag eine der größten Siedlungen der Zeit.

»
Im Fokus des Kosmos: Pömmelte brachte die irdische Ordnung mit dem Lauf der Sonne in Einklang. Der Himmel heiligte die stattfindenden Feste und Rituale und verlieh ihnen eine grandiose Aura.

erklärt der Archäologe François Bertemes. Hier lässt sich beobachten, wie die Kultur der Glockenbecherleute mit jener der Schnurkeramiker zur neuen von Aunjetitz fusionierte.

Was die Ausgrabungen zusätzlich spannend macht: Es handelt sich um einen Ort, der bestens zur Himmelsscheibe passt. Erinnern wir uns: Aus den Horizontbögen, die an ihrem Rand den jährlichen Lauf der Sonne markieren, lässt sich der Beobachtungsort in seiner geografischen Breite rekonstruieren – und diese würde im Fall von Pömmelte gut passen. Zudem erinnern die Bögen an Ringheiligtümer, die ja mittels kreisförmiger Segmente bestimmte Sonnenauf- und -untergänge markieren. Die Horizontbögen machten die Himmelsscheibe selbst zu einem Ringheiligtum *en miniature*.

Nahe der Elbe auf einer leichten Erhebung gelegen, sodass es während des Frühjahrhochwassers zu einer Insel wird, haben wir es mit einem seit alters her heiligen Ort zu tun. Tatsächlich stießen die Ausgräber an beiden in Sichtweite zueinander gelegenen Heiligtümern auf schnurkeramische Vorgängerbauten. Es sind deutlich kleinere, fast quadratische Anlagen, deren Eingänge auf die Sonnenwenden hin orientiert waren. Es gab also rituelle Vorläufer. Der Vergleich verdeutlicht,

Relikte der Gewalt: In den Opferschächten von Pömmelte finden sich deutliche Hinweise auf Menschenopfer. Skelette, Mahlsteine und zerschlagene Keramik wurden hier deponiert. Weitere Forschungen sollen das kultische Geschehen im Detail rekonstruieren.

um wie viel monumentaler die neuen Rondelle sind. Es handelt sich um einen Vorgang der Übernahme, dem ein triumphierender Zug nicht abzusprechen ist – symbolisch und religiös.

Die Urheber von Pömmelte sind die später nach Mitteldeutschland gekommenen Glockenbecherleute. Sie waren im Besitz neuer kultischer Strategien, die sie ihren Beziehungen nach Stonehenge verdankten. Angesichts neuer genetischer Erkenntnisse wissen wir, dass die Glockenbecherleute nach England kamen, wo es im Zuge ihrer Migration ebenfalls zu einem massiven Bevölkerungswandel gekommen war. Die Megalithanlage von Stonehenge stand damals zwar schon, wurde aber von den Glockenbecherleuten weiterbetrieben und umgestaltet.

Das ab 2300 vor Christus errichtete Pömmelte besticht mit geometrischer Präzision: Der zentrale Ringgraben bildet einen perfekten Kreis, weitere konzentrische Kreise aus Pfosten, Gruben und Gräben umrunden eine freie Innenfläche mit einem Durchmesser von 47 Metern. Die beiden Haupteingänge richten die Gesamtanlage auf die Sonne aus: Nicht wie so oft auf die Sonnenwenden, also auf den längsten und kürzesten Tag des Jahres. Gemeinsam mit weiteren baulichen

Strukturen markieren sie Auf- und Untergänge der Sonne zu den Mittvierteljahresfesten, also den jeweils halben Weg der Sonne zwischen den Sonnenwenden und der Tagundnachtgleiche. Dem keltischen Beltaine, das auf einen solchen Termin verweist, sind wir schon am Deponierungsort der Himmelsscheibe, dem Mittelberg, begegnet. Auf diese Weise koppeln die Rondelle Himmel und Erde, synchronisieren das irdische Geschehen mit der Sonne. Da Pömmelte in den letzten Jahren imposant rekonstruiert wurde, kann heute jeder selbst vor Ort nachvollziehen, wie überwältigend es ist, wenn die Sonne, einem Feuerball gleich, zwischen den Balkentoren aufsteigt und ihre Strahlen in die Morgendämmerung entsendet. Als öffnete ein Drache sein Auge.

Leider lassen sich religiöse Kulte und Rituale archäologisch – wenn überhaupt – allenfalls in Grundzügen rekonstruieren. Die Vielzahl der Wälle und Palisaden, durch die das Innere blickdicht nach außen abgeschirmt wurde, lässt die Vermutung nicht ganz von der Hand weisen, dass es sich hier um eine Arena gehandelt haben könnte, ein Amphitheater *avant la lettre*. Ob manche der Pfostenlöcher von Tribünen stammen? Experimente belegen die hervorragende Akustik der Anlage.

Was Zuschauer zu hören – und zu sehen – bekamen, war zutiefst verstörend. In einem Teil des Ringgrabens stieß das Team des ersten Ausgräbers André Spatzier auf 29 Schachtgruben, in denen sich zerschlagene Keramik und zerbrochene Tierknochen fanden, dazu Steinäxte, Pfeilspitzen und Mahlsteine. Aber auch menschliche Skelette, misshandelt und grausam zugerichtet: Kinder, Jugendliche, junge Frauen. Eine andere Erklärung, als dass es sich um Menschenopfer handelte, ist schwer zu finden. Zu welchen Festen, bei welchen Zeremonien sie den Tod fanden, oder ob sie hier später nur begraben (um nicht zu sagen: entsorgt) wurden – all das wissen wir nicht.

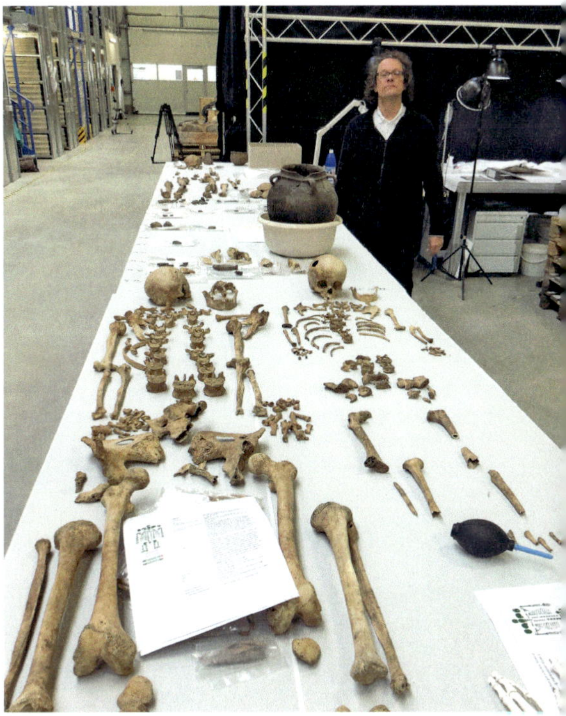

Die Skelette aus der Schachtgrube 1099 stammen von einer 30–40 Jahre alten Frau und einem 5–7 Jahre alten Kind. Beide vermutlich mit Schlägen auf den Kopf getötet. Das Kind scheint gefesselt gewesen zu sein. Dazwischen lagen Tierknochen, darüber befanden sich Keramik und ein Mahlstein.

Die teils über zwei Meter tiefen Kultschächte, die unten mit organischem Material wie Korbgeflecht ausgekleidet waren, sind über einen Zeitraum von vermutlich 200 Jahren angelegt worden. Nacheinander? Sodass jeder Schacht für ein einzelnes Fest oder Opferspektakel stand? Eher nicht. Es gibt Hinweise, dass mehrere Gruben zum gleichen Zeitpunkt geöffnet waren. Die bisher erkannten

Regelmäßigkeiten reichen noch nicht aus, um den Ablauf des rituellen Geschehens zu rekonstruieren. Die Beschädigungen der Pfeilspitzen bezeugen, dass sie verschossen wurden. Manche der Skelette weisen stumpfe Verletzungen auf, manche auch spitze. Alles in allem ein düsterer Befund.

In der östlichen Hälfte des Rondells Richtung Sonnenaufgang liegen in schlichten Erdgräbern junge Männer. Auch sie geopfert? Oder genießen sie die Ehre, an diesem besonderen Ort bestattet worden zu sein? Zumindest weisen ihre Knochen keine Hinweise auf Verletzungen auf. Erstaunlich jedoch: Ihnen waren keine Waffen mit ins Grab gegeben, wie sonst üblich.

Die Forschungen schreiten fort, bietet Pömmelte doch die seltene Chance, komplexen Opferritualen auf die Spur zu kommen. Ahnenkult könnte eine Rolle gespielt haben. Vielerorts finden sich deponierte Steinäxte und auch vereinzelte Schädel. Auf jeden Fall deutet alles auf ein kultisches Geschehen hin, das von überwältigender Eindruckskraft war. Und nicht zu vergessen: Schon der Bauaufwand der Anlage war riesig. Tausende von Bäumen mussten gefällt, zu passenden Stämmen verarbeitet und über die Elbe herbeigeflößt werden. Sichtbar demonstrierten die Glockenbecherleute ihre Überlegenheit – im Einklang mit dem Lauf der Sonne.

Deutlich zeichnete sich schon auf der Luftaufnahme das Rondell von Schönebeck im Feld ab. Die Ausgrabung legte eine kleinere Anlage als in Pömmelte frei. Daneben lagen Jahrhunderte später aufgeworfene Grabhügel.

EINE NEUE ZEIT BRICHT AN

Aber Pömmelte ist nicht alles. Erste Glockenbecherhäuser sind in unmittelbarer Nähe entdeckt worden – und dann wurde nach gut 200 Jahren keine 1400 Meter entfernt ein zweites Ringheiligtum angelegt und für viele Jahre parallel betrieben. Aus England wissen wir, dass auch der Steinkreis von Stonehenge eingebettet war in eine weitläufige, längst noch nicht vollständige identifizierte Rituallandschaft: Im nahe gelegenen Durrington Walls kamen die Menschen zur Wintersonnenwende zu einem Fest zusammen, um dann, wohl sogar mit Booten auf dem Fluss Avon, zu jener Avenue zu gelangen, auf der die Prozession dem Megalithrund entgegenschritt. Auch in Pömmelte und Schönebeck wird derzeit nach Pilgerwegen und heiligen Promenaden gefahndet. Leider waren die neuzeitlichen Ackerpflüge sehr gefräßig.

Um 2050 vor Christus aber gaben die Menschen das Heiligtum von Pömmelte auf. Die Keramik belegt: Der Wandel zu Aunjetitz war vollzogen. Sie ließen die altehrwürdige Anlage aber nicht einfach verfallen. Sie zogen fein säuberlich Stamm für Stamm aus dem Boden, häuften sie zu einem enormen Scheiterhaufen an – die Flammen werden hoch in den Himmel gelodert haben. Mit dem Brandschutt füllten sie die Gräben auf. Viele der Gruben wurden ordentlich versiegelt, in manche zuoberst noch ein Steinbeil gelegt. Es hat den Anschein: Das Heiligtum wurde pietätvoll bestattet – und mit ihm die Zeit der steinernen Waffen.

Als das bisher einzige in Schönebeck gefundene Depot fanden sich ein Schlagstein und ein als Amboss dienender Kissenstein (hier abgebildet). Ein solcher findet sich als Symbol der Schmiedekunst auch im Grab des Fürsten von Leubingen.

Das unmittelbar benachbarte Schönebeck jedoch blieb im Gebrauch. Warum? Nun könnte man annehmen, die kleinere Anlage – Schönebeck hatte nur einen Durchmesser von 90 Metern – hätte den Bedürfnissen vollauf genügt, weil vielleicht die Bevölkerung zurückgegangen sei. Darauf deutet nichts hin. Die Archäologen graben neben Pömmelte (und damit in Sichtweite von Schönebeck) aktuell eine der größten Siedlungen der frühen Bronzezeit aus. Mehr als 100 Langhäuser sind schon zutage gefördert worden. Der heilige Bezirk unweit der Elbe zog Menschen an. Auch fanden sich zahlreiche Gräber, die aus der Glockenbecher- wie der Frühbronzezeit stammen.

Wir nehmen an: Schönebeck stand für die neue Zeit, die Bronzezeit. Pömmelte dagegen war noch Steinzeit, Schnurkeramik und Glockenbecher werden dem Endneolithikum zugerechnet. Ahnen- und möglicherweise auch Schädelkult sind typisch für Gesellschaften, in denen allenfalls Häuptlinge über Kriegergefolgschaften bestimmten. Was wir in Schönebeck zu sehen glauben: das Heraufdämmern eines neuen Zeitalters der Macht.

Was war anders? Die kreisförmigen Architekturen ähneln sich, die Rondelle holen die Sonne auf die Erde. Zudem sind in Schönebeck die Eingänge auf die gleichen markanten Wegmarken des solaren Laufs ausgerichtet. Doch scheint nach derzeitigem Ausgrabungsstand das Innere nicht komplett nach außen abgeschirmt wie in Pömmelte: Was im Rund geschieht, kann womöglich von jenen gesehen werden, die außerhalb stehen; in Pömmelte mussten alle am Geschehen teilnehmen, innerhalb des Kreises. Deshalb darf man sich nicht vom geringeren Durchmesser Schönebecks täuschen lassen: Das Publikum könnte sogar größer gewesen sein.

In Schönebeck finden sich keine Hinweise auf Menschenopfer, auch sonst nichts, was gewöhnlich mit Ahnenglauben in Verbindung gebracht wird. Keine

Schädel, keine deponierten Steinbeile, keine Schachtgruben. Als ob sich das Ringheiligtum allein auf die Sonne konzentrierte. Umso höher ist das einzige Depot zu werten, das bisher in Schönebeck zu entdecken war. Es mag für heutige Augen unspektakulär erscheinen, ist aber an Bedeutsamkeit nicht zu unterschätzen: Es handelt sich um zwei Steine, welche die Überwindung der Steinzeit signalisieren.

Der eine ist ein flacher, rechteckiger sogenannter Kissenstein; er diente als Amboss zum Ausschmieden von Metallgegenständen. Beim zweiten handelt es sich um einen Stein, der als Hammer benutzt wurde. Die Insignien des neuen Zeitalters, der Bronzezeit, die Insignien von Aunjetitz – wir werden ihnen wiederbegegnen. Denn die Glockenbecherleute brachten nicht nur Stonehenge mit, sie hatten auch jenes Geheimnis im Gepäck, dem die Zukunft gehörte: das Wissen, die Beziehungen und die Ressourcen, Bronze herzustellen.

SCHMIEDE DER SONNE

Bereits die Himmelsscheibe hatte eine Fährte auf die britische Insel gelegt, eine doppelte sogar. Das Gold der Himmelskörper wie auch das Zinn ihrer Bronze stammen aus Cornwall. Wie waren sie nach Mitteldeutschland gekommen? Über die jahrhundertealte Glockenbecher-Connection!

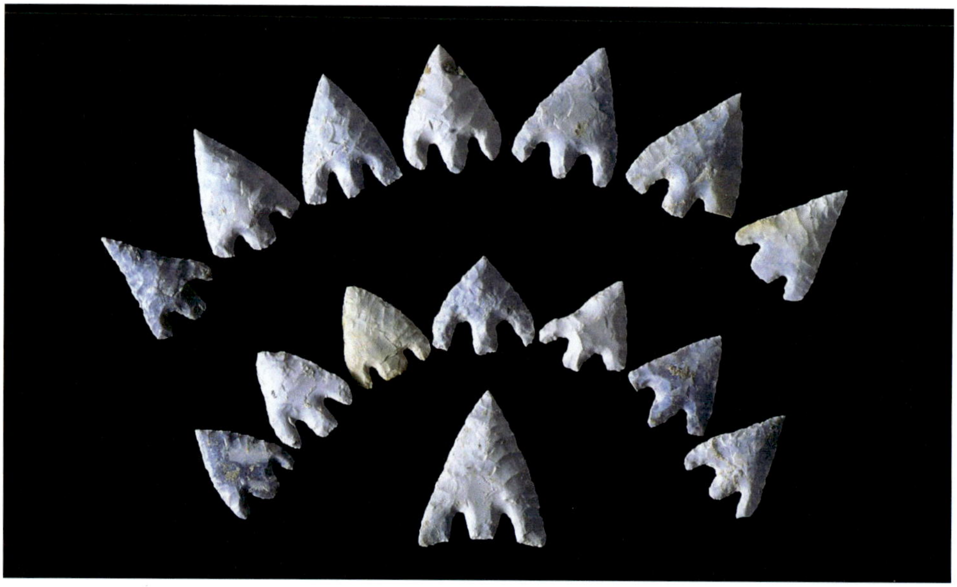

Je mehr Pfeilspitzen sich in einem Glockenbechergrab finden, desto höher die Bedeutung. Diese 15 Stück belegen den hohen Rang des in der Nähe von Stonehenge bestatteten Amesbury Archer. Strontium-Analysen zeigen, dass er ursprünglich aus dem Alpenraum stammte.

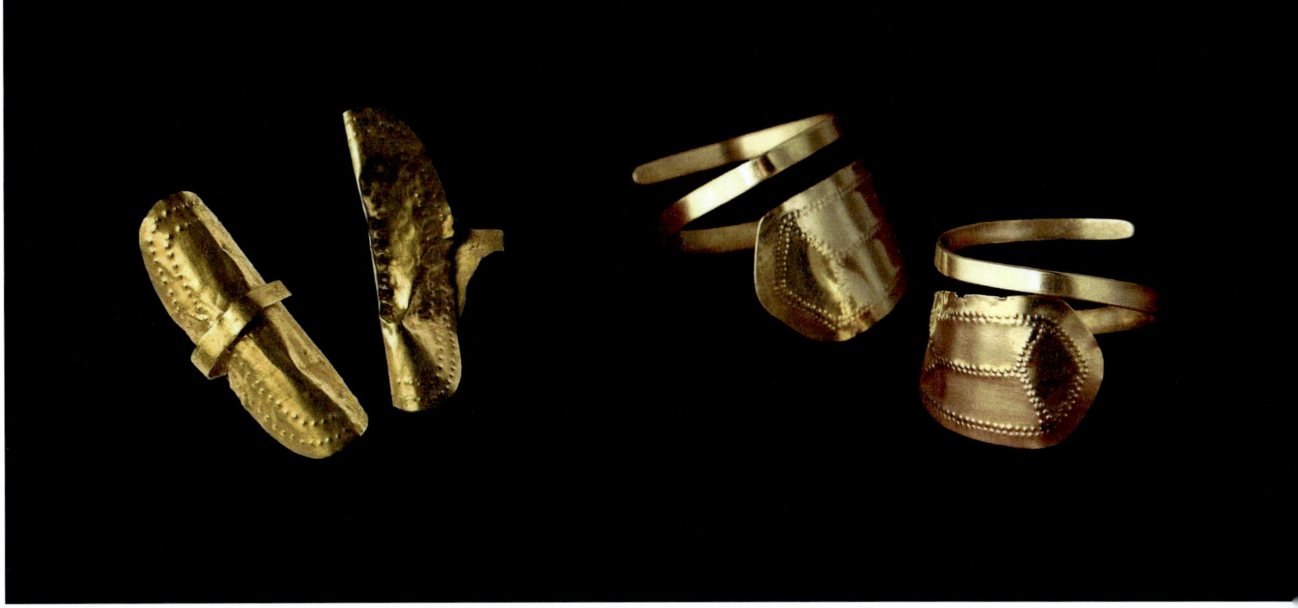

Goldene Lockenringe wie die des Amesbury Archer (links) und die aus Apfelstädt sind ein weiteres bis nach Portugal verbreitetes Statussymbol der Glockenbecherelite. Auch die Fürsten von Aunjetitz werden sie tragen, aber um Goldnadeln und goldene Armringe ergänzt.

Tatsächlich wurden die ältesten bisher gefundenen Goldobjekte Großbritanniens in einem Glockenbechergrab entdeckt – und zwar in jenem des um 2300 vor Christus verstorbenen »Bogenschützen von Amesbury«. Weil er unweit von Stonehenge begraben worden war, feierte die Presse ihn als »König von Stonehenge«. Das trifft zwar nicht zu, trotzdem bestach sein Grab mit dem für die Zeit großen Reichtum der Beigaben: Neben seinen beiden goldenen Lockenringen, Pfeilspitzen, Armschutzplatten und Kupferdolchen lagen auch ein steinerner Amboss – ein Kissenstein wie in Schönebeck! – und Eberklauen zum Polieren von Metall. Die Strontiumuntersuchung seiner Zähne ergab, dass der Amesbury Archer vom Kontinent kam, vermutlich aus dem Alpenraum.

Das ist kein Einzelfall: Gerade in den reichsten Gräbern der Glockenbecherkultur inszenieren sich die Verstorbenen als Schmiede und Herren des Metalls. Auch in Mitteldeutschland stammt das älteste Gold aus einem Glockenbechergrab, und in Zentral- und Südeuropa stehen fast alle Fundstätten der neuen Zinnbronzen im Glockenbecherkontext. Ihre Vertreter waren also insbesondere als Metallurgen unterwegs.

Als sie dann ab 2400 vor Christus von den Niederlanden nach England vordrangen, dauerte es nicht lange, bis die Glockenbecherleute in Cornwall Gold fanden. Aber nicht nur; Cornwall ist in Sachen Metalle ein Schlaraffenland.

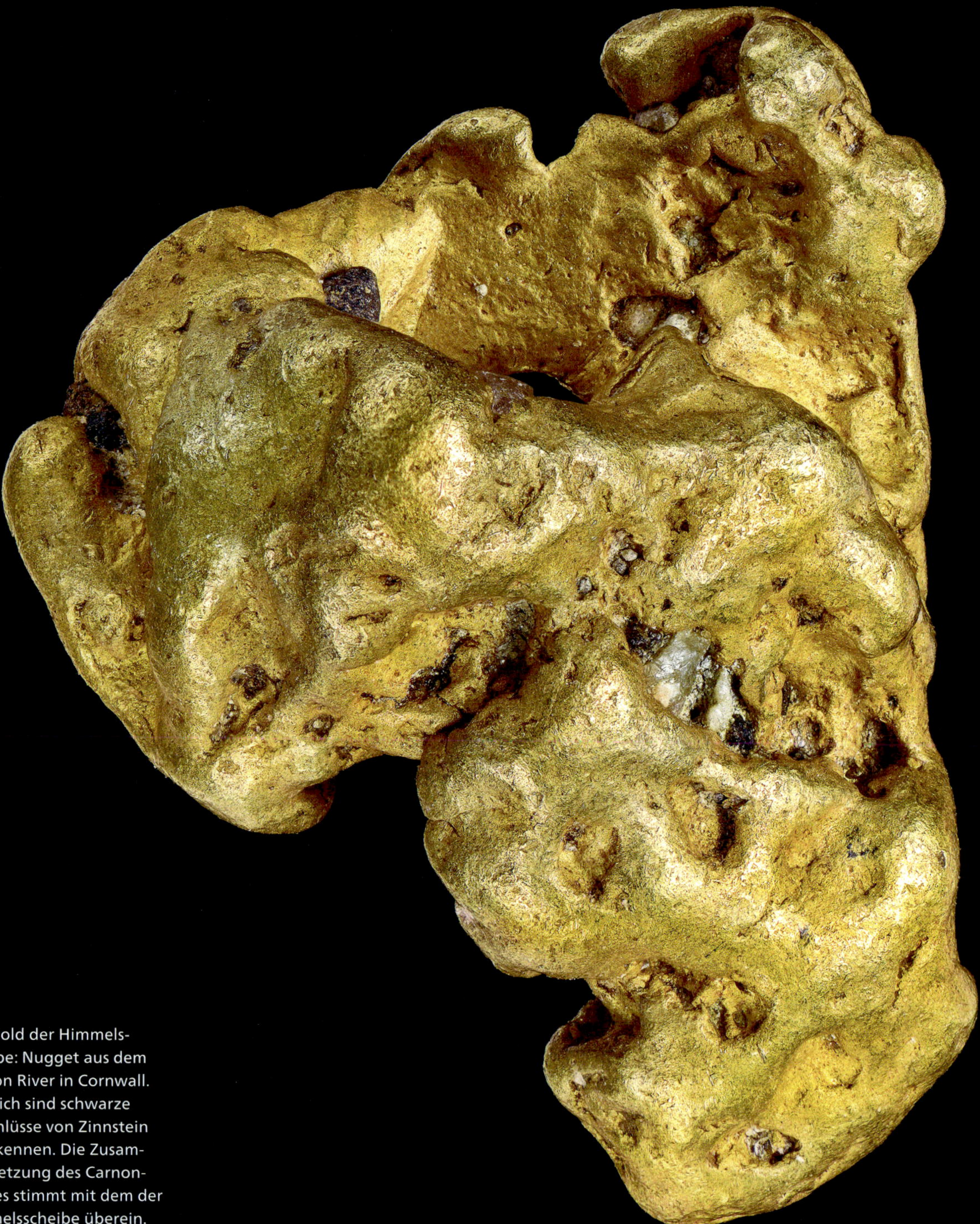

Das Gold der Himmelsscheibe: Nugget aus dem Carnon River in Cornwall. Deutlich sind schwarze Einschlüsse von Zinnstein zu erkennen. Die Zusammensetzung des Carnon-Goldes stimmt mit dem der Himmelsscheibe überein.

Hier gab es zinnführende Kupfererze, die auf gleichsam natürliche Weise eine goldene, besonders harte Bronze lieferten. Beim Goldwaschen stießen die nachfolgenden Generationen etwa im kleinen Fluss Carnon auf Zinn in der Form von Zinnstein, also Kassiterit. Das ist Zinnoxid, das sehr schwer ist und sich deshalb an jenen Stellen in Fluss anreicherte, an denen sich auch Gold sammelte, wie der Geologe Gregor Borg gezeigt hat. Mit dem Zinnstein experimentierten die Metallurgen. Der Rest ist Geschichte – die Geschichte der Bronzezeit.

Die Glockenbecherleute waren also die Herren der Bronzetechnologie. Dieses Wissen konnte auch ihren Erben niemand nehmen, weil die Wege zu den Zinnquellen in Cornwall fest in ihrer Hand waren. Alternative Zinnvorkommen waren noch keine verfügbar. Zur religiösen Überlegenheit kamen also mit der Zeit die technologische Dominanz und der privilegierte Zugang zu den wichtigsten Ressourcen – was die kulturelle Hegemonie verstärkte. Denn die Herstellung von Metall war alles andere als eine profane Tätigkeit. Aus der Ethnologie wissen wir: »Männer, die die Fähigkeit besitzen, in die Mysterien der Natur einzugreifen und mittels Feuer unscheinbares Gestein in schimmerndes Metall zu verwandeln, treten oft als Schamanen, Magier oder Priester auf«, sagt François Bertemes. Männer? Tatsächlich belegen ethnologische Studien: In so gut wie allen Kulturen war Metallurgie reine Männersache. Die sonnenhafte Bronze wird zur Killerapplikation der neuen Zeit: Wer wollte da noch zum Steinbeil greifen? Tatsächlich werden die Herrscher der Bronzezeit auch die Herren über die Waffen sein.

Kaum zehn Kilometer braucht der Carnon, um ins Meer zu münden. Das dortige Bergbauquartier galt im 19. Jahrhundert wegen seiner Zinn-, Kupfer-, aber auch Goldvorkommen als »reichste Quadratmeile der Welt«.

All das gehört zu jenem Kontext, der den Übergang von Pömmelte zu Schönebeck besser verständlich werden lässt. In der Anfangsphase brauchte es noch großartige Inszenierungen, monströse Opfer und die Unterstützung der Ahnen, um sich in der Konkurrenz durchzusetzen. Im inneren Kreis von Pömmelte etablierte sich aber schon ein neuer *Inner Circle* der Macht. Als dieser entstanden war, als die technologische Überlegenheit und der damit einhergehende Reichtum keine Alternativen mehr zuließen, konnte sich der Kult – und die sich in ihm darstellende Herrschaft – auf das Wesentliche konzentrieren: auf die Sonne, mit der die Herrscher vertrauten Umgang pflegten, während die anderen aus der Ferne dieser Machtdemonstration beiwohnten.

DAS GEHEIMNIS DES ERFOLGS

Anhand der charakteristischen Keramik und der Bestattungen haben Archäologen die Aunjetitz-Kultur bis weit nach Niederösterreich, Böhmen und Polen nachgewiesen. Dabei handelt es sich um kein kontinuierliches, abgeschlossenes Gebiet, sondern um verschiedene inselhafte Siedlungsflächen – und diese haben durchaus ihre eigenen Charakteristika. Wir beschränken uns hier auf die sogenannte Circumharzer Gruppe, jene Region zwischen Harz und Elbe, etwa so groß wie das heutige südliche Sachsen-Anhalt. Wir nennen sie das Reich von Nebra, da in ihrem Herzen die Himmelsscheibe deponiert wurde. Hier stoßen wir auf monumentale Gräber großer Fürsten.

Was östlich des Harzes besonders war? Einmal, dass zwei Kulturen friedlich verschmolzen. Dann gab es die überaus fruchtbaren Schwarzerdeböden, die zu den besten der Welt gehören. Das begehrte Salz war reichlich vorhanden. Vor allem aber die perfekte Handelslage. Das Reich von Nebra war eingebettet in die alten Fernhandelsbeziehungen, es konnte im Herzen Mitteleuropas wie eine Spinne im Netz die Handelsströme kontrollieren. So nutzte es das Kupfer aus dem Süden, kombinierte es mit dem Zinn, das weiterhin aus Cornwall kam, verhinderte aber die Weitergabe nach Norden Richtung Skandinavien, wo man in seiner Metallnot Bronzedolche aus Feuerstein nachmachte. Zugleich partizipierte man rund um Nebra am Bernsteinhandel. Die Folge: Hier entsteht erstmals Reichtum in enormen Dimensionen, der Herrschaft über Jahrhunderte ermöglichte. Bis rund 1600 vor Christus wird Aunjetitz dominieren. Rechnet man die Formierungsphase ein, sind das sagenhafte 600 Jahre.

Wo das Metall fehlte, behalf man sich mit Feuerstein. Ein in Bebertal gefundener Fischschwanzdolch imitiert Bronzedolche.

Es hängt mit der beschriebenen Voreingenommenheit in Sachen europäischer Vorgeschichte zusammen, dass man die Herrscher von Aunjetitz, von denen zwei vor über 100 Jahren ausgegraben wurden, nur Fürsten nennt und ihnen diese Bezeichnung meist lediglich in Anführungszeichen zugesteht. Hätte man solch beeindruckende Grabhügel in mediterranen Gefilden ausgegraben und festgestellt, dass die Toten, obwohl über ein Jahrhundert zwischen ihren Bestattungen liegt, ein nahezu identisches Grabinventar in Gold und Bronze besaßen, hätte man ihnen ganz selbstverständlich den Stempel »König« aufgedrückt.

UNTER GRABHÜGELN

So geschichtsselig das 19. Jahrhundert war, das Städte und Burgen bevorzugt in fantasievollen Neostilen der Romanik, Gotik oder Renaissance restaurierte oder erbaute, so geschichtsfeindlich war es den realen Relikten der Vergangenheit gegenüber. Es schleifte alte Stadtmauern, verarbeitete Hünengräber zu Kopfsteinpflaster und planierte Grabhügel ein, um den Bauern das Pflügen zu erleichtern oder den Acker mit der darin aufgehäuften Erde zu verbessern. Stieß man auf Grabbeigaben, verschwanden diese einfach. Gold? Wurde eingeschmolzen.

Bis ins 19. Jahrhundert waren die Landschaften mit Grabhügeln übersät. Die meisten fielen der Landwirtschaft zum Opfer. Das Fürstengrab von Leubingen ist eines der letzten seiner Art.

Fast 4000 Jahre lang ruhte der Fürst von Leubingen in einer eigens gezimmerten Grabkammer im Hügelinneren. Darüber waren ein massiver Steinkegel und dicke Erdschichten aufgehäuft.

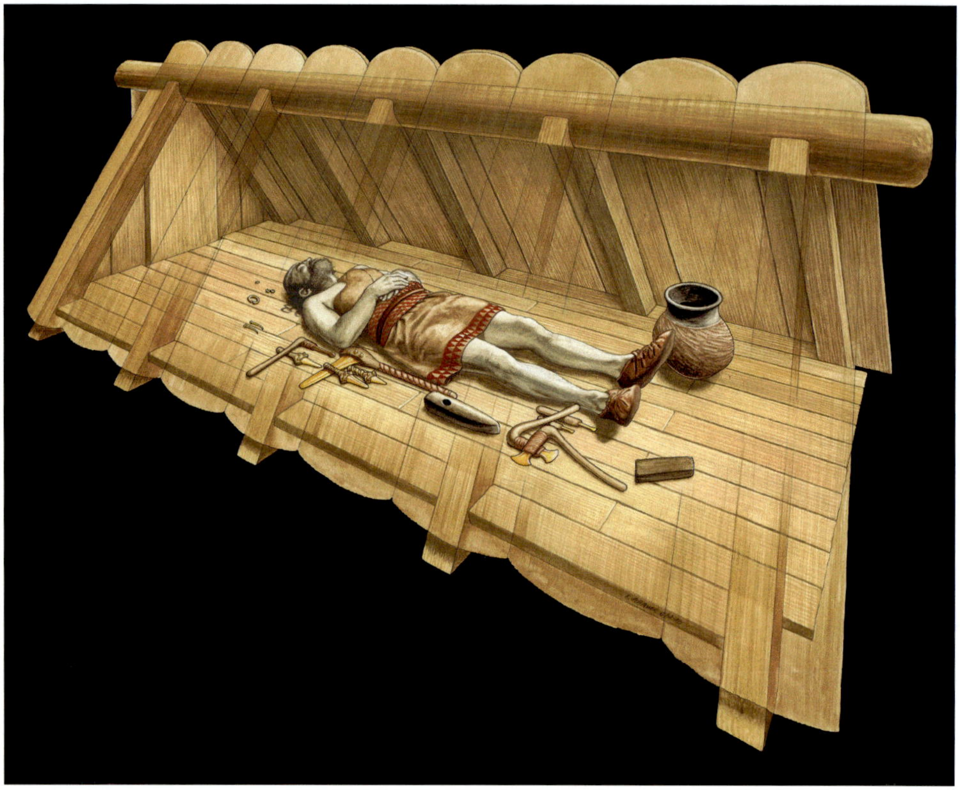

Um zu retten, was zu retten war, gründeten Bürger Geschichtsvereine oder machten sich gleich selbst ans Werk. So schritt 1877 einer der Pioniere der Ur- und Frühgeschichte, der Kunsthistoriker Friedrich Klopfleisch, ein, als er hörte, dass ein mächtiger Grabhügel bei Leubingen als Lehmgrube genutzt werden sollte. Ähnliches galt für den Gymnasiallehrer und Vorsitzenden des Geschichtsvereins des Mansfelder Landes, Hermann Größler, drei Jahrzehnte später: Der Große Galgenhügel bei Helmsdorf sollte dem Kupferbergbau zum Opfer fallen, er lag den Gleisen der neuen Grubenbahn im Weg. Im Winter 1906 griffen Größlers Arbeiter zu den Schaufeln.

» Grabinventar des Leubinger Fürsten, dazu Skizzen und Aufzeichnungen des Ausgräbers Friedrich Klopfleisch aus dem Jahr 1877. Neben den Objekten aus Bronze und Gold sind jene aus Stein beachtlich: Der Schuhleistenkeil war schon in der Bronzezeit eine fast 3000 Jahre alte Antiquität. Daneben ein Kissenstein zur Metallverarbeitung, wie wir ihn aus Schönebeck kennen.

In beiden Fällen führte die strapaziöse und nicht ungefährliche Buddelei zu erstaunlichen Ergebnissen, die sich auffällig ähnelten: Sowohl in Leubingen als auch in Helmsdorf handelte es sich um bis zu acht Meter hohe Hügel. In beiden Fällen gruben die Arbeiter sich erst durch mächtige Schichten bester Erde, bis sie auf an die 20 Meter breite und um die drei Meter hohe Steinpanzer stießen. Unter den Felsbrocken befanden sich zeltartige Totenkammern, die aus massiven

Eichenbohlen gezimmert waren. Die Dachfugen waren mit einer gipsähnlichen Substanz abgedichtet, darüber lagen, wie bei einem Reetdachhaus, dichte Lagen von Schilf. Mal war das Totenhaus mit einem Holzboden versehen (Leubingen), mal mit Steinen gepflastert (Helmsdorf). In beiden Kammern ruhte jeweils ein männliches Skelett, dessen Knochen in keinem guten Zustand waren. Dabei fanden sich weitgehend übereinstimmende Beigaben aus Keramik, Bronze und Gold.

Aus moderner Perspektive überrascht die große Ähnlichkeit in Architektur und Ausstattung der Gräber. Denn durch die Dendro-Datierungen der verbauten Hölzer wissen wir, dass der Leubinger Verstorbene um 1940 vor Christus und der Helmsdorfer um 1830 vor Christus in ihren Hügeln zur nicht ganz ewigen Ruhe gebettet wurden. Wenn wir uns die Beigaben ansehen, sollten wir im Hinterkopf behalten, dass zwischen ihnen mehr als ein Jahrhundert liegt. In beiden Fällen finden sich Dolche, Beile und Schmiedewerkzeuge aus Bronze. Bestechender noch, dass beiden Toten ein Ornat mitgegeben wurde, der bis ins Detail übereinstimmt:

Leubingen
1942 ±10 v. Chr.

Helmsdorf
1829/28 v. Chr.

Beide erhielten einen massiven Armring aus Gold, zwei goldene Gewandnadeln, zwei goldene Lockenringe und ein goldenes Spiralröllchen.

Auch hier wird das Ensemble noch erstaunlicher durch die modernen Forschungserkenntnisse, die zeigten: Je eine Gewandnadel aus Leubingen und aus Helmsdorf bestehen aus demselben Gold. Und dabei handelt es sich um das Himmelsscheibengold, das aus Cornwall stammt. Ebenso überraschend, dass in beiden Gräbern voluminöse steinerne Äxte lagen, die schon in der Bronzezeit über 1000 respektive 2000 Jahre alt waren. Sie sind also vermutlich damals schon als archäologische Funde entdeckt worden und könnten als die mächtigen Waffen mythischer Vorfahren gegolten haben – wenn nicht sogar, angesichts ihrer Größe, von Riesen.

Auch die Fürstengräber von Leubingen und Helmsdorf dokumentieren, dass Aunjetitz eine Hybridkultur aus Glockenbecherleuten und Schnurkeramikern ist. Von Letzteren stammt die Praxis, Tote unter großen Hügelaufschüttungen zu begraben, sie dabei in eine zeltartige Grabkammer zu betten und ihnen Waffen gleich doppelt mitzugeben. Typisch für Elitegräber der Glockenbecherkultur, wie wir sie auch aus dem Grab des Bogenschützen von Amesbury kennen, sind hingegen die Dolche, die Werkzeuge zur Metallverarbeitung und die goldenen Lockenringe als Zeichen hohen Ranges. Der Steinamboss aus Leubingen steht in jener Tradition, die bis ins Heiligtum von Schönebeck zurückreicht, wo ein solcher deponiert worden war.

« Der Goldornat der Fürsten von Aunjetitz: Obwohl über hundert Jahre zwischen den Gräbern liegen, besaßen sie eine nahezu identische Goldausstattung. Allein zwischen diesen beiden Herrschern muss es vier oder fünf weitere Fürsten gegeben haben.

Vielleicht lagen deshalb die Fürsten auch auf dem Rücken. Denn die Vorgängerkulturen betteten Verstorbene auf der Seite liegend, wenn auch jeweils entgegengesetzt: Schnurkeramiker blickten nach Süden, Glockenbecherleute nach Osten. Aunjetitz dagegen war ein kultureller Melting Pot, und ihre Herrscher inszenierten sich als Integrationsfiguren. Sie waren die Herren des Metalls, der Waffen, die mächtigen Erben der großen Ahnen.

DER ÄLTESTE FÜRSTENMORD DER WELTGESCHICHTE

Leider besitzen wir heute keine Skelettreste aus dem Leubinger Grabhügel mehr, wohl aber solche des Helmsdorfers. Auch wenn sie nur stark fragmentiert vorhanden sind, haben sie doch ebenso spannende wie aufschlussreiche Geheimnisse zu verraten. Schon eine Analyse der Stickstoffisotopenverhältnisse der Knochen zeigt: Der Fürst, im Alter von 30 bis 50 Jahren, war deutlich besser ernährt als

die Menschen seiner Zeit. Er nahm viel mehr tierisches Protein zu sich als die Durchschnittsmenschen; so viel, wie wir es sonst aus den königlichen Kreisen des Mittelalters kennen.

Was aber die anthropologische Untersuchung zum Thriller machte: Es fanden sich drei Hinweise auf massive Verletzungen. Der Anthropologin Nicole Nicklisch waren Knochenläsionen aufgefallen, die keine Spuren einer Heilungsreaktion aufwiesen: am linken Oberarm, am linken Schulterblatt. Und am elften Brustwirbel zeigte sich ein schlitzartiger Defekt. »Um den Wirbel dort zu beschädigen, bedarf es der kraftvollen Durchdringung der Bauchdecke und innerer Organe mit einer schmalen scharfen Waffe«, erklärt Nicklisch. Allein die inneren

Blutungen müssen tödlich gewesen sein. Der Fürst von Helmsdorf war ermordet worden!

Gemeinsam mit dem erfahrenen Gerichtsmediziner Frank Ramsthaler kam die Anthropologin zu dem Schluss, dass der Helmsdorfer bei einem Attentat ums Leben gekommen war. Der Angriff muss mit großer Vehemenz ausgeführt worden sein. Auch der Stich, der die Schulter traf, spaltete das Schulterblatt und führte zu Verletzungen, die kaum ein Mensch, schon gar nicht in prähistorischen Zeiten, überlebt hätte. Die Verletzung am Oberarm war an sich nicht lebensbedrohlich, belegt aber die Heftigkeit des Kampfes. Wer weiß, wie viele Verletzungen es noch gab; es hat ja nur knapp ein Viertel der Knochen die Zeiten überstanden. Wir haben es mit dem ältesten Herrschermord der Weltgeschichte zu tun, der konkret nachweisbar ist.

Was wissen wir über den möglichen Täter? Die Art der Verletzungen und die dabei eingesetzte Kraft legen nahe, dass es ein Rechtshänder war, ein Mann und zudem wohl ein enger Vertrauter. Denn nur ein solcher durfte dem Herrscher bewaffnet gegenübertreten. Nicht einmal eine Leibwache scheint zugegen gewesen zu sein, ansonsten hätte es nicht so viele Verletzungen gegeben. Oder war es die Leibwache? Der Täter war höchst entschlossen und im Töten erprobt.

Ein Tyrannenmord? Ein Putschversuch? Wenn ja, dann ist er wohl gescheitert. Denn der Grabhügel mit den obligatorischen Beigaben belegt: Der Fürst von Helmsdorf ist mit allen Ehren zu Grabe getragen worden. Sogar die Insignie seiner Herrschaft, den goldenen Armring, trug er noch.

« Mord in der Bronzezeit. Die Verletzungen, die Anthropologen am Skelett des Helmsdorfer Fürsten feststellten, lassen keinen Zweifel an einem Gewaltverbrechen. Ist er von einem Vertrauten gemeuchelt worden? War es ein Tyrannenmord?

Trotzdem passt der Fürstenmord gleich doppelt ins Bild: Wir haben es mit einer in der Menschheitsgeschichte neuen Form von Herrschaft zu tun, die wenig überraschend auf Widerstand stieß. Warum sollte ein Einzelner über alle anderen regieren? Zugleich belegt das Attentat, dass auch das Jahrhunderte währende Reich von Aunjetitz Brüche erlebte. Brüche, wie sie die Himmelsscheibe durch ihren offensichtlichen Wissensverlust dokumentiert: Ein Herrscher konnte sterben, bevor er seinen Nachfolger in all die Geheimnisse seiner Macht eingeführt hatte.

Für die Himmelsscheibe lebte – und starb – der Helmsdorfer aber zu früh. Bergbau im österreichischen Mitterberg-Revier, aus dem das Kupfer der Nebra-Scheibe stammte, ist bisher erst ein halbes Jahrhundert später nachgewiesen. Zu Lebzeiten des Helmsdorfers existierte die Scheibe also noch nicht. Und trotzdem zeigt sein Schicksal, wie stabil und robust die Herrschaft von Nebra war. Sie überlebte selbst solch ein Attentat.

AUFBRUCH INS MONUMENTALE

So eindrucksvoll die Kontinuitäten über 110 Jahre hinweg zwischen den Grabhügeln von Leubingen und Helmsdorf sein mögen, so atemraubend sind die Konsequenzen – zumindest für Archäologen. Insbesondere die identische Goldausstattung belegt, dass es einen kanonischen Goldornat für die Herrscher gab. Weil wir es mit schriftlosen Zeiten zu tun haben, zeigt das auch: Es muss eine ununterbrochene Dynastie weiterer Fürsten gegeben haben. Allein zwischen Leubingen und Helmsdorf existierten also mindestens vier, vielleicht auch fünf oder sechs weitere Grabhügel, in denen auf identische Weise Herrscher mit goldenen Armringen und Waffen aus Bronze zur ewigen Ruhe gebettet waren. Grabhügel, die entweder längst beraubt und verschwunden oder bisher noch unentdeckt geblieben sind.

Leider haben die meisten Gräber die Zeiten nicht überdauert. Gleich neben dem Großen Galgenhügel, der den Herrn von Helmsdorf beheimatete, lag einst der Kleine Galgenhügel, aber der war schon zu Größlers Zeiten seit Jahrzehnten abgetragen gewesen. Mehr, als dass damals »Grabaltertümer« zutage getreten waren, ist nicht bekannt. In alten Akten finden sich immer wieder Berichte, die auf die Beseitigung von Grabhügeln hinweisen und mitunter auch auf einen Fund von meist nicht näher beschriebenen Objekten.

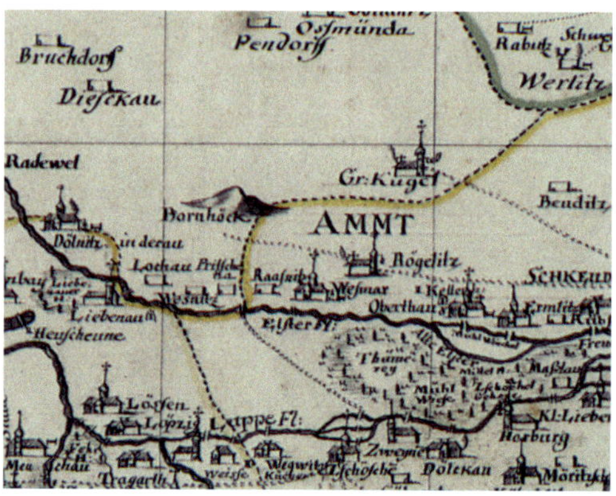

Auf alten Karten, wie dieser aus dem Atlas *Augusteus Saxonicus* aus dem 18. Jahrhundert, ist der Bornhöck noch als Berg in der flachen Landschaft zu entdecken …

Der Himmelsscheibe sei Dank, forcierte man in den letzten Jahren die Jagd auf unentdeckte Grabhügel. Schließlich gab es offensichtliche Verbindungen zwischen den Fürstenbestattungen und der Scheibe: die Verwendung von Gold aus Cornwall wie überhaupt die Kombination von Bronze und Gold und der Hang zur Doppelung von Objekten, wie sie noch das Himmelsscheibendepot auf dem Mittelberg charakterisiert. Zudem ist die Scheibe selbst überdeutlich ein absolutes Elitenprodukt. Einer der Fürsten von Aunjetitz war der Herr der Himmelsscheibe, mehrere von ihnen nannten sie ihr Eigen.

Also machten sich die Archäologen ans Werk und werteten Luftbilder auf verdächtige Spuren hin aus. Viele von ihnen lieferten keine Hinweise auf die Bronzezeit. Dann aber stieß Torsten Schunke auf eine kreisrunde Verfärbung inmitten eines Getreidefelds. Eigentlich war sie deutlich zu groß für einen Aunjetitz-Hügel, immerhin aber lag sie in der für ihre opulenten Bronzedepots bekannten Region Dieskau vor den Toren

… und dann verschwand er von der Erdoberfläche. Der Bornhöck, der größte bisher identifizierte Grabhügel Mitteleuropas, ist im 19. Jahrhundert abgegraben worden. Archäologen konnten Reste des Steinkegels und Abdrücke der monumentalen Grabkammer freilegen (die hier nachgestellt ist).

Halles. Der Hügel selbst war verschwunden, doch eine geomagnetische Untersuchung verwies auf markante Strukturen im Boden. Auch wenn offenkundig keine ungestörte Bestattung zu erwarten war, machte man sich ans Graben.

Archivrecherchen zeigten: Der verschwundene Hügel hatte einen Namen; es war der Bornhöck bei Raßnitz, auf alten Landkarten der Region hatte man ihn als prominente Landerhebung verzeichnet. Fürst Leopold I., der Alte Dessauer, stand auf ihm, als er 1745 die preußischen Kanonen Richtung Sachsen feuern ließ. Im 19. Jahrhundert wurde dem Bornhöck die fruchtbare Schwarzerde, aus der er bestand, zum Verhängnis: Seine Besitzerin erlaubte das Abtragen, das sich über 40 Jahre hinzog.

Kaum hatten die Archäologen ihre Arbeit begonnen, stellte sich heraus, dass die unterste Ebene des Grabhügels noch vorhanden war. Dort hatten nicht nur

Einst strahlte er weit in die Landschaft. Kalkablagerungen am Hügelrand deuten darauf hin, dass der Bornhöck geweißt gewesen sein könnte und damit Grabhügeln aus der Kreidelandschaft Stonehenges glich.

alle Arbeiten stattgefunden, dort zeichnete sich auch der Aufbau des Hügels ab, weil noch Reste oder wenigstens die Abdrücke der einzelnen Baustrukturen vorhanden waren. Rasch ergaben die Analysen: Es handelte sich tatsächlich um einen bronzezeitlichen Grabhügel, der um 1800 vor Christus in die Höhe wuchs – und damit etwas jünger ist als der Helmsdorfer. Das macht ihn besonders interessant, gehört doch der Bornhöck damit ins Zeitfenster der Himmelsscheibe.

Nicht nur das elektrisierte die Archäologen: Da waren seine Dimensionen, es handelte sich um einen Riesenhügel, der die Vorgänger einst monumental übertrumpfte. Mit einem Durchmesser von 70 Metern und einer vermutlichen Höhe von 13, vielleicht auch 15 Metern ist der Bornhöck der größte bisher bekannte bronzezeitliche Grabhügel Mitteleuropas. Gleichwohl stimmte das Bauprinzip mit den kleineren Vorgängern überein. Nur war eben alles deutlich monumentaler. Die zeltartige Totenhütte maß 5,6 mal 3,6 Meter. Der Firstbalken ruhte auf bis zu 70 Zentimeter dicken Pfosten, das Dach wurde aus halbierten Eichenstämmen gebildet, die wiederum mit dicken Lagen Schilf gedeckt waren. Der darüber aufgehäufte Steinpanzer bestand aus mehr als 500 Tonnen an Findlingen und Felsbruchsteinen, die man aus bis zu 25 Kilometern Entfernung herangeschafft hatte. Die unterste Lage des Panzers war noch weitgehend vorhanden, erstaunlicherweise befand sich in ihr eine Vielzahl riesiger Mahlsteine.

Darüber waren gut 20.000 Kubikmeter Schwarzerde aufgehäuft worden, durchsetzt mit Tierknochen und Scherben. Dem Toten hatte man die Relikte einer älteren Siedlung mitgegeben. Was die Archäologen besonders faszinierte: Sie fanden die Reste der Hügelbaustelle. Steinschlagplätze, Feuerstellen, Relikte der Holzverarbeitung und die Fahrspuren von Ochsengespannen, die Steine und Erde herankarrten. An die 17.000 Fahrten waren nötig, um die Erde heranzubringen, die dann mit Kiepen, Tragen oder Körben emporgewuchtet wurde.

Massive Kalkausfällungen im Boden entlang des äußersten Hügelrands zeigten: Der Bornhöck war einst mit kalkhaltigem Material geweißt. Das steigerte seine ohnehin schon imposante Erscheinung noch einmal massiv. Viele Kilometer weit strahlte er in die flache Landschaft hinaus.

EIN KÖNIG IN AUNJETITZ?

Nun wurde der reichste frühbronzezeitliche Goldfund Mitteleuropas, das Gold von Dieskau, just zu jener Zeit gemacht, als auch der Bornhöck abgegraben wurde. Und das in nicht einmal drei Kilometern Entfernung. Zufall? Ein Leipziger Juwelier hatte das Gold 1874 an die Königlichen Museen in Berlin verkauft, zwei Arbeiter sollen es bei Entwässerungsarbeiten am sogenannten Sauren Loch gefunden haben. Nur fand sich dort kein Grab. Zwar versenkten die Aunjetitzer zahlreiche Depots im Boden, aber die enthielten immer nur Bronze, niemals Gold. Außerdem verweist der Fund in seiner Zusammensetzung überdeutlich auf einen Fürsten. Einer der goldenen Armringe gleicht völlig dem des Fürsten von Leubingen.

Zu diesem Goldschatz gehörten noch zwei gerippte Armringe, ein kleinerer Ösenring aus der Gold-Silber-Legierung Elektron und ein massiv goldenes Beil, das seinesgleichen sucht. Neue Aktenfunde belegen, dass der im 19. Jahrhundert geborgene Schatz ursprünglich aus 13 Stücken bestanden haben und fast zwei Kilogramm

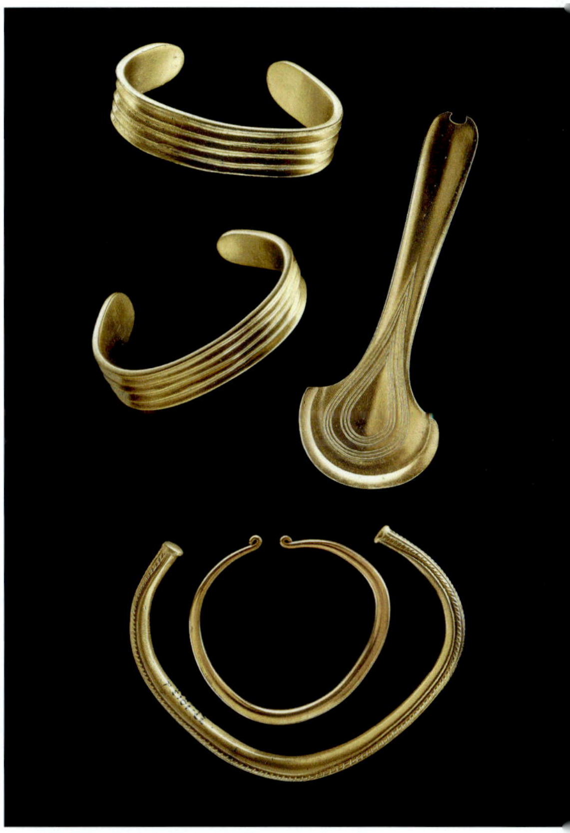

Der reichste Goldschatz der frühen Bronzezeit Mitteleuropas entstammt vermutlich dem Bornhöck. Einer der goldenen Armringe (unten) ähnelt denen aus Leubingen und Helmsdorf. Goldwaffen wie das Beil kennen wir aus dem Vorderen Orient als Königsattribut.

schwer gewesen sein könnte (die restlichen Stücke sollen eingeschmolzen worden sein). Es ist davon auszugehen, dass das Gold illegal bei den Abtragungsarbeiten des Bornhöcks gefunden und die Legende vom Sauren Loch in die Welt gesetzt wurde, um es nicht an die Hügelbesitzerin abgeben zu müssen. Der größte Goldschatz und der größte Grabhügel seiner Zeit – und sie sollten nichts miteinander zu tun haben?

Nun existieren deutliche Hinweise, dass bereits im Mittelalter versucht wurde, mittels eines Stollens in die zentrale Grabkammer des Bornhöcks vorzudringen. Im Hügelzentrum, aber noch unmittelbar außerhalb der Totenkammer, entdeckten die Archäologen zwei Hundeskelette, deren Knochen in die Zeit 1170 bis 1220 datieren, nach Christus wohlgemerkt. Sollten Grabräuber damals schon die Kammer geplündert haben, könnte es sich beim Bornhöck um eine dynastische Grablege handeln: Hier wäre also nicht nur ein Herrscher bestattet gewesen, sondern, wenn auch in separaten Gräbern, sein Sohn und Enkelsohn. Das würde die Größe erklären. Andererseits kann es auch sein, dass die mittelalterlichen Grabräuber am Öffnen der Grabkammer scheiterten, Steine und Erde herabstürzten und es dann doch die Arbeiter des 19. Jahrhunderts waren, die das Gold fanden.

Sei es, wie es ist: Angesichts der kolossalen Dimensionen des Bornhöcks und seiner sagenhaften Ausstattung ist davon auszugehen, dass wir es mit einer neuen Stufe von Herrschaft zu tun haben – mit einem König von Aunjetitz.

ÄXTE ZU PFLUGSCHAREN

Leider sind es in der Geschichte stets die Eliten, die unser Bild von der Vergangenheit bestimmen, da sie es nun einmal sind, die auch noch in den materiellen Hinterlassenschaften dominieren. Deshalb wissen wir viel über die Herrscher von Aunjetitz, aber deutlich weniger über die ganz normalen Männer und noch weniger über die ganz normalen Frauen der frühen Bronzezeit östlich des Harzes.

Zunächst lässt sich sagen: Es ging ihnen gut. Besser als den Menschen, die in den ein, zwei Jahrtausenden davor hier lebten. Dass sie größer wurden – bei Frauen bedeutete das eine durchschnittliche Zunahme von 1,50 auf 1,57 Meter, bei Männern von 1,62 auf 1,68 Meter –, hängt auch mit dem neuen genetischen Erbe zusammen, das die Einwanderer aus der Steppe mitgebracht hatten. Sie besaßen einen robusteren Knochenbau, litten unter weniger Karies, und die

Direkt neben dem Heiligtum vom Pömmelte (rechts) legen die Archäologen Langhäuser frei. Da es dank des Holzreichtums dafür nicht wie in den Hochkulturen des Vorderen Orients dauerhafte Materialien wie Stein oder Lehmziegel brauchte, überstanden nur die wenig imposanten Löcher der Holzpfosten die Zeiten.

weniger auftretenden Stressmarker am Zahnschmelz zeigen, dass sie in geringerem Maße mit Mangelzuständen und Infektionskrankheiten zu kämpfen hatten. Die Knochenanalysen belegen, dass auch Herr und Frau Aunjetitz einen höheren Anteil an Proteinen zu sich nahmen, ihr Ernährungsspektrum vielfältiger und weniger getreidelastig war als das der ersten Bauern. Entsprechend stieg ihre Lebenserwartung.

Die Aunjetitzer lebten in Langhäusern, 25 bis 30 Meter lang, fünf bis sieben Meter breit, die sich mit der Schmalseite Wind und Wetter entgegenstemmten. Der Eingang befand sich mittig an der langen Südseite. Die gerundete Schmalseite gen Westen, die Wetterseite, besaß ein tief herabgezogenes Walmdach; die Ostseite dagegen war mit einer leichten Wandkonstruktion versehen, die sich öffnen ließ. Vermutlich wurde hier Vieh gehalten und Heu gelagert.

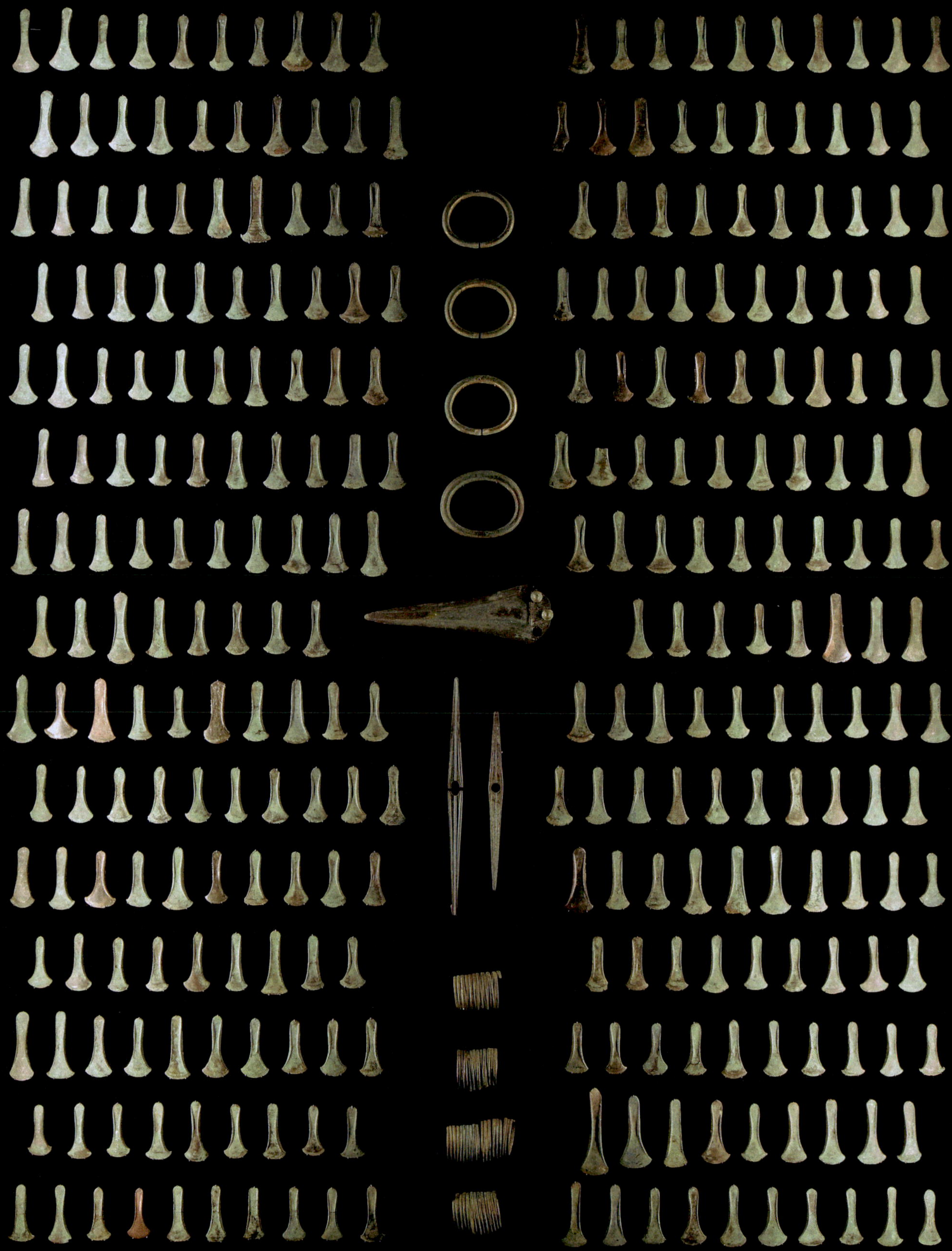

Die Gehöfte standen in nur kleinen Weilern zusammen oder ganz für sich allein, mit 250 bis 500 Metern Abstand zum nächsten Nachbarn. Immer war ein Bach oder ein Fluss in der Nähe. Es sah aus, als wären sie an einer Perlenkette aufgereiht. Auf effektive Weise wurden so alle landwirtschaftlich lohnenden Flächen besiedelt. Kurze Wege zu Feld, Weide und Wasser waren stets gewährleistet. Abgesehen von Pömmelte sind überregionale Zentren, Paläste oder gar Städte bisher keine gefunden worden. Jedes Haus besaß seinen Webstuhl, Salz wurde, wo möglich, vor Ort gesiedet, und viel deutet darauf hin, dass es herumziehende Bronzeschmiede gab. Aunjetitz, der Traum aller Selbstversorger.

« Einst galten sie allein als Gaben an die Götter, jetzt sehen wir in ihnen auch die Waffen einer Armee: Die 293 Beile des Horts von Dieskau III waren ähnlich abgenutzt, als sie gemeinsam deponiert wurden.

»Keine dieser Siedlungen weist Befestigungen auf«, erklärt der Archäologe Torsten Schunke. »Selbst Zäune und Palisaden sind nicht sicher belegt.« Keine Befestigungen? Und das in einer Überschussregion, die Jahrtausende umkämpft war. Wie kann das sein? Dazu passt eine Beobachtung, die das Rätsel noch größer erscheinen lässt. Bei den Bestattungen werden Männer nun auf die gleiche Weise wie Frauen ins Grab gelegt, das war bei den Vorgängerkulturen strikt unterschiedlich geregelt: Die Köpfe lagen immer in entgegengesetzte Himmelsrichtungen. Vor allem aber gibt man den Männern nun keine Waffen mehr mit ins Grab. Die Krieger der Schnurkeramiker dagegen traten die Reise in die Anderswelt nicht ohne ihre Steinaxt an, und Glockenbechermänner hatten Dolche und Bogenausrüstung dabei.

Stabdolche, Doppeläxte und Armringe aus Bronze stehen für die Anführer jener Truppen, die in der Nähe des Bornhöcks stationiert gewesen sein könnten.

Unbewaffnete Menschen, die siedeln konnten, wo sie wollten, ohne jeden Schutz, ohne jede Befestigung! Tatsächlich haben Archäologen bisher nirgends auch nur eine niedergebrannte Siedlung oder ein Massengrab gefunden. Brauchten Aunjetitz-Männer keine Waffen mehr? Äxte zu Pflugscharen? Klingt nach Paradies! Was war das Geheimnis?

DAS MONOPOL

Doch es existierten Waffen. Einmal nahmen die Herrscher sie, wie wir gesehen haben, demonstrativ mit ins Grab. Dann gab es zahlreiche Hortfunde, die Dutzende, mitunter gar Hunderte von Bronzebeilen enthielten, aber auch Dolche, Stabdolche und Doppeläxte. Bisher interpretierte man diese Depots als Opfer, als Gaben an die Götter, ohne allzu

Als Herren des Metalls verteilten die Herrscher von Aunjetitz die Waffen an ihre Gefolgschaft. So könnte sich die Waffenausgabe im Männerhaus von Dermsdorf abgespielt haben.

viele Fragen nach ihrer irdischen Vorgeschichte zu stellen. Untersuchungen zeigen nun, dass die Waffen in aller Regel benutzt worden waren, bevor sie in der Erde deponiert wurden. Doch es handelte sich um keine Altmetallentsorgung – das wurde ordentlich recycelt.

Es spricht nichts dagegen, in den Horten weiterhin Opfer zu sehen. Aber das ist nicht alles. Da niemand 100 Beile auf einmal gebrauchte, gehörten zu solch einem Depot also auch einst 100 Beilträger. Und da sich mitunter noch einige Stabdolche oder Doppeläxte dabei fanden, muss es auch immer wenige Stabdolch- oder Doppelaxtträger gegeben haben. Welches Bild aber evoziert die Vorstellung von vielen Beilträgern und einigen, die besondere Waffen trugen? Kann die Antwort anders lauten als: viele Soldaten und einige Anführer? Eine Armee?

Sollte das des Rätsels Lösung sein, was den langen Frieden von Aunjetitz begründete? Schutztruppen, die Feinde abschreckten, Grenzen und Wege sicherten, für Ordnung sorgten? Das würde bestens zu den restlichen Befunden passen. Es erklärt, warum normale Männer keine Waffen mehr mit ins Grab nehmen durften, sondern allein die Herrscher, die sich zugleich als Herren des Metalls inszenierten. Da jene Eliten, die den Weg zu den Zinnquellen nach England kontrollierten, das Bronzemonopol besaßen, beherrschten sie auch die Produktion. Sie gaben die neuen, überlegenen Waffen an ihre Gefolgschaft aus. Diese deponierte sie dann gemeinsam – etwa wenn ein Fürst gestorben war und dessen Nachfolger seine Soldaten mit neuen Waffen versorgte.

Die Fürsten besaßen also mit dem Metallmonopol und den Möglichkeiten der seriellen Fertigung das Gewaltmonopol. Sie schufen sich mit ihren Truppen das, was der Soziologe Max Weber einen »Erzwingungsstab« nennt und als eines der unverzichtbaren Charakteristika eines Staats bezeichnet. Die Zeit der individuellen Krieger, der Heroen, kam an ein Ende, Soldaten gehörte die Zukunft.

Zu dieser Theorie passt, dass sich im Reich von Nebra bislang auch zwei außergewöhnlich dimensionierte Gebäude fanden. Eines stand in Dermsdorf in Sichtweite des Leubinger Grabhügels. Vor dessen Firstpfosten war ein Hort aus 98 Beilen und zwei Stabdolchen in einem Keramikgefäß begraben. Berechnungen zeigen, dass in diesem dreischiffigen Gebäude tatsächlich 100 Personen Platz fanden. Handelte es sich um ein Männerhaus, wie wir es aus der Ethnografie kennen? Um eine Kaserne *avant la lettre*? Das zweite, noch monumentalere Gebäude ist in Zwenkau unweit von Leipzig entdeckt worden: 57 Meter lang. Beide Häuser hatten durch ihre architektonische Ausrichtung auf frühere Grabhügel einen deutlichen Ahnenbezug. Ob die Truppen nur zeitweise zusammenkamen oder tatsächlich dauerhaft stationiert waren, können wir derzeit nicht sagen.

Unmittelbar vor dem Dermsdorfer Männerhaus entdeckten Archäologen ein Gefäß mit 98 Beilen und zwei Stabdolchen.

In dieser Perspektive erhalten die vielen vergrabenen Bronzehorte eine neue Bedeutung: Dann fällt auf, dass die Mengen und das Verhältnis der einzelnen Waffentypen zueinander durchaus militärische Hierarchien widerspiegeln. Analysiert man zudem die Waffen auf ihre Metallzusammensetzungen, zeigt sich, dass die Beile in der Regel aus Kupfer mit allenfalls geringen Zinnbeigaben bestehen, während die selteneren Stabdolche oder Doppeläxte hingegen als Elitewaffen hochwertigere Bronzen waren. Das machte sie nicht nur härter und schlagkräftiger, sie strahlten auch stärker. Die Hierarchie wird damit noch augenfälliger. Dazu passt, dass der Herrscher, der mögliche König von Dieskau, ein Beil aus Gold trug. Auch fanden sich die größten Horte – mit rund 300 Beilen – in der Region Dieskau, rund um den Bornhöck. Die Soldaten des Königs?

MÜHLEN DER MACHT

Die Armeethese liefert nicht zuletzt jenen Rahmen, in dem ein ansonsten unerklärlicher archäologischer Befund Sinn ergibt: die Mahlsteine, die im Bornhöck gefunden wurden. Allein in der untersten, nur rudimentär vorhandenen Schicht lagen 73 Stück, oft kaum benutzt. Sie brachten es zusammen auf stolze 1766 Kilogramm. Hochgerechnet auf den gesamten Steinpanzer, der die Grabkammer umgab, wären das fast 600 Mahlsteine, 63 Tonnen schwer. Vor allem die Größe bestach: Die Unterlieger, auf denen das Getreide lag, konnten bis zu 175 Kilo wiegen; die Läufer, mit denen die Mahlbewegung ausgeführt wurde, müssen über zehn Kilo schwer gewesen sein. Zum Vergleich: Die aus den Siedlungen bekannten Läufer wogen ein bis höchstens drei Kilo. Vermutlich konnten die Bornhöck-Mahlsteine nicht einmal effektiv von einer einzelnen Person bewegt werden. Solche Dimensionen der Nahrungsproduktion kennt man ansonsten nur aus den Hochkulturen des Vorderen Orients.

« Aus Heroen werden Soldaten: Beiltragende Krieger kennen wir aus ägyptischen Reliefs wie diesem ca. 3500 Jahre alten in Deir el-Bahari.

Roberto Risch, Archäologe an der Universitat Autònoma Barcelona, kam nach ihrer Inspektion zu dem Schluss: »Da es sich um funktionsfähige Produktionsmittel handelt, ist davon auszugehen, dass im Einzugsgebiet des Bornhöcks über 500 oder – wenn jede Mahlsteineinrichtung von zwei Personen betätigt wurde – sogar über 1000 Menschen täglich für das Mahlen von Getreide zuständig waren.« Pro Stunde Arbeit könnten sie die tägliche Ernährung von 2500 Menschen sichergestellt haben. Wer brauchte solche Mengen Mehl?

Die normalen Aunjetitzer waren auch in Sachen Mehl Selbstversorger, Stadtbevölkerung gab es keine, Tempelanlagen mit Heerscharen von Priestern auch nicht – es spricht also alles für tatsächliche Heerscharen. Es ist die schlüssigste Annahme, dass diese Mahlsteine der Truppenversorgung dienten. Zumal die Arbeit an den Riesensteinen härteste Plackerei war. Zwangsarbeit vermutlich, sagt Roberto Risch: »Für die Dauernutzung so großer Mahlsteine kenne ich nur Beispiele, in denen Sklaven oder Kriegsgefangene die Arbeit verrichteten.« War man also auf die Mühlen der Macht gestoßen?

EIN SCHLANKER STAAT

All diese Befunde bringen uns dazu, von einer Art frühem Staat zu sprechen, vom Reich von Nebra, mit einem König an der Spitze. Zwar fehlt eine entwickelte Schrift, und auch konkrete Hinweise auf eine Verwaltungselite haben wir bisher keine. Aber es ist fraglich, ob es derer in diesem Fall überhaupt bedurfte.

Die klassischen Zivilisationen an Nil, Euphrat und Tigris kamen ohne die Organisation der Bewässerungsarbeiten und die Lagerung und Verteilung der zentral gewonnenen Überschüsse nicht aus. Dazu erfanden sie Schrift und Verwaltung. Das Reich von Nebra dagegen war ein schlanker Staat. Weil die Produktion weitgehend dezentral in Eigenorganisation stattfand, brauchte es keine schreibkundigen Beamten, das ließ sich mit einfacheren Mitteln bewerkstelligen.

Die offensichtliche Existenz eines Gewaltmonopols und die Herrschaftskontinuität von mindestens vier Jahrhunderten sprechen gegen Vorstellungen, es könne sich um ein Häuptlingstum, um eine Stammesgesellschaft handeln. Die haben sich kaum je mehr als 100, 150 Jahre gehalten. Nach Ansicht von Soziologen wie Stefan Breuer ist die Dauer von Herrschaft einer der Hauptfaktoren für die Entscheidung, ob es sich um einen Staat handelt oder nicht.

Tatsächlich haben wir es mit altbekannten Problemen traditioneller Theorien zu tun: Die Zahl der Schubladen, die uns Ethnografie und Archäologie zur Verfügung stellen, ist zu gering, als dass sie der historischen Wirklichkeit gerecht werden könnte. Eine weitere Auffälligkeit des Nebra-Reichs, die es eher als Staat einordnen lässt, ist der überall anzutreffende Hang und Zwang zu Hierarchien, die verbindlich und für alle sichtbar vertreten werden: Wir haben ihn bei der kanonischen Ausstattung der Fürsten gesehen, wir sind ihm ebenso bei der mili-

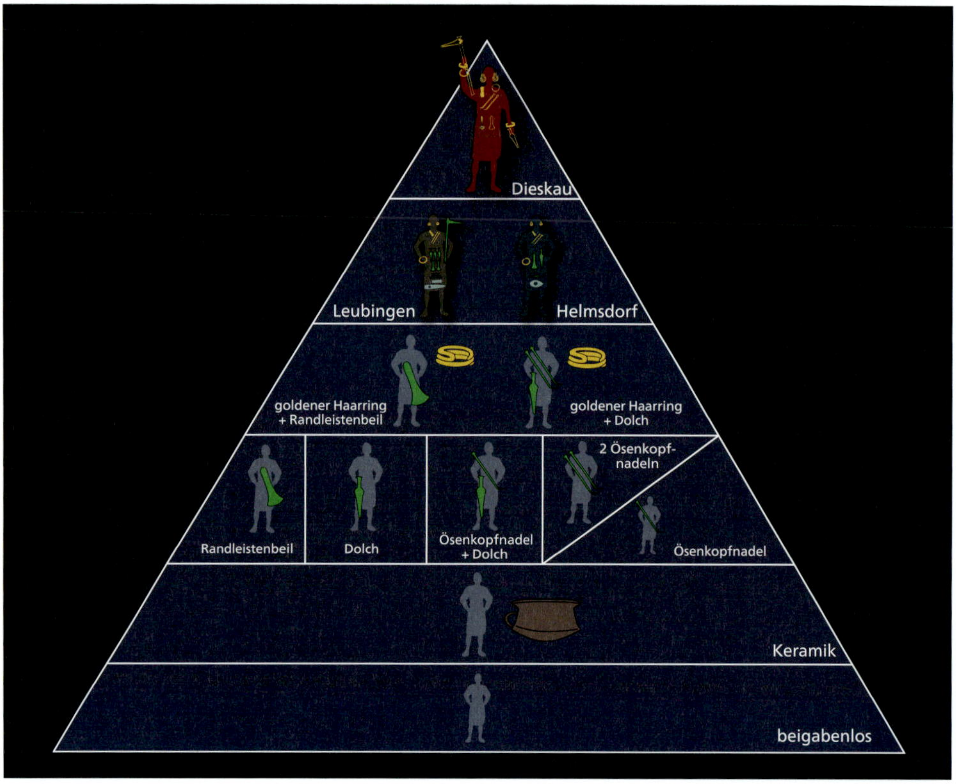

Über den Tod hinaus: Das Reich von Aunjetitz entwickelte sich zu einer hierarchisch gegliederten Gesellschaft, in der sogar festgeschrieben war, wer welche Beigaben mit ins Grab nehmen durfte.

tärischen Ordnung begegnet. Er durchzieht die gesamte Gesellschaft, wie ein Blick in die Gräber zeigt.

Deren Analysen brachten ein besonderes Statusobjekt zutage, dem wir bereits begegnet sind: Die Fürsten von Leubingen und Helmsdorf besaßen je zwei Gewandnadeln aus Gold, die teils sogar in der Herkunft des Edelmetalls übereinstimmen. Solche Nadeln, die auffällig die Kleidung schmückten, finden sich auch in anderen Gräbern, dann aber waren sie aus Bronze. Mit ihrer Hilfe – und der Analyse anderer Beigaben – lässt sich die Gesellschaftsordnung von Aunjetitz rekonstruieren, erklärt die Archäologin Franziska Knoll. »Es scheint ein festgelegter Kodex existiert zu haben, wer wie viele Nadeln aus welchem Metall mit ins Grab nehmen durfte.« Es entsteht eine fast kastenhafte Hierarchie.

Ein hoher Herr: Die beiden Lockenringe aus Gold samt Beil weisen das Grab aus Osmünde als das eines Vertreters der Aunjetitzer Elite aus.

Unterhalb der Fürsten ist eine Gesellschaftsschicht zu identifizieren, deren Mitglieder einen oder zwei Schläfenringe aus Gold und in der Regel zwei bronzene Gewandnadeln besaßen. Sie sind Teil der Elite; allein einigen von ihnen ist es gestattet, eine Waffe in Gestalt eines Beils oder eines Dolchs im Grab zu tragen. Gesellschaftlich darunter, aber immer noch Teil der besseren Kreise von Aunjetitz sind jene, die Bronzeschmuck besitzen und denen eine oder zwei Ösenkopfnadeln aus Bronze mitgegeben sind. Zur breiten Schicht gehören alle, die lediglich mit etwas Keramik ihre Reise in die andere Welt antraten. An der Basis dieser sozialen Pyramide befinden sich jene, die ganz ohne Beigaben begraben wurden oder nicht einmal ein Grab erhielten. Auch solch eine strenge Schichtung der Gesellschaft, die bis über den Tod hinausreicht, ist eher typisch für Staaten als für Stammesgesellschaften.

Staat – ja oder nein? Das ist keine theoretische Diskussion. Das ist eine Frage, welche die Himmelsscheibe von Nebra selbst aufwirft. Einen auf Jahre hin tagesgenauen Kalender braucht eine agrarische Stammesgesellschaft eigentlich nicht. Der enorme Arbeitsaufwand dagegen, der im megalomanen Grabhügel des Bornhöcks steckt, die Produktionsleistungen, die mit den Mahlsteinmengen verbunden waren, vor allem aber das Armeewesen sind ohne eine Form der Verwaltung, die Arbeit, Überschüsse, Einsätze in Zeit und Raum organisiert, undenkbar. Auch die Austauschnetzwerke für Zinn, Kupfer, Bernstein und Salz funktionieren so besser.

Selbst wenn in Aunjetitz aufgrund der fehlenden Schrift vermutlich noch kein genauer Kalender Anwendung fand (wofür ja spricht, dass, wie die Himmelsscheibe belegt, die Schaltregel bald wieder zumindest partiell verloren ging), haben wir es doch mit einer Gesellschaft zu tun, die zumindest ein Bewusstsein für die damit verbundene Zeitproblematik besaß. Ein Bewusstsein, das demjenigen, der erstmals von dieser Regel erfuhr, sofort deren möglichen Nutzen verstehen ließ. Er erkannte, dass sie eine gesellschaftliche Herausforderung lösen konnte, weshalb er sie auf kostbare Weise für sich und seine Nachfolger festhielt. Ohne ein kalendarisches Bedürfnis hätte ihm der Sinn der Schaltregel kaum eingeleuchtet. Dann hätte er schlicht mit den Achseln gezuckt und sie keinesfalls aufwendig in Bronze und Gold gebannt.

Tatsächlich finden wir Kalender überall dort, wo Staaten entstehen. Die Zeit zu ordnen ist eine Grundlage staatlicher Verwaltung und gesellschaftlicher Ordnung. Kalender schaffen eine gemeinsame Zeit, die vor allem durch Feste und Rituale öffentlich erfahrbar wird. Wenn diese im Einklang mit den Gestirnen stehen, legitimieren sie die Ordnung und damit auch den Herrscher. Deshalb muss die auf der Himmelsscheibe fixierte Schaltregel demjenigen, der sie erstmals erfahren hat, wie ein Geschenk des Himmels erschienen sein, als das Geheimnis von Sonne und Mond.

REICHE FRAUEN, WEHRHAFTE NACHBARN

Bevor wir uns dem weiten bronzezeitlichen Universum von Stonehenge bis Babylon zuwenden, möchten wir zumindest einen Blick auf die Ausprägungen der Aunjetitz-Kultur im Süden und Osten werfen. Dass diese Nachbarn mit unserem Reich von Nebra in engem Kontakt standen, belegen nicht nur die Übereinstimmungen in Keramik und Bronzegerät, sondern auch die engen Austauschsysteme, am offensichtlichsten ist das in Sachen Bernstein. Trotzdem sind die Unterschiede zwischen diesen Kulturgruppen markant – insbesondere was die Sozialstrukturen angeht.

Bernstein findet sich am reichsten in den Aunjetitz-Gräbern in Böhmen, also im heutigen Tschechien und der Slowakei – und zwar in Frauengräbern. Grabhügel wie in Mitteldeutschland sucht man hier vergebens. Die Menschen sind in normalen Flachgräbern beigesetzt. Dabei sind die Gräber der Männer eher spärlich ausgestattet, immerhin finden sich dort Dolche, seltener auch Beile. Dagegen

« Erst vor wenigen Jahren wurde in einer frühbronzezeitlichen Siedlung in Brumby bei Staßfurt eine Aunjetitzer Tasse ausgegraben. Sie barg 24 Stücke Bernstein. Dessen Handel war streng reguliert, ebenso durfte er im Reich von Nebra keinen Toten mitgegeben werden.

werden Frauen außerordentlich reich bestattet, meist mit Bernstein, oft auch noch mit goldenen Noppenringen.

»Am Gipfel der reichsten Bestattungen dieser Zeit steht unbestritten das Grab 2 aus Mikulovice in Ostböhmen«, berichtet der Archäologe Michal Ernée. Der 35- bis 50-jährigen Frau wurden nicht nur Speisen mitgegeben. An beiden Handgelenken trug sie fünf schwere Armringe, drei fein verzierte Ösenkopfnadeln hielten ihr Gewand über der Brust zusammen, am Hinterkopf lagen zwei Spiralringe aus doppeltem Golddraht, die ihre Haare schmückten. Am auffälligsten ist ein Schmuckkollier, das aus über 420 Bernsteinperlen und fünf dreifach durchbohrten Bernsteinschiebern bestand. Das Grab dieser Dame ist das »reichste bislang bekannte Bernsteingrab seiner Zeit in Europa«, erklärt Ernée. »Böhmen war ohnehin zu dieser Zeit viel reicher an Bernstein als alle benachbarten Regionen.« Da das fossile Harz aus dem Ostseeraum stammt, wird es seinen Weg über die nördlicheren Aunjetitz-Regionen wie das Reich von Nebra oder jene im heutigen Polen gelegenen genommen haben. Besonders spannend ist die bisher nicht zu beantwortende Frage, ob die überaus reichen Frauengräber mit einer entsprechend starken Position der Frauen in der Gesellschaft einhergingen.

Nachbarn im Osten: Aunjetitz-Funde aus einem der Großgrabhügel im polnischen Łęki Małe.

Auch die Aunjetitz-Kultur im Osten Mitteleuropas, im heutigen Polen, wartet mit Besonderheiten auf. Dort gibt es wie rund um Nebra auffällige Grabhügel, diese sind offensichtlich sogar dynastischer Natur. Rund um Łęki Małe in Großpolen lag ein heiliger Bezirk mit mindestens acht Großgrabhügeln, solche Generationenfolgen ließen sich in Mitteldeutschland bisher nicht nachweisen. Umgekehrt scheint aber die Größenentwicklung gewesen zu sein: Während hier der jüngste bisher entdeckte Grabhügel, der Bornhöck, der größte ist, nimmt in Polen das Volumen mit der Zeit ab, jedoch der Reichtum der Beigaben zu: Es finden sich Stab- und Vollgriffdolche, Randleistenbeile, Meißel, Halsringe, Gold und Bernstein.

Eine Besonderheit des Ostens waren die befestigten Siedlungen. Sie lagen an den Handelsrouten von Bernstein und Metallen, die auch hier neben den fruchtbaren Böden Quelle des Reichtums waren. Etwa das auf einer in einen See hineinragenden Halbinsel gelegene Bruszczewo. Über mehrere Jahrhunderte hinweg

erneuerten die Menschen die Gräben, Wälle und Palisaden immer wieder. Ob die Aunjetitzer im Osten damit ihren Freunden in Mitteldeutschland den Rücken freihielten?

Wir wissen es bisher nicht. Die Beispiele zeigen aber, wie groß der Spielraum für soziale Organisationsformen in der Vorgeschichte selbst innerhalb einer Kultur war. Wir haben es zwar mit einem Kontinuum symbolischer Formen und materieller Güter zu tun, die lokalen Ausgestaltungen können aber sehr verschieden sein. Der Vergleich lässt die Besonderheit des Reichs von Nebra noch deutlicher hervortreten. Nur hier finden wir die Männer ohne Waffen, das unbefestigte Siedeln in Weilern und Gehöften. Nur hier finden wir die überdeutlichen Hinweise auf die Existenz von Schutztruppen und eines so gewaltigen Grabhügels, dass er

Nachbarn im Süden: Die Frau im Grab 2 in Mikulovice dürfte wohl die reichste Bestattung im Böhmen jener Zeit bekommen haben. 420 Bernsteinperlen ergaben ein zauberhaftes Collier, dazu waren ihr Schmuck aus Bronze und Gold mitgegeben.

Bronzezeitidyll: So könnte das Leben vor 3800 Jahren in Bruszczewo ausgesehen haben, einer Siedlung, die auf einer Halbinsel in den später verlandeten Samica-See ragte.

wie eine Anspielung auf die Herrscher des Vorderen Orients wirkt, die so taten, als hätten sie ihre Königswürde direkt aus den Händen der Götter erhalten.

ALPHA UND OMEGA

Die Umstände, die zum Untergang von Aunjetitz führten, werden uns noch interessieren. Aktuell vermehren sich die Hinweise, dass die Gründe für Aufstieg und Fall des Reichs von Nebra nicht allein in Menschenhand zu suchen sind. Die paläogenetischen wie anthropologischen Analysen, wie sie im Kontext der Mittelelbe-Saale-Region mit Namen wie Kurt W. Alt, Wolfgang Haak, Corina Knipper und Johannes Krause verknüpft sind, aber auch weltweit von vielen

Forscherinnen und Forschern betrieben werden, zeigen immer deutlicher, welch teils dramatische Rolle Krankheiten und Seuchen – neben den klimatischen Schwankungen – für das Auf und Ab von Kulturen spielten. Nicht wenige waren Pandemien.

Nun mehren sich die Hinweise, dass gerade in dem Zeitfenster, in dem sich die Aunjetitz-Kultur formte, und jenem, in dem es mit ihr zu Ende ging, jeweils eine Pestwelle über Europa hereinbrach. Um 2200 vor Christus sind Fälle der Lungenpest dokumentiert. Und um 1700 wütete in der Samara-Region an der Wolga die Beulenpest, die sich langsam nach Westen bewegte und um 1200 vor Christus Spanien erreichte. Noch fehlt es an genügend konkreten Hinweisen, um daraus belastbare Schlüsse zu ziehen. Die Forschungen dazu haben erst vor wenigen Jahren begonnen und nehmen jetzt rasant an Fahrt auf. In den nächsten Jahren wird sich zeigen, ob die Pest nicht sogar das Alpha und Omega von Aunjetitz darstellt.

3

DIE WELT ZWISCHEN STONEHENGE UND BABYLON

Sehen wir uns nun an, was in der Welt geschah, während in Mitteldeutschland östlich des Harzes das Reich von Nebra entstand, von dessen Herrschern sich einer daranmachte, die Himmelsscheibe in Auftrag zu geben. In Ägypten standen die Pyramiden von Gizeh schon seit weit über einem halben Jahrtausend, auf Kreta herrschte die Zeit labyrinthischer Paläste, und an Euphrat und Tigris ließ der babylonische König Hammurapi seine Gesetze in Steintafeln meißeln.

Wir werden in diesem Kapitel zu den wichtigsten Kulturen der Zeit reisen, um das Panorama aufzuspannen, in dem wir die Himmelsscheibe verorten möchten, und werden dabei auf Phänomene stoßen, die uns helfen, das Reich von Nebra besser zu verstehen. Dabei konzentrieren wir uns vor allem auf Kulturen, zu denen es Kontakte gab, solche zu vermuten sind oder die auffällig ähnliche Entwicklungen erlebt haben. Neben so prominenten Zivilisationen wie Ägypten sind auch weniger bekannte darunter wie El Argar in Spanien oder Qatna, das kleine Königreich, dessen Herrschergrüfte erst vor wenigen Jahren im heutigen Syrien ausgegraben wurden.

« Der Griff nach den Sternen: Pieter Bruegels Gemälde des Turmbaus zu Babel steht archetypisch für das Verlangen der Menschen, in himmlische Sphären vorzudringen. Bei den Versuchen, die Kräfte des Kosmos für irdische Belange zu rekrutieren, handelt es sich um ein Charakteristikum bronzezeitlicher Kulturen.

Eine Frage, die uns dabei besonders interessiert, ist die der gesellschaftlichen Entwicklungen und der sie bestimmenden Faktoren. Dass die frühesten Staaten

Sonnenanbeter: Wie vor Jahrtausenden strömen noch heute die Menschen in Massen, um an den Sonnenwenden die Magie der Steine von Stonehenge zu verspüren.

der Weltgeschichte im Süden an den großen Flüssen Euphrat, Tigris und Nil entstanden und, je weiter es nach Norden und Westen ging, ähnliche Prozesse erst später – wenn überhaupt – einsetzten, hängt zunächst mit dem simplen Umstand zusammen, dass sie im oder an den Rändern des Fruchtbaren Halbmondes lagen, wo die Landwirtschaft zuallererst erfunden wurde. Man hatte einen gehörigen Vorsprung von einigen Jahrtausenden. Aber es gab auch weitere Faktoren.

Brechen wir also auf zu unserer Reise durch das bronzezeitliche Universum, in dem mit der Himmelsscheibe ein neuer Stern aufgegangen ist. Dass wir im äußersten Westen beginnen, mit Stonehenge und der Wessex-Kultur, liegt nicht zuletzt daran, dass wir mit diesen Sphären bereits in Kontakt getreten sind.

DAS LOURDES DER STEINZEIT: STONEHENGE

Stonehenge – muss man mehr sagen? Allein der Name des berühmtesten und wohl auch faszinierendsten Orts der europäischen Vorgeschichte beschwört eine Aura des Mirakulösen. Vor unserem inneren Auge huldigen Druiden im Rund rätselhafter Steinkreise den Kräften des Kosmos. Wir sehen verzückte Menschen, die am längsten Tag des Jahres ihre Arme der aufgehenden Sonne entgegenstrecken. Ungezählte Forscher haben versucht, einen möglichen Sternencode zu entschlüsseln, der den gewaltigen Steinen eingeschrieben sein könnte.

Im Mittelalter erzählte man sich, Merlin der Zauberer habe Stonehenge von Giganten erbauen lassen. Oder er habe mit seinen Zauberkräften einen irischen »Tanz der Riesen« hierher versetzt. 2021 sorgte ein Forscherteam um den langjährigen Stonehenge-Ausgräber Mike Parker Pearson für Schlagzeilen, als es suggerierte, solche mittelalterlichen Legenden könnten einen wahren Kern enthalten. Das »ursprüngliche Stonehenge«, so Parker Pearson, habe einst an einem anderen Ort gestanden – was manche Zeitung dazu brachte, Stonehenge als »Secondhand-Monument« zu bezeichnen.

Nun ist diese Theorie weniger spektakulär, als sie zunächst klingen mag – und trotzdem inspirierend. Dass die für das ikonische Bild von Stonehenge verantwortlichen riesenhaften, bis zu 50 Tonnen schweren Sarsensteine aus fast 30 Kilometern Entfernung hertransportiert wurden, ist schon lange bekannt. Die teils über acht Meter hohen Sandstein-Monster aufzurichten, sie im Boden zu verankern, um dann kaum weniger monumentale Steine emporzuhieven und als Decksteine in der Waagerechten zu verzapfen, das waren sagenhafte Anstrengungen.

Parker Pearsons Team geht es nun um die deutlich kleineren Blue Stones. Sie sind nicht aus Sandstein, sondern aus vulkanischem Dolerit. Der blauen Färbung verdanken sie ihren Namen. Sie erreichen Längen um die zwei Meter. Doch auch dass die Blausteine aus den über 200 Kilometer entfernten walisischen Preseli-Bergen stammen, ist schon seit Jahren bekannt. Neu hingegen ist die Annahme, dass die Blue Stones nicht direkt in walisischen Steinbrüchen aus dem Fels gehauen wurden, sondern einst zu einem noch älteren Heiligtum gehörten, und zwar zum walisischen Steinkreis von Waun Mawn. Der war mit einem Durchmesser von 110 Metern der drittgrößte Großbritanniens. Wie Stonehenge war auch Waun Mawn auf die Sommersonnenwende hin orientiert. Wir kommen darauf zurück.

Das Werk von Riesen: Eine mittelalterliche Buchmalerei zeigt, wie der Zauberer Merlin Giganten beauftragte, den Steinkreis zu errichten.

Man muss kein Esoteriker sein, um zu sagen: Wenn es Kraftorte auf diesem Planeten gibt, ist Stonehenge einer der gewaltigsten. Nicht wenigen gilt der Steinkreis im Süden Englands als das Lourdes der Steinzeit, vermuten sie doch, dass den Steinen magische oder heilende Wirkung zugesprochen wurde.

Über 200 Kilometer entfernt: Carn Meini Quarry ist einer der Steinbrüche in den walisischen Preseli-Bergen, in denen die kleineren Blue Stones abgebaut wurden. Neue Forschungen legen nahe, dass manche von ihnen zunächst in anderen Heiligtümern verwendet wurden.

Stonehenge hat Rätsel über Rätsel zu bieten – und ähnelt nicht nur darin der Himmelsscheibe: Schon die runde Form der Anlage, ihr Sonnenbezug, die Verwendung von Materialien, die aus der Ferne kommen, verbinden sie. Wir sagten es: Spätestens durch die Anbringung der Horizontbögen ist die Himmelsscheibe zu einem miniaturisierten, zweidimensionalen Ringheiligtum geworden. Und der Himmelsscheibe gleich hat auch Stonehenge über die Zeit Umgestaltungen erlebt, die es mit immer mehr Bedeutungen aufluden.

Zugegeben, Stonehenge ist um vieles gewaltiger – und sicher nicht minder rätselhaft, im Gegenteil. Einer der wichtigsten Stonehenge-Forscher des 20. Jahrhunderts, Richard Atkinson, sagte, dass es auf alle Fragen, die mit »Warum« beginnen, in Sachen Stonehenge »eine kurze, einfache und vollkommen korrekte Antwort« gäbe. Nämlich: »Wir wissen es nicht.« So weit würden heutige Archäologen nicht mehr gehen, gerade in den letzten Jahren haben umfangreiche Untersuchungen einiges Licht ins Dunkel gebracht. Trotzdem ist festzustellen, im Gegensatz zum Ringheiligtum Pömmelte ist in und um Stonehenge vieles archäologisch noch nicht erforscht. Oder vor so langen Zeiten ausgegraben, dass dabei viel Wissen verloren gegangen ist.

Zumindest jene Mutmaßungen sind vom Tisch, die in der Megalithanlage ein gigantisches Sternenobservatorium sahen oder, wie es populäre Bücher wie

Stonehenge Decoded postulierten, einen Steinzeit-Computer, mit dem sich Sonnen- und Mondfinsternisse und allerlei extraordinäre Himmelsereignisse mehr berechnen ließen. Allgemein anerkannt ist heute nur die Ausrichtung auf die Winter- und Sommersonnenwende.

Auch Stonehenge lässt sich besser verstehen, wirft man zunächst einen Blick auf seine Biografie. Veränderungen und Erweiterungen lagerten Bedeutungsschicht um Bedeutungsschicht übereinander, ohne dass sich heute genau feststellen ließe, welche Funktionen in diesem Prozess verstärkt oder vermindert wurden. Im Unterschied zur Nebra-Scheibe haben wir es nicht nur mit viel monumentaleren räumlichen Dimensionen zu tun, sondern auch mit bedeutend größeren Zeiträumen.

Im Kreis der Ahnen

Die Landschaft der Salisbury Plain mit ihrem ausgedehnten Grasland, ihren Büschen und vereinzelten Baumgruppen zog schon die Jäger und Sammler magisch an. Auf die Frage indes, warum sie an diesem Ort vor über 9000 Jahren drei Kiefernstämme in der Erde verankerten, können wir nur Atkinson zitieren: »Wir wissen es nicht.« Den ansässigen Bauern, die Jahrtausende später auf sie folgten und ein Faible für die Sonne besaßen, fielen im Gelände am sanft abfallenden Hang markante Bodenrillen auf, die von unten betrachtet auf jenen Punkt wiesen, hinter dem die Sonne zur Zeit der Wintersonnenwende unterging. In umgekehrter Richtung liefen sie auf den Sonnenaufgang zum Mittsommertermin zu.

Ein geologischer Zufall – es handelte sich um Schmelzwasserrinnen der letzten Eiszeit –, den die Menschen als Fingerzeig überirdischer Mächte deuteten. Immerhin handelte es sich um die Fixpunkte des Jahres: Die Wintersonnenwende

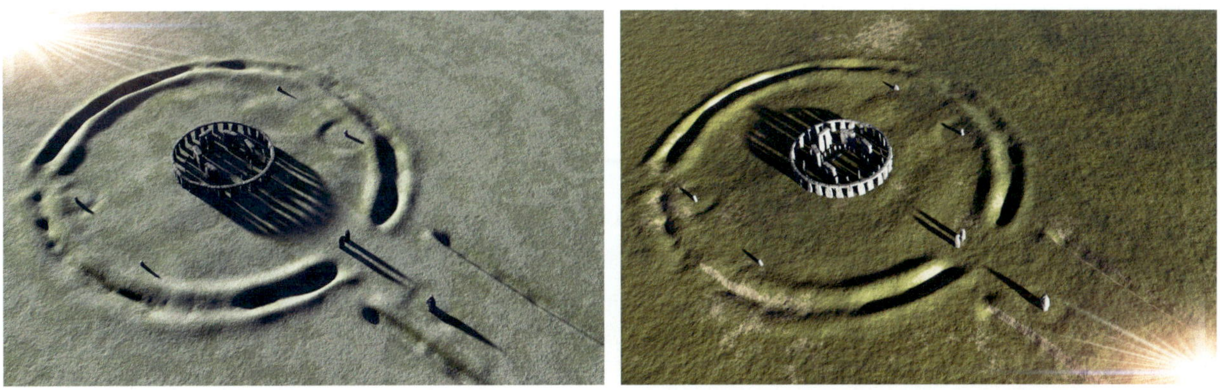

Über die astronomischen Bezüge Stonehenges ist viel diskutiert worden. Unbestritten ist die Ausrichtung auf die Sonne: links deren Untergang zur Sonnenwende im Winter und rechts der Aufgang zur Sommersonnenwende.

Das erste Stonehenge (ca. 3000 v. Chr.)

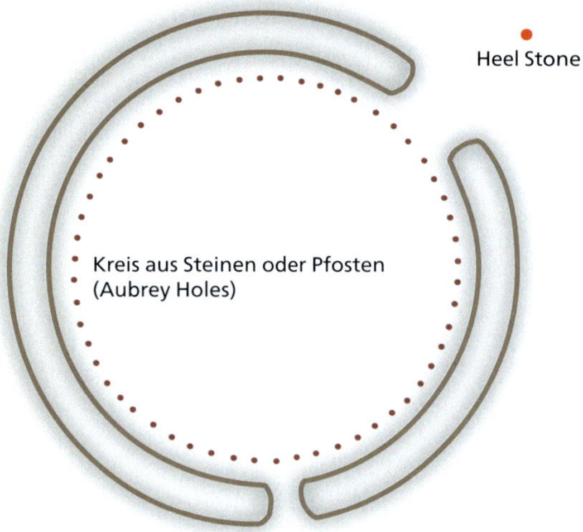

Ankunft der großen Sarsensteine (ca. 2500 v. Chr)

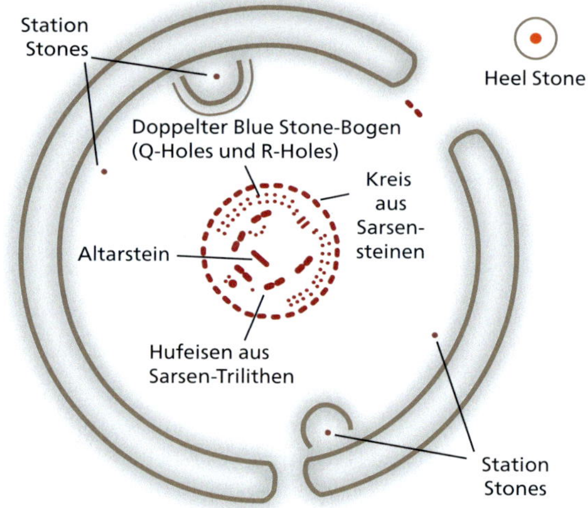

Stonehenge ist über weit mehr als tausend Jahre ausgebaut und wiederholt verändert worden. Was vermutlich mit Graben, Wall und dem Kreis der kleinen Blue Stones begann, endete in einer monumentalen Anlage höchster Komplexität.

markiert jenen Punkt, an dem die Sonne am schwächsten und das Leben am verletzlichsten, wenn nicht gar vom Verschwinden bedroht ist. Zur Zeit der Sommersonnenwende dagegen entfaltet die Sonne ihr Maximum an Kraft, das Leben zeigt sich in üppiger Fülle.

Um 3000 vor Christus machten sich die Menschen ans Werk und hoben auf der Anhöhe einen kreisrunden Graben aus, der einen Durchmesser von über 110 Metern besaß. Einige der Spitzhacken aus Hirschgeweih, mit denen sie ihr Werk ausführten, deponierten sie auf der Grabensohle. Innen umlief den Graben ein Erdwall, außen ein zweiter, bedeutend niedrigerer. Aus Kreide angehäuft, leuchteten beide weiß. Der Haupteingang lag gen Nordosten, fokussierte also – aus der Anlage heraus betrachtet – auf den Sonnenaufgang zur Sommersonnenwende. Steinsetzungen außerhalb des Eingangs lieferten dafür Visierpunkte. Vielleicht hatten die Menschen schon damals einige aufrecht stehende Steine im Inneren postiert, sicher fixierten sie Holzstämme im Boden. Lange diskutiert wurde die Funktion des Kreises aus verfüllten Gruben, den sogenannten Aubrey Holes. Waren es Opfergruben? Standen in ihnen Holzpfosten – wie wir es aus Pömmelte kennen? Oder waren dort ursprünglich die Blue Stones positioniert? Letzteres ist mittlerweile weitgehend akzeptiert. In bisher untersuchten Löchern fanden sich menschliche Brandbestattungen, manche sind vermutlich älter als die gesamte Anlage. Stonehenge war einst der größte Friedhof seiner Zeit in England.

Die Blue Stones werden neu arrangiert (ca. 2200 v. Chr.)

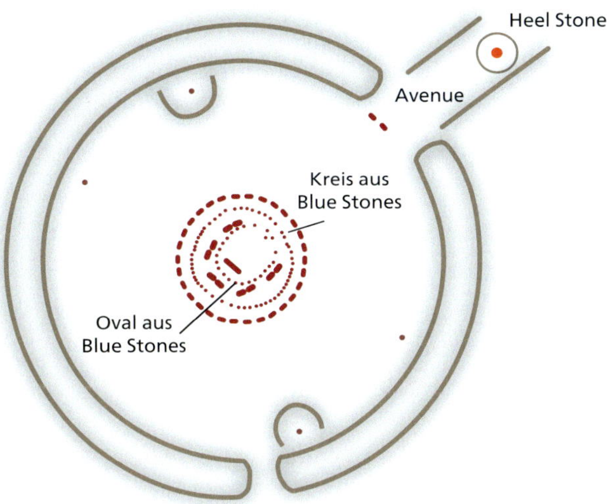

Die Y- und Z-Holes-Ringe kommen hinzu (nach 1800 v. Chr.)

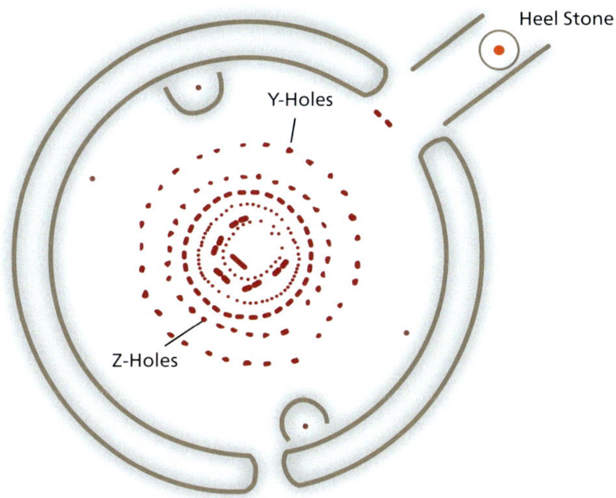

Hier nun kommt die neue Theorie der Archäologen rund um Parker Pearson ins Spiel: Sie gehen davon aus, dass in der ersten Ausbauphase von Stonehenge vor 5000 Jahren im Inneren des Grabens ein 87 Meter messender Steinkreis aus Blue Stones errichtet worden ist. Dabei handelte es sich, so die Annahme, um Steine aus dem Heiligtum von Waun Mawn, das zwischen 3200 und 3000 vor Christus bestanden hat. Tatsächlich konnten die Ausgräber zeigen, dass im walisischen Kreis die Steine ausgegraben wurden. Sie glauben sogar, einer der Blue Stones in Stonehenge passe »wie ein Schlüssel zum Schloss« zu einem markant fünfeckigen Steinabdruck in Wales.

Vier Blue Stones aber blieben im Steinkreis von Waun Mawn stehen. Auch sind in Stonehenge und dem nahe gelegenen Bluestonehenge viel mehr Blausteine verbaut worden, als in Waun Mawn jemals standen. Deshalb vermuten die Archäologen, dass mehrere walisische Heiligtümer ihren steinernen Tribut zu Stonehenge geleistet haben könnten. Kurz: Es ist also nicht einfach mal ein Steinkreis wie durch Merlins Hand von Wales in den Süden Englands versetzt worden.

Entscheidend ist: Nicht nur die Steine kommen aus Wales, auch ein beträchtlicher Anteil der in der frühen Phase in Stonehenge bestatteten Menschen stammt von dort. Das zeigen die Strontiumisotopenanalysen. Damit lenkt die neue Theorie die Aufmerksamkeit vom Kreis auf die einzelnen Steine. Viel spricht dafür, dass es sich bei ihnen um Repräsentanten jener Ahnen handelt, auf die sich ein Clan, ein Stamm, eine Familie berief. Dann ist solch ein Steinrund zuallererst einmal ein Kreis der Ahnen.

Ähnliches kennen wir aus vielen Kulturen: An einem zentralen Ort werden die Schädel charismatischer Vorfahren oder Ahnenfiguren verwahrt. In ihrer Gegenwart kommt die Gemeinschaft zusammen, um die elementaren Fragen zu verhandeln. Ziehen die Menschen fort, nehmen sie die Ahnen mit und scheuen keinen Aufwand, ihnen ein neues Zuhause zu schaffen, um sich auch dort im Kreis der Ahnen zu versammeln, Feste zu begehen und den Übergang zwischen Leben und Tod, Himmel und Erde zu vollziehen. Die Ahnen sind schließlich Teil der Familie.

Zwischen 2620 und 2480 vor Christus erfuhr Stonehenge dann seinen monumentalen Ausbau. Welch eine Anstrengung, den Kreis gewaltiger Sarsensteine zu

Stonehenge ist nicht alles: Der Steinkreis ist eingebettet in eine weite Rituallandschaft. Vermutlich zogen die Menschen zur Wintersonnenwende von Durrington Walls über den Avon nach Bluestonehenge, von dort ging es die Avenue entlang zum Megalithkreis von Stonehenge.

Ausgrabung des Aubrey Hole Nr. 7. Hier könnten Pfosten oder einer der Blue Stones gestanden haben. Aber in dem Loch fanden sich auch Brandbestattungen aus der frühen Zeit von Stonehenge.

errichten! In dessen Innerem standen fünf Trilithen – auf zwei Tragsteinen ruhte ein Deckstein. Wie ein Hufeisen angeordnet, fingen sie die Strahlen der Sonne zur Sommersonnenwende ein. Auch die kleineren Blue Stones wurden zu zwei nicht ganz geschlossenen Kreisen neu arrangiert. In späteren Jahrhunderten kam dann die Avenue dazu, die von den Steinkreisen den Bodenrillen folgend hinab Richtung Sonnenuntergang zur Sommersonnenwende und weiter zum Fluss Avon führt. Auch der Graben wurde neu ausgehoben und die Blue Stones einmal mehr umgruppiert, diesmal zu einem kompletten Kreis, der die fünf zentralen Trilithen umfasste. Die letzte baulich markante Ergänzung, die in der Zeit der Himmelsscheibe zu verorten ist, sind zwei weitere konzentrische Kreise aus Erdlöchern um das Rund der Sarsensteine herum. Wenig poetisch veranlagte Archäologen nannten sie Y- und Z-Holes. Folgt man der Idee, dass sich die Himmelsscheibe zu einem Ringheiligtum *en miniature* wandelte, erhielte die spätere Randlochung analog zu den Y- und Z-Holes eine über die bloße Befestigungsfunktion hinausgehende, mögliche symbolische Deutungsoption. Warum? Wir kennen Atkinsons Antwort.

So verwirrend diese Änderungen erscheinen mögen, verweisen sie doch auf komplexe rituelle Geschehnisse: Wir sehen die Überreste einer gigantischen Bühne, in deren Kulissen einst nach strengen Regeln dramatische Geschehen inszeniert wurden, deren Inhalte uns – und das ist immer wieder schmerzhaft einzugestehen – weitgehend verborgen bleiben, auch wenn wir hoffen, sie im Verlauf dieses Buchs weiter kontextualisieren zu können.

Wichtig ist, Stonehenge nicht isoliert zu sehen. Im heutigen Großbritannien gab es einst Hunderte solcher Steinkreise (auch wenn kein zweiter diese konzentrierte Monumentalität besaß). Der gewaltige von Avebury liegt keine 30 Kilometer Luftlinie entfernt, jenem von Waun Mawn sind wir bereits begegnet. Auch war Stonehenge selbst eingebettet in eine weitläufige Rituallandschaft. So existierte eine Reihe in Holz ausgeführter Ringheiligtümer, die Pömmelte und Schönebeck ähneln. Sie alle waren in einem komplexen Kultgeschehen miteinander verbunden.

Weiß leuchten die frisch aufgeworfenen Grabhügel in der Kreidelandschaft rund um Stonehenge. Im Bush Barrow wird ein Fürst der Wessex-Kultur bestattet.

Die im Erdwerk von Durrington Walls gefundenen Massen von Tierknochen legen nahe, dass die Menschen hier zur Wintersonnenwende zusammenkamen, gemeinsam ein Fest feierten und dann zum Steinkreis von Stonehenge pilgerten. Dazu passierten sie das hölzerne Ringheiligtum Woodhenge, bestiegen Boote, folgten dem Avon bis zum Anfangspunkt der Avenue. Dort lag Bluestonehenge, ein kleiner Kreis aufrecht stehender walisischer Blausteine. Von hier zog die Prozession die keine zwei Kilometer ihrem Ziel entgegen. Jede Station wird von Opfern, Gesängen und weiteren kultischen Handlungen begleitet gewesen sein.

Archäologen wie dem bereits erwähnten Parker Pearson gilt Stonehenge als Ort der Ahnen, denen die Menschen ihre Aufwartung machten, just zu dem Zeitpunkt des Jahres, an dem das Leben am schwächsten war und jegliche Unterstützung von Mächten welcher Natur auch immer sehnlichst erwünscht war. Stonehenge – eine Arena, in der Leben und Tod verschmolzen?

Wo Tolkien Inspiration fand

Wir haben es mit einer so reichen Landschaft zu tun, dass große Teile der Bevölkerung zu den gewaltigen Arbeiten wie zu den wohl ebenso gewaltigen Feiern zusammenkommen konnten, in denen sich irdisches Leben und kosmische Läufe verbanden. Zugleich zeigt sich eine für uns noch nicht fassbare politisch-religiöse Macht, die zu dreierlei in der Lage war: erstens äußerst ambitionierte Ziele aufzustellen, zweitens die dafür nötigen Arbeitskräfte zu rekrutieren und drittens die Arbeiten und damit einhergehenden logistischen Herausforderungen zu organisieren.

So könnte er zu Lebzeiten ausgesehen haben: der Tote des Bush Barrow mit seinen Grabbeigaben. Die kunstvoll gestaltete Goldraute besticht mit geometrischer Strenge. Mysteriös bleibt ihre Bedeutung.

In den letzten Jahren zeichnet sich immer mehr ab, dass die Geschichte von Stonehenge durch eine exorbitante Zäsur geprägt ist, deren Konsequenzen bisher allenfalls in Ansätzen zu erkennen sind. Die Anfänge sowie der monumentale Ausbau von Stonehenge mit Sarsenkreis und Trilithen sind das Werk der neolithischen Bauern, die hier seit gut zwei Jahrtausenden ansässig waren. Dass dann Mitte des 3. Jahrtausends vor Christus die Glockenbecherkultur auf die britische Insel drängte, ist auch schon länger bekannt, nur ging man bisher von einer allmählichen Infiltration aus. Die genetischen Untersuchungen legen nun dramatische Geschehnisse nahe: Aktuell gehen Archäogenetiker wie Johannes Krause von bis zu 90 Prozent Veränderungen der genetischen Struktur der Bevölkerung aus. Das kommt einem Bevölkerungsaustausch gleich. Wie dieser vonstattenging – ob durch eine kriegerische Invasion oder durch Seuchen –, lässt sich bisher nicht sagen. Auch werden die Ergebnisse noch kontrovers diskutiert.

In unserer Nebra-Perspektive jedenfalls ist wichtig: Die Glockenbecherleute finden Stonehenge vor, nutzen es weiter, gestalten es aber behutsam um. Die Anlage der Avenue als Prozessionsweg auf den Spuren der Sonne ist ihr Werk. Hochmobil, wie sie waren – sie brachten domestizierte Pferde mit –, und als metallurgische Spezialisten entdeckten sie bald die überreichen Erzquellen in Sachen Kupfer, Zinn und Gold in Cornwall. Gemeinsam mit den landwirtschaftlichen Überschüssen war das die Basis ihres Erfolgs und Reichtums.

Rund um die Kernlandschaft von Stonehenge formierte sich nun eine frühbronzezeitliche Gesellschaft, welcher der Archäologe Stuart Piggott den Namen Wessex-Kultur gab. Ihr zumindest heute noch markantestes Merkmal sind die Grabhügel. Ab 2000 vor Christus wurden teils in unmittelbarer Nähe von Stonehenge, teils in weiterer Entfernung Grabhügel angehäuft, die dank des Kreidebodens weiß leuchteten (und vielleicht damit ein Vorbild für den mit Kalk geweißten Bornhöck darstellten). Über 1000 werden es mit der Zeit sein. Nicht wenige dieser »Barrows« sind von einem Kreisgraben umgeben.

Wahres Wunderwerk: Kaum vorstellbar, wie dieser Dolchgriff aus dem Bush Barrow mit Abertausenden von haarfeinen Goldstiften verziert werden konnte.

Die Anfänge der europäischen Archäologie sind mit Wessex verbunden: Schon im 17. Jahrhundert fingen englische Adlige an, Grabhügel in der Salisbury-Ebene auszugraben. Sie inspirierten sogar noch einen John R. R. Tolkien für seine Darstellung der Grabhügel von Rohan oder der Hügelgräberhöhen in Eriador im *Herrn der Ringe*. Die darin gefundenen Dolche, »Daggers of Westernesse«, dienten den kleinen Hobbits als Schwerter.

In den realen »Barrows of Wessex« stießen die Archäologen auf Grabkammern, in denen einzelne Tote reich bestattet waren. Ausgestattet mit wertvollen Beigaben aus Gold, Bronze und Bernstein, ähneln sie jenen der Elite in Aunjetitz. Der berühmteste Grabhügel ist der Bush Barrow, drei Meter hoch, 40 Meter im Durchmesser, nur 800 Meter entfernt von Stonehenge. Seine Datierung um 1900 vor Christus macht den Bestatteten zu einem ungefähren Zeitgenossen der Fürsten von Leubingen und Helmsdorf.

» Aus der Wessex-Kultur kennen wir reiche Frauenbestattungen. Das ist der Schmuck einer Dame aus dem Manton Barrow. Typisch für bronzezeitliche Eliten ist die Vielfalt verschiedener Materialien wie Gold, Bernstein, Bronze oder Fayence.

Mehr als nur Graffiti: Eine Untersuchung per Laserscan zeigte, dass in die Sarsensteine eine Vielzahl von Beilen und Dolchen eingepickelt ist. Handelt es sich dabei, analog zu den Waffenhorten von Aunjetitz, um Hinweise auf bewaffnete Truppen?

Der dort beigesetzte Mann (Abb. S. 103) nahm eine Überausstattung in Sachen Waffen mit ins Grab. Es fanden sich drei Dolche und ein Beil aus Bronze, ein steinerner Keulenkopf, der einst auf einem Holzstab saß, von dem noch die Beschläge vorhanden waren. Dazu gab es eine goldene Gürtelschnalle, und auf seiner Brust ruhte eine eindrucksvolle geometrisch verzierte Goldraute. Das Winzigste im Grab war das Spektakulärste: Abertausende kleinster Goldstifte, kaum dicker als ein menschliches Haar, verzierten einst den Griff eines der Dolche. Kaum vorstellbar, welch raffinierter Goldschmiedekunst es bedurfte, sie herzustellen, vor allem ohne optische Hilfsmittel. Extreme Kurzsichtigkeit und zarteste Finger sind hierfür vonnöten. Neue Analysen von Chris Standish von der University of Southampton zeigen: Das Gold des Bush Barrow Daggers stammt aus Cornwall. Es ist das gleiche Gold wie auf der Himmelsscheibe und in den Fürstengräbern! Das ist eine Verbindungslinie von Nebra nach Stonehenge.

Nun finden sich Beile und Dolche, die denen aus dem Bush Barrow ähneln, keinen Kilometer entfernt in Stonehenge selbst. Nicht real, aber als Abbilder auf einige der großen Sarsensteine gepickelt. Erst vor wenigen Jahren wurde bei einem Laserscan entdeckt, dass dort 115 Beile und drei Dolche eingepickelt sind. Das Zahlenverhältnis wirft aus der Nebra-Perspektive sofort die Frage auf: Handelt es sich bei den Gravuren um die Repräsentation von 115 Beilträgersoldaten und drei Dolchträgeroffizieren? Verfügten auch die Wessex-Fürsten über stehende Truppen? Gab es eine Armee in Stonehenge?

Ein Unterschied zum Reich von Nebra aber ist: In den Grabhügeln finden sich auch reiche Frauenbestattungen, denen einst prächtige Perlencolliers oder kunstvolle Goldbleche mitgegeben waren, zudem so erstaunlicher Schmuck wie Miniaturstabdolche als Anhänger oder in Gold gefasste Bernsteinscheiben.

Halten wir fest: Zwischen Stonehenge und Nebra bestanden enge Beziehungen. Über die Glockenbecher-Connection flossen Zinn und Gold nach Mitteldeutschland wie auch religiöse Ideen, die sich in den Ähnlichkeiten der Heiligtümer niedergeschlagen haben und in einer Dominanz der Sonne kulminierten. Die Eliten nutzten die gleichen Legitimationstechniken. Grundlage ihrer Macht waren überlegenes technologisches Wissen, die Kontrolle der Ressourcen und des Handels, und das in Regionen, die ohne allzu großen Aufwand große Nahrungsmengen produzieren konnten.

REICH DES SILBERS: EL ARGAR

Es wäre lohnend auf unserer Reise durch das alte Europa, erst einmal jenseits des Kanals in der ebenfalls erzreichen Bretagne haltzumachen, stoßen wir dort doch auch auf Fürstengräber, die denen von Wessex und Aunjetitz sehr ähneln. Aber wir müssen Kilometer machen und wollen uns nun gleich an der spanischen Mittelmeerküste umsehen, wo in den letzten Jahren eine Kultur Furore macht, die noch nicht ihren verdienten Platz im kollektiven Gedächtnis unseres Kontinents erhalten hat. Dabei bietet sie Spektakuläres und gilt als einer der heißesten Kandidaten für den Titel »frühester Staat Europas«.

Das Staunen muss groß gewesen sein, als die Brüder Luis und Henri Siret Ende des 19. Jahrhunderts die Inhalte von vier übergroßen Tongefäßen begutachteten. In jedem befand sich ein Frauenskelett, jeder der Schädel trug ein Silberdiadem, schlicht, aber in der Mitte prangte eine Scheibe, die einst funkelte, als das Licht auf sie fiel. Strahlte sie wie die Sonne oder der Mond? Und da wir gerade bei Tolkiens *Herrn der Ringe* waren: Solch eine Krone wäre einer Elbenkönigin wie Galadriel würdig gewesen.

Der Frauenschädel aus dem Grab 62 in El Argar trägt ein silbernes Diadem (17. Jh. v. Chr.). Die auch in anderen Gräbern gefundenen Diademe ähneln sich so sehr, dass sie aus der gleichen Silberschmiede stammen könnten.

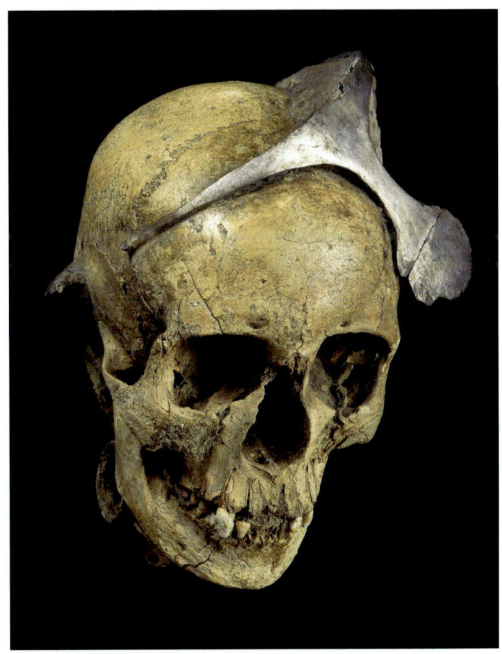

Eine 4200 Jahre alte architektonische Meisterleistung: die Siedlung La Bastida auf einem abfallenden Bergrücken. Die Befestigungsmauer erinnert an ostmediterrane Vorbilder. Das große runde Wasserspeicherbecken (links vorne) ist ohne Vorbilder und verweist auf zentrale Organisation.

Die Brüder Siret, belgische Bergbauingenieure, erkundeten die reichen Erzlagerstätten der Provinz Almeria. Zuerst stießen sie auf ein Gräberfeld, dann entdeckten sie eine Siedlung, bald weitere. Diese lagen – strategisch bestens positioniert – am Rand der Gebirge, sodass sich von der Höhe aus das flache Land und die Flusstäler kontrollieren ließen. Nach ihrem wichtigsten Fundort erhielt diese frühbronzezeitliche Kultur den Namen: El Argar.

»Kennzeichnend für El Argar sind – außer einer hochgradig normierten Keramik und Metallproduktion – vor allem Einzel- und Doppelbestattungen in Steinkisten, großen Gefäßen, Felskammern und Schächten innerhalb der Siedlungen«, berichtet der Archäologe Roberto Risch. Sie lösten die fürs Neolithikum typischen Kollektivbestattungen ab. Auch hier spiegeln reiche Grabbeigaben die wirtschaftliche Potenz der Elite wider.

2012 kam durch Grabungen La Bastida zum Vorschein, eine in den Bergen gelegene Befestigungsanlage, die in diesen Dimensionen für den westlichen Mittelmeerraum etwas völlig Unbekanntes darstellt. Die teils zwei Meter mächtigen Mauern ragten bis zu sechs Meter in die Höhe, gewaltige Unterbauten verhinder-

ten ihr Abgleiten in Richtung Steilklippen. Türme und Tore schützten die fast fünf Hektar große terrassierte Siedlung. Eine architektonische Meisterleistung aus der Zeit 2200 vor Christus. Risch hält El Argar für eine der »sonderbarsten Hochkulturen der Bronzezeit«.

Warum wir sie uns ansehen sollten? Weil auch El Argar vor Kurzem noch eine Unbekannte der Vorgeschichte war. Und weil es eine Reihe von Parallelen zum Reich von Nebra gibt. Angefangen bei der Zeitspanne dieser Kulturen. Auch El Argar begann seine Entwicklung um 2200 vor Christus. Auch hier spielte der Glockenbechereinfluss eine Rolle, vor allem aber die Intensivierung der Metallproduktion, die mit einer Tendenz zur Zentralisierung einherging. Die Metallurgie beschränkte sich auf bestimmte soziale und räumliche Bereiche und war damit ein Charakteristikum der Eliten. Es gab aber auch Besonderheiten: Zinnbronze setzte sich erst recht spät im 18. Jahrhundert vor Christus durch, und Silber spielte stets eine dominantere Rolle als Gold.

Der Versammlungssaal von La Almoloya. In einer der den Raum umlaufenden Bänke fand sich das Grab einer Frau und eines Mannes, beide bestattet in einem gewaltigen Tonkrug.

El Argar, in einer der reichsten Erzlagerregionen Europas gelegen, wird von einer Spezialisierung erfasst, die massive Konsequenzen für die Gesellschaft hat. In den Höhensiedlungen finden die zentralen wirtschaftlichen Aktivitäten statt. Dort liegen die Werk- und Produktionsstätten mit Dutzenden von Mahlsteinen, Backöfen, Webstühlen, aber auch Getreidespeichern. Hier wird das Metall verarbeitet. »Solch großräumige Werkstatten und monumentale Bauten, wie auch Becken und Dämme zum Speichern von Wasser, existierten nur in bestimmten Höhen- und niemals in Flachlandsiedlungen«, sagt Roberto Risch. »Die Eliten von El Argar scheinen die Ressourcen ganzer Regionen und den Austausch zwischen diesen von bestimmten Siedlungen aus gesteuert zu haben.« Sie schöpften die Überschüsse ab, kontrollierten aus ihren in der Höhe gelegenen Herrschaftssitzen die Getreide-, Metall- und Textilproduktion.

Die Folge: eine in oben und unten zu unterscheidende Gesellschaft, deren soziale Hierarchie bis in die Gräber hineinreicht. Neben der kleinen herrschenden Klasse, die vor allem durch Silber- und Goldschmuck sowie durch Stabdolche oder Schwerter (Männerbestattungen) und Diademe (Frauengräber) gekennzeichnet ist, sind in den Gräbern deutlich eine Mittel- und eine fast immer beigabenlose Unterschicht zu erkennen.

Zugleich ist eine »Konzentration der Gewaltmittel in den Händen weniger Personen« zu beobachten, so Risch. Das war auch nötig, immerhin ging es darum, ein sorgsam austariertes Abgabensystem durchzusetzen. Ohne Gewalt und Institutionalisierung war das nicht möglich, zumal das El-Argar-System immer größer und erfolgreicher wurde. Als in Aunjetitz der Bornhöck weiß in der Landschaft leuchtete, kontrollierte El Argar ein Reich von 35.000 Quadratkilometern, was der Größe Baden-Württembergs entspricht. Selbst die Keramik ist erstaunlich standardisiert, schnörkellos und reduziert auf acht Grundformen. Direkte materielle Kontakte ins östliche Mittelmeer sind bisher keine nachgewiesen.

» Die Stierspringer aus dem Palast von Knossos: Kretische Wandfresken faszinieren nicht nur heute die Touristen, sie waren im Altertum ein Exportschlager. Ob es sich beim Stiersprung um Realität oder Mythos handelt, ist eine alte Debatte.

Angesichts all dessen liegt es nahe, hier von einem frühen Staat auszugehen. Vielleicht haben die Archäologen sogar ein Königspaar gefunden. In einem monumentalen Steingebäude in der Höhensiedlung La Almoloya gruben sie einen Audienzsaal aus. Dessen die Wände umlaufende Bänke boten leicht 50 Menschen Platz. Auf einem Podest könnten die Throne von einer oder zwei Personen gestanden haben. Gegenüber befand sich ein Grab. In einem voluminösen Tonkrug war zunächst ein knapp 40-jähriger Mann bestattet worden, wenig später wurde eine gut zehn Jahre jüngere Frau dazugebettet. Neben vielen Beigaben, vor allem aus Silber, fielen die »Flesh-Tunnel« auf, die beide in ihren geweiteten Ohrläppchen getragen hatten. Die seinen waren aus Gold, ihre aus Silber. Bei der Beliebtheit von Silber könnte die Hierarchie umgekehrt gewesen sein, immerhin trug sie eines der Silberdiademe auf ihrem Kopf. El Argar, das Reich der Silberfürstinnen?

Der Untergang ereilte El Argar zur selben Zeit wie das Reich von Nebra und auch das von Wessex. Um 1600 vor Christus ist die Himmelsscheibe im Boden als Opfer an die Götter vergraben worden. In dieser Zeit häufen sich in El Argar die Hinweise auf massive Folgen einer Übernutzung der natürlichen Ressourcen. Und Brandschichten in den Siedlungen legen nahe, dass die da unten gegen die da oben den Aufstand probten – und erfolgreich waren.

VON MONSTREN UND LABYRINTHEN: KRETA

Nun werden wir unsere Reisegeschwindigkeit erhöhen, brechen wir doch in Weltgegenden auf, die bestens bekannt sind. In diesem Kapitel möchten wir die im Kontext der Himmelsscheibe wichtigsten Kulturen kaleidoskopartig vorstellen.

Wobei dieses »bestens bekannt« zu relativieren ist, kennen wir doch zum Beispiel vom minoischen Kreta, dem wir uns nun zuwenden, kein einziges konkretes historisches Ereignis mit real handelnden Personen. Aber im Vergleich zum Mitteleuropa derselben Zeit ist die Überlieferungslage geradezu opulent.

Kreta, die im großen grünen Meer gelegene Insel, wie es in ägyptischen Quellen heißt, war schon immer ein besonderer, geradezu mythischer Ort. Von Griechenland und Kleinasien ebenso erreichbar wie von Zypern und Ägypten, galt die 8260 Quadratkilometer große Insel den Griechen als Geburtsort ihres höchsten Gottes Zeus. Mythen – aber auch die ersten Geschichtsschreiber – werden von der Macht des sagenhaften Königs Minos erzählen: »Minos nämlich war der Erste, von dem wir Kunde haben, dass er eine Flotte baute, die das heute hellenische Meer beherrschte«, wusste noch der Historiker Thukydides über ein Jahrtausend später. Und man erzählte sich schaudernd von Zeiten, in denen Athen alle neun Jahre sieben Jungfrauen und sieben junge Männer nach Kreta geschickt haben soll, wo sie im Labyrinth von Knossos dem Minotaurus, diesem Ungeheuer halb

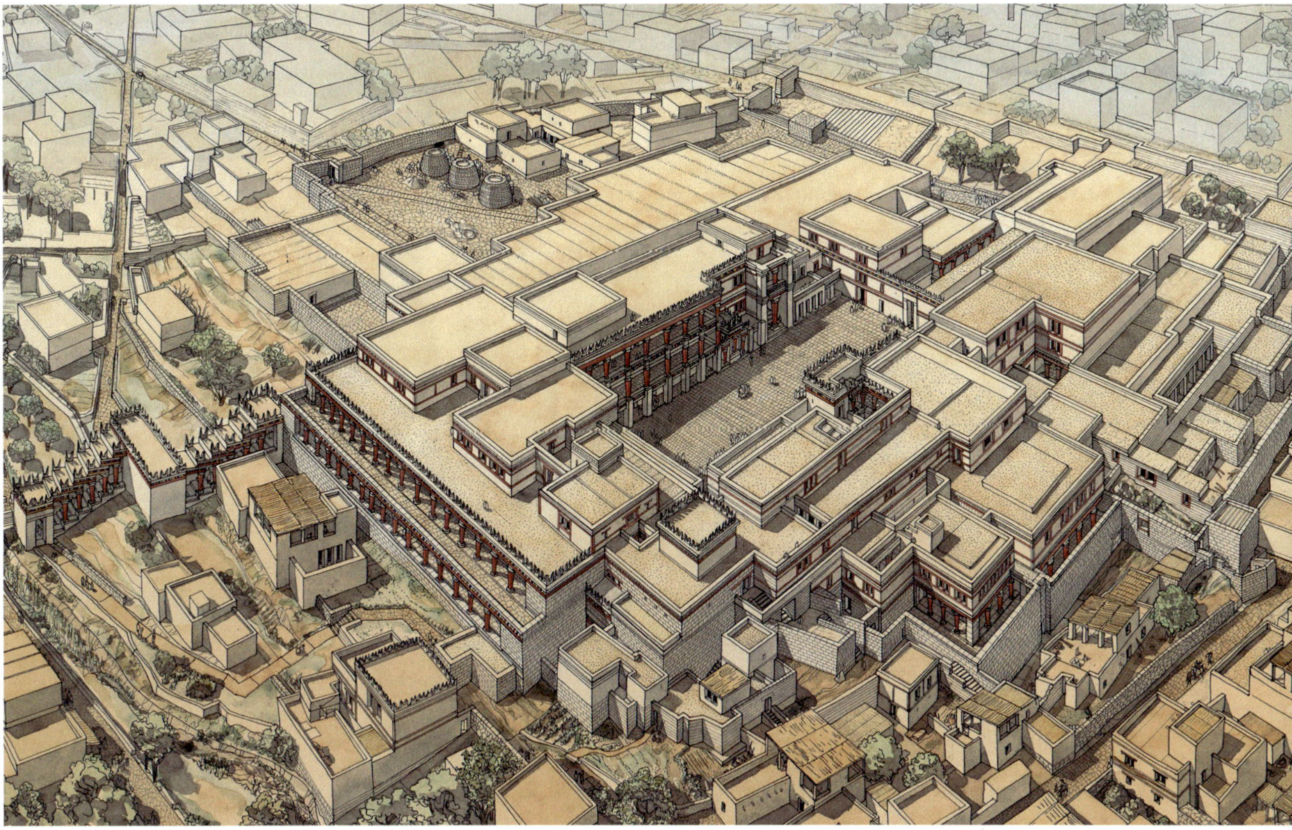

Rekonstruktion des Palasts von Knossos. Kretische Paläste waren Verwaltungszentren, Herrschaftssitze, Kultorte. Sie kamen ohne massive Verteidigungsbauten aus.

Mensch, halb Stier, zum Fraß vorgeworfen wurden – bis Theseus dank Ariadne und ihrem roten Faden das Monster besiegte.

Wer heute durch die Ruinen des Palasts von Knossos stolpert, wird leicht verstehen, dass diese ebenso grandiose wie verwirrende Gebäudeanlage mit ihren Fresken, die todesmutig über die Rücken gewaltiger Stiere springende Gestalten zeigen, die Fantasie späterer Generationen inspirierte. Vor allem staunt man darüber, welche gewaltige architektonische Pracht hier vor fast 4000 Jahren entstanden ist: »Die minoische Kultur auf Kreta war die erste große mediterrane Kultur, die erste wohlhabende, städtische und mit einer Schrift sowie einer reichen künstlerischen Kultur ausgestattete Zivilisation«, urteilt der Cambridge-Historiker David Abulafia in seiner fulminanten Biografie des Mittelmeers.

Das milde Klima, der Wasser- und damals auch noch Holzreichtum Kretas waren die Grundlagen der minoischen Zivilisation. Der Handel mit den Inseln der Ägäis, den Kykladen, aber auch mit entlegeneren Häfen florierte. Metalle

«
Sie gilt als Schlangengöttin, kann aber auch eine Priesterin zeigen: Die knapp 30 cm hohe Fayencefigur wurde im Palast von Knossos gefunden. Da sie ins 17. Jh. v. Chr. datiert wird, ist sie eine Zeitgenossin der Himmelsscheibe.

Blick über die Ruinen des Palasts von Malia, der zu den größten Palastanlagen des minoischen Kretas gehörte. Die Aufbauten aus ungebrannten Lehmziegeln haben die Zeiten nicht überstanden.

waren knapp, aber man hatte genug andere Güter im Angebot, um sie einzutauschen. Nicht nur eigene Landwirtschaftsprodukte, sondern bald auch herausragend gearbeitetes Kunsthandwerk. Kreta gilt als erster tatsächlicher Staat Europas. Hier wurde erstmals ein so hohes kulturelles Niveau erreicht, wie man es aus Ägypten oder Mesopotamien kennt.

Was dazu führte, ist immer noch ein großes Rätsel. Immerhin hat auch hier die Genetik wenigstens eine alte Vermutung aus dem Weg geräumt, nämlich jene, dass es fremde Einwanderer waren, die eine überlegene Kultur aus dem Vorderen Orient mitgebracht hätten. Nein, die ab etwa 3200 vor Christus einsetzende minoische Kultur ist das eigenständige Werk Kretas. Ob aber die ab 1900 vor Christus entstehenden Palastkomplexe selbst genuine Erfindungen sind oder aus der Fremde inspiriert, ist umstritten. Da auf Kreta schon früh Funde aus Ägypten, der Levante und sogar Mesopotamien wie Skarabäen, Amulette oder Kosmetiktiegel nachzuweisen sind, ist Letzteres die wahrscheinlichere Lösung. Dort gab es längst vergleichbare Paläste und Tempel voller Fresken und mit von Kolonnaden umgebenen Höfen. Zumal auch der Impuls

zur ersten Schrift der Insel, die eine gewisse Ähnlichkeit mit Hieroglyphen aufweist, aus dem Süden gekommen sein könnte. Leider ist es bis heute noch nicht gelungen, sie zu entziffern. Das gilt auch für die bald gebrauchte Linear-A-Schrift.

Die Paläste bieten einen Schlüssel zum Verständnis des bronzezeitlichen Kretas. Es gibt ja nicht nur den in Knossos, jene in Phaistos und Malia stehen ihm kaum nach. Darüber hinaus haben Archäologen noch weitere, kleinere Anlagen wie etwa in Zakros an der Ostküste ausgegraben. Sie besaßen einen gewaltigen Hof im Zentrum, zahlreiche Korridore, Treppen, Prozessionswege nebst weiten Raumfolgen.

Man darf sich vom Begriff Palast nicht täuschen lassen. Es handelte sich um keine reinen Herrschaftssitze im Sinne der großartigen Residenzen eines Monarchen, auch wenn damit keinesfalls ausgeschlossen sein soll, dass sie einem Herrscher Wohnstatt boten. Aber die Paläste waren – darin den frühen Tempeln Mesopotamiens nicht unähnlich – multifunktionale Anlagen, ihre Vorratsräume gefüllt mit übergroßen Tongefäßen, oft mannshohen Krügen, *pithoi*, für Öl, Wein,

Getreide oder Honig. Es gab Werkstätten und Verwalter, die alles koordinierten. Sie brauchten eine Schrift, um Buch über die Abgaben zu führen, aber auch über deren Verteilung. Erst die zentrale Verwaltung der Ressourcen machte monumentale Bauprojekte möglich. Die Arbeiterscharen mussten verköstigt werden.

» Nicht entschlüsselt: eine Tontafel mit Linear-A-Schrift aus Agia Triada und der berühmte Diskos aus dem benachbarten Phaistos. Während erstere wohl der Verwaltung diente, sind uns Funktion und Bedeutung des Diskos noch immer ein Rätsel.

Halten wir fest: Paläste waren grandiose Zentren des sich anhäufenden Reichtums, den diese gesegnete Insel hervorbrachte, und damit Gravitationspunkte in der agrarischen Wirtschaftslandschaft Kretas. »Paläste waren extraktive Einrichtungen, sie generierten ihren Wohlstand durch Steuern, Ländereien, Pachtverhältnisse, Zwangsarbeit, Handel oder auf anderen Wegen, stets im Interesse jener, die an der Spitze der Hierarchie oder dieser nahestanden«, urteilt der Archäologe Cyprian Broodbank. Mit wachsendem Erfolg und Reichtum, der die Eliten immer höher aufsteigen ließ. Ob wir den künstlerischen Darstellungen trauen und eine prominente Rolle der Frauen postulieren können, ist eine alte, viel diskutierte Frage. Kulte von Gottheiten, die auch den vegetativen Kräften der Natur Gestalt verliehen, blühten.

Eine Inschrift, die nicht verstanden werden will

Die Paläste wuchsen sich zu rituell-religiösen Zentren aus. Sie organisierten den Kontakt mit den höheren Mächten, inszenierten überwältigende Rituale – der zentrale Innenhof in Knossos maß imposante 53 mal 28 Meter –, wachten aber auch eifersüchtig über ihr Gewaltmonopol. Hier formierte sich »eine Elite von Produzenten, Kriegern und Priestern«, schreibt der Historiker Angelos Chaniotis. Die Paläste waren das Herz der sie umgebenden Landschaft, sie sogen das Leben auf und gaben es zurück, sie organisierten das Beziehungsnetzwerk zu anderen Dörfern, Städten und Palästen. Dieses Geflecht verfestigte und institutionalisierte sich, führte zu dem, was wir »Staat« nennen, diese »mal mehr, mal weniger nützliche« Kategorie, um noch einmal Broodbank zu zitieren. Die Abhängigkeit von den reicher und mächtiger werdenden Palastkomplexen nahm stetig zu.

Ob je ein Palast die ganze Insel beherrschte, ist ungewiss. Es fällt auf: Die Paläste besaßen weder abweisende Mauern noch schützende Gräben. Das spricht nicht dafür, dass konkurrierende Adelssitze die Insel dominierten. Um das aber abschließend zu beurteilen, fehlt es an weiträumigen Ausgrabungen. Außerdem war die Waffentechnik der Minoer ganz ausgezeichnet. In jedem Fall sorgte das Meer als natürlicher, kaum überwindbarer Wassergraben für Schutz. Gleiches ist für die kretische Flotte anzunehmen. Beides schreckte potenzielle

Usurpatoren von ihren Unterfangen ab. Keine Eindringlinge auf der einen Seite also, keine Abwanderung Unzufriedener auf der anderen: Das führte mit der Zeit zum beständigen Anwachsen des Reichtums, zu Spezialisierung und steileren Hierarchien.

Ins Bild passt auch dies: Als um 1750 vor Christus ein gewaltiges Erdbeben die Paläste in Schutt und Asche legte, wurden diese wiederaufgebaut – und zwar prächtiger als zuvor. Die soziale Ordnung war stabil, sie überstand Katastrophen, die in vielen anderen Kulturen zum Untergang der herrschenden Klasse, wenn nicht der ganzen Gesellschaft geführt hätten.

Wie dramatisch das Geschehen trotzdem war, illustriert ein grausiger Fund, den die Archäologen Jannis Sakellarakis und Efi Sapouna-Sakellaraki auf 440 Metern Höhe am Nordhang des Berges Giouchtas machten. Ihre Deutung des Geschehens ist sehr suggestiv – und wird entsprechend kontrovers diskutiert: Das Erdbeben zerstörte den dort gelegenen Tempel von Anemospilia just in einem höchst prekären Moment. Unter den Trümmern lagen die Skelette von vier Menschen, die dabei das Leben verloren hatten. Genauer gesagt, nur drei davon. Denn einer war schon tot, aber erst eine ganz kurze Weile. Bevor ein gewaltiger Erdstoß den Tempel zum Einsturz brachte, war ihm – so zumindest die These der Ausgräber – die Kehle durchgeschnitten worden. Die Priesterin und der Priester, die das Menschenopfer exekutierten, kamen ebenso ums Leben wie jene Person, die ein mit dem Blut des Geopferten gefülltes Gefäß getragen haben könnte. Vermutlich hatte es Vorbeben gegeben – und das Menschenopfer war der verzweifelte Versuch gewesen, den Zorn der Götter zu besänftigen und die Erde zu beruhigen. Er scheiterte katastrophal.

Die minoische Kultur besticht noch heute mit ihren kulturellen Höchstleistungen, ihre Relikte verzaubern die Touristen zu Abertausenden. Die schwarz, rot

Ruinen des bei einem Erdbeben zerstörten Heiligtums von Anemospilia am Hang des Giouchtas. Die Ausgräber sind überzeugt, dass hier mit einem Menschenopfer versucht wurde, unmittelbar vor der Katastrophe den Zorn der Götter zu besänftigen.

und weiß verzierte Kamares-Keramik mit ihren eierschalendünnen Wänden war ein Exportschlager des Altertums. Als Luxusgut gelangte sie bis nach Ägypten oder nach Byblos in der Levante. Wunderbare Goldschmiedearbeiten entstanden damals, fantastische in Achatsiegel geschnittene Bilder von solcher Schönheit, dass es unvorstellbar scheint, welch elfenhafte Hände sie einst schufen. Auch die Metallarbeiten, bei denen mit Farben und verschiedenen Metallen gespielt wurde, sind von solch kunstfertiger Exzellenz, dass selbst die Machart der Himmelsscheibe dagegen allenfalls als durchschnittlich zu charakterisieren ist. Und es dürfte keine große Überraschung sein, dass sich in dem im ägyptischen

Nildelta gelegenen Avaris ein Palast *à la crétoise* fand mit unverkennbar minoisch inspirierten Wandmalereien, Stierspringer inklusive.

Kreta war ein Austauschort avancierter Handwerkskünste und technologischer Innovationen, eine internationale Drehscheibe des Wissens. Das macht den ohnehin schon fantastischen Diskos von Phaistos noch rätselhafter. Denn damit stehen theoretisch alle Geheimnisse des Altertums zur Verfügung, die auf ihm mittels 242 geheimnisvoller Zeichen verschlüsselt sein könnten. Ist schon die Himmelsscheibe ein viel debattiertes Mysterium, übertrifft sie der Diskos in dieser Hinsicht: »Alles, was diesen Diskos betrifft, ist umstritten«, konstatiert Angelos Chaniotis, »die Richtung der Schrift, die Herkunft, die Sprache, der Inhalt.«

Wenn die Erde bebt: zerbrochene Treppenstufen in Akrotiri, dem »ägäischen Pompeji« auf der Insel Santorin.

1908 bei Ausgrabungen im Palast von Phaistos gefunden, handelt es sich um eine gebrannte Tonscheibe mit rund 16 Zentimetern Durchmesser (ziemlich exakt die Hälfte der Himmelsscheibe), in die auf beiden Seiten spiralförmig mal an Hieroglyphen, mal an die Linear-A-Schrift erinnernde Zeichen eingedrückt sind. Das macht den Diskos zum ersten gedruckten Schriftzeugnis. Was er bedeutete? Wozu er diente? Es liegen Dutzende von Decodierungsversuchen vor, keiner ist allgemein anerkannt. Die charmanteste Lösung offeriert Harry Mulisch in seinem Roman *Die Entdeckung des Himmels*. Demzufolge verkündet die Zeichenfolge schlicht: »Diese Inschrift kann nicht entziffert werden.«

Lange ging man davon aus, dass eine der größten Vulkankatastrophen der Menschheitsgeschichte, die Eruption von Thera, heute die Insel Santorin, den endgültigen Untergang der minoischen Kultur brachte. Doch mittlerweile spricht die Datierung des Vulkanausbruchs auf die Zeit kurz vor 1600 vor Christus dagegen. Das Ende der Minoer kam erst einige Generationen später. Trotzdem schien die Herrschaft dieses Mal in den Grundfesten getroffen, es existieren deutliche Hinweise, dass Aufstände die Insel erschütterten. Die Menschen waren nicht mehr willens, der Elite zu folgen, und plünderten die Paläste. Doch es spricht auch viel dafür, dass mit den Mykenern jene die Macht auf der Insel übernahmen, die sich bereits seit langer Zeit die Minoer als leuchtendes Vorbild erkoren hatten. Zeit also, dem goldreichen Mykene unsere Aufwartung zu machen.

GAME OF THRONES OHNE DRACHEN: MYKENE

Kaum jemand hat die Vorstellungen von Archäologie in den Köpfen der Menschen so sehr geprägt wie Heinrich Schliemann. Entgegen der Prognose aller Experten seiner Zeit hatte er Troja gefunden. Fortan folgte er noch beharrlicher der Überzeugung, dass die antiken Schriften, allen voran die großartigen Epen des Homer, ihm verlässlich den Weg wiesen zu den verschütteten Schauplätzen des griechischen Heldenzeitalters. Was lag da näher, als sich auf die Suche nach Mykene zu begeben, der Heimstatt des mächtigen Anführers der Griechen? Nach jener Stätte, wo Agamemnon nach der Heimkehr aus dem Trojanischen Krieg von seiner Frau Klytaimnestra und deren Liebhaber Aigisthos ermordet worden war. Anders als in Troja musste Schliemann nicht lange suchen. Im Norden der Peloponnes, unweit des Golfs von Korinth, standen auf einem Bergsporn noch weithin sichtbar gewaltige Mauern. Nur dass dort jetzt Schafe grasten, wo einst Helden lebten.

Im August 1876 machten sich seine Arbeiter unweit des von Löwen bewehrten Tors ans Werk und gruben sich durch den Schutt der Jahrtausende. Bald stießen sie auf Gräber. Nach wenigen Tagen war das erste tief in den Felsen gehauene Schachtgrab ausgehoben. Was sich Schliemann dort zeigte, ließ ihn ein Telegramm an den griechischen König schicken, dessen Inhalt oft auf die Botschaft reduziert wird: »Ich habe ins Antlitz des Agamemnon gesehen.« Ein Anblick, der nicht lange währte. Nachdem Schliemann die Goldmaske vom Gesicht des Toten gehoben hatte, zerfiel dieses binnen kurzer Zeit zu Staub. Die »Maske des Agamemnon« gilt bis heute als einer der berühmtesten Schätze der Archäologie.

Steine, als hätten Zyklopen sie aufgetürmt. Das gewaltige Löwentor, das Einlass nach Mykene gewährte. Aufnahme von 1885 mit den Ausgräbern Wilhelm Dörpfeld und Heinrich Schliemann (links und rechts oben).

Wie viele gute Geschichten, ist auch diese eine Verdichtung. »Jene Maske, die Schliemann zum Anlass nahm, dem griechischen König zu telegrafieren, stammte von einem eher pausbäckigen und friedlicher wirkenden Mann«, berichtet der Archäologe Eric H. Cline. »Glücklicherweise fand Schliemann kurz darauf die andere Goldmaske mit den edleren Gesichtszügen, und als der König in Mykene eintraf, konnte er ihm kurzerhand Letztere präsentieren.« Dass er Agamemnon ins Gesicht oder sogar in die Augen geschaut habe, wird Schliemann ebenfalls erst später der Presse erzählen.

Insgesamt grub Schliemann fünf Schachtgräber aus, die heute dem Gräberrund A zugerechnet werden. Er stieß auf märchenhaften Reichtum – was ihn umso mehr überzeugte, die sterblichen Überreste derer entdeckt zu haben, die einst nach Troja gezogen waren, um die schöne Helena zu befreien. Hatte Homer nicht das »goldreiche Mykene« besungen? Aber Schliemann irrte. Nicht allein, weil es überhaupt fraglich ist, wie authentisch die homerischen Gestalten und die Schlacht um Troja tatsächlich sind. Wenn es reale Vorbilder dafür gegeben haben sollte, werden diese in die Endzeit der mykenischen Kultur, auf die Zeit um 1200

Schutz ist alles: Die gewaltige Burganlage von Mykene, hoch über der Ebene von Argos. Von hier kontrollierte man den Übergang von der Peloponnes zum griechischen Festland. Vorne das Löwentor. Gleich daneben das Schachtgräberrund.

vor Christus verortet. Im Gräberrund A hinter dem Löwentor indes ruhten da die Herrscher Mykenes schon über drei, vier Jahrhunderte in ihren Felsengräbern. Manch einer von ihnen könnte ein Zeitgenosse der Himmelsscheibe gewesen sein. Wer aber einst derjenige war, der die heute so bezeichnete »Maske des Agamemnon« trug, wird für immer ein Rätsel bleiben.

Trotzdem: Die Welt, die Schliemann ausgrub, scheint bestens zur gewaltvollen Welt Homers zu passen, die dem ewigen Kampf huldigte. Er setzte seine Arbeit in Tiryns fort, wo der Sage nach Herakles geboren worden sein soll. Über dessen gewaltige Mauern schrieb der antike Reiseschriftsteller Pausanias im 2. Jahrhundert nach Christus, sie seien ein Werk einäugiger Riesen gewesen, »der Kyklopen, und aus unbehauenen Steinen gebaut, jeder Stein so groß, dass auch der kleinste

Goldmasken aus dem Schachtgrab V. Schliemann hatte zunächst die linke entdeckt. Als angebliche »Maske des Agamemnons« fand dann aber die rechte ihren Weg in die Schulbücher.

von ihnen von einem Gespann Maultiere überhaupt nicht von der Stelle bewegt werden könnte«. Immer mehr Orte wurden fortan der von Schliemann so getauften mykenischen Kultur zugerechnet: Dazu gehören legendäre wie Pylos, in dem der greise Nestor begraben sein soll, oder das siebentorige Theben.

Wer die mykenische Welt verstehen möchte, muss wissen: Wir haben es mit Emporkömmlingen zu tun. Als die ersten Paläste wie wunderbare Kristalle auf Kreta funkelten, lebten die Menschen der mykenischen Vorgängerkulturen noch in mehr als bescheidenen bäuerlichen Siedlungen. Reichtum? Fehlanzeige. Erst der Kontakt mit der minoischen Welt machte sie groß – und ihre Häuptlinge zu Fürsten und Königen. Günstig gelegen, als Schnittstelle zwischen Peloponnes und Ägäis, dem weiten Land und dem noch weiteren Meer, profitierten sie als Knotenpunkte im minoischen Handelsnetz.

Ihr eigentlicher Aufstieg begann, als um 1750 vor Christus Erdbeben die Paläste auf Kreta zerstörten. Ihnen kam die Schwäche der Hegemonialmacht zupass. Viel spricht dafür, dass sie das Machtvakuum nutzten, als die Minoer mit sich und dem Wiederaufbau beschäftigt waren. Die Mykener forcierten den Handel über See, der oft nicht von Überfällen, Plünderungen und Kriegszügen zu unterscheiden war. Sie wurden reicher und reicher.

Blick auf die Oberburg von Tiryns mit dem Palast. Ihre Blüte erlebte die Stadt erst im 13. Jahrhundert v. Chr.

Mykene aber war kein einheitliches Reich. Es scheint aus mehreren souveränen Herrschaften bestanden zu haben, die, politisch und wirtschaftlich autonom, jedoch in einem engen Beziehungsgeflecht verbunden waren. Das lag nicht zuletzt an der zerklüfteten, kleinteiligen Landschaft mit ihren Bergketten und Meeresbuchten. Nach kretischem Vorbild entstanden an günstigen Orten Paläste, die als Verwaltungszentren die lokale Landwirtschaft und den Handel organisierten, aber eben auch Kaperfahrten und kriegerische Unternehmungen initiierten. Sie monopolisierten Überschüsse und Beute. Ob es nicht doch zumindest zeitweise ein Großkönigtum gab, wird derzeit diskutiert. Während minoische Paläste und Städte auf Kreta auf Verteidigungsbastionen verzichten konnten, wuchsen sich die mykenischen Paläste immer mehr zu Zwingburgen aus, deren Mauern bis zu acht Meter Dicke erreichten. Jeder Burgherr beäugte seine Nachbarn argwöhnisch. Eine Welt, die Westeros aus dem *Game of Thrones*-Serienepos nicht unähnlich war. Bloß ohne Drachen.

Wie Helden töten

Die archäologische Bestandsaufnahme deutet auf zweierlei hin. Wir haben es mit einer zutiefst martialischen Gesellschaft zu tun. Die Gräber der Elite strotzen nur so vor Waffen. Manche der Verstorbenen hatten bis zu acht Schwerter dabei, auch fanden sich Helme aus Eberzähnen. Die über den Gräbern aufgerichteten Stelen zeigen die Verstorbenen als Krieger im Streitwagen oder auf der Löwenjagd. Ob wunderschön verzierte Dolche oder prächtige Fresken: Sie werden von einer

Ikonografie der Gewalt dominiert. Alles dreht sich um Kampf, Jagd und Beute. Töten war die Reputationsquelle Nummer eins für mykenische Krieger. Da ihre Schrift – die Linear B – entziffert ist, sie aber lediglich Verwaltungszwecke erfüllte, kennen wir zwar keine Erzählungen aus dieser Zeit, wenigstens aber viele Personennamen: Solche wie »Männertöter«, »Der mit dem Schwert tötet« oder »Vieltöter« sprechen eine deutliche Sprache.

Die mykenische Elite war eine einem heroischen Ehrenkodex verpflichtete Kriegerkaste. Erfolg in der Schlacht oder bei der Jagd: Das brachte Ruhm, Reputation und Reichtum. Denn auch das zeigen die Funde: Es tobte eine Statuskonkurrenz innerhalb der Eliten und zwischen den einzelnen Herrschaftssitzen. Die mykenische Welt war bestimmt von einer Kultur des Prunks und des Protzens. Man war ständig bemüht, sich gegenseitig zu übertreffen – in den Heldentaten wie in der Zurschaustellung der erworbenen Pracht.

»Er fand Gold, Gold, Gold«, berichtete C. W. Ceram in *Götter, Gräber und Gelehrte* in seiner unvergleichlichen Manier über Schliemanns Ausgrabungen in Mykene. Angesichts des Goldrauschs sollten nicht solche faszinierenden Objekte übersehen werden wie beispielsweise Straußeneier, die auf Kreta zu trankspendenden Gefäßen umgearbeitet worden waren.

Auch heute noch kommt es zu Entdeckungen, die sich vor denen Schliemanns nicht zu verstecken brauchen. Das beweist der 2015 von den Archäologen Sharon Stocker und Jack Davis gemachte Sensationsfund des Greifenkriegers. Ein nicht geplündertes Schachtgrab in unmittelbarer Nähe des mykenischen Palasts von Pylos. Der Tote: männlich, irgendwann zwischen 1475 und 1400 vor Christus begraben. Seine Beigaben: spektakulär! Die Zahl der Einzelobjekte geht in die Tausende. Lapislazuli aus Afghanistan, Elfenbein aus Afrika, Bernstein aus dem Baltikum. Um auf all das Gold, die Karneole und Fayencen gar nicht erst einzugehen. Seinen Namen verdankt der Krieger einer ihm beigegebenen elfenbeinernen Plakette, auf der ein Greif seine Schwingen spreizt.

Eberzahnhelm, Körperpanzer, Speer, Dolch und ein Bronzeschwert mit vergoldetem Griff – der Greifenkrieger reiste schwer gerüstet ins Jenseits. Ein Stierkopf krönte wohl einst seinen zepterartigen Stab. Zwei Achat- und eine blaue Fayenceperle zierten eine wunderbare Goldkette. Vier grandiose Fingerringe aus Gold, die aufwendige religiöse Szenen zeigen, erneut Stierspringer inklusive, machten ihn zu einem Herrn der Ringe.

Verständlich, dass angesichts all dieser Pracht das wohl atemberaubendste Stück zunächst unbemerkt blieb. Denn der nicht einmal vier Zentimeter große

»
Homer berichtet in der *Ilias* vom Helm des Odysseus: »außen umsäumten ihn glänzende Zähne eines Ebers mit weißlichen Hauern«. Eberzahnhelm aus der Kalkani-Nekropole, Mykene, spätes 15. Jh. v. Chr.

Siegelstein aus Achat musste erst einmal von den Kalkablagerungen der letzten 3500 Jahre befreit werden, bevor er ein Bild von großer Schönheit offenbarte: Ein nackter, nur um die Hüften gegürteter griechischer Heros hat einen Schwertkämpfer besiegt, der zu seinen Füßen liegt. Mit schwebender Leichtigkeit tötet er einen zweiten schwer bewaffneten Krieger. Man darf es in diesem Fall der Presse nachsehen, dass sie gleich – ohne jegliche Basis dafür – orakelte, ob auf dem »Combat Agate« nicht der größte aller Krieger, Achilleus, dessen Zorn wir die *Ilias* zu verdanken haben, porträtiert worden sei.

Auf Löwenjagd: ein Dolch, wie er beeindruckender kaum sein kann. Keine 24 cm lang, gefunden von Heinrich Schliemann im Schachtgrab IV in Mykene.

Was diese wunderbar komponierte Darstellung für uns besonders bedeutsam macht, ist nicht einmal, dass das in den Achat geschnittene Schwert dem realen Schwert des Greifenkriegers ähnelt. Es ist vielmehr die Weise, wie er es benutzt, um seinen Gegner zu töten. Es ist jener noch von den Gladiatoren bekannte Stich

von oben durch das Schlüsselbein, um die Halsschlagader zu durchtrennen. Derselbe Stich, der laut anthropologischem Befund dem Aunjetitz-Fürsten von Helmsdorf bereits vier Jahrhunderte früher das definitive Ende bereitete. Zufall? Oder gab es in der bronzezeitlichen Welt eine weitverbreitete ritualisierte Form, wie Helden töten?

Inszenierung statt Charisma

Der »Combat Agate«, wie auch viele der schönsten und raffiniertesten Stücke aus mykenischen Gräbern, stammt aus Kreta. Nur dort besaßen die Handwerker die nötigen Fähigkeiten, die minoische Kunst blieb für Mykene das unerreichte Vorbild. Ihre Werke können im Handel oder in kretischen Diensten erworben worden sein, später besaß man sie auch schlicht, weil die Mykener selbst Herren über Kreta geworden waren.

Ein Besiegter liegt bereits zu seinen Füßen, als der Heros zum zweiten tödlichen Stich ansetzt. Der »Combat Agate«, ein Siegel aus Achat, wurde im Grab des Greifenkriegers in Pylos gefunden. Er ist ein Prunkstück kretischer Steinschneidekunst.

Wie das geschah, darüber wird schon lange gestritten. Die herrschende Ansicht war lange diese: Der Vulkanausbruch auf Thera habe die minoische Kultur vernichtet. Heute wissen wir, dass sie auch diese Katastrophe überlebte. Zumindest eine Weile, dann wirkten sich deren negative Folgen wie Ernteausfälle, Handelsrückgang und die zumindest partielle Zerstörung der Flotte aus. Die Macht der Herrscher wankte – hatte die Katastrophe nicht den Unwillen der Götter angezeigt? Es scheint zu Aufständen gekommen zu sein. Ob die Invasion vom griechischen Festland nun friedlich oder kriegerisch erfolgte, sei dahingestellt, so viel aber ist gewiss: Mykene avancierte zur entscheidenden politischen und ökonomischen Macht der Ägäis. Per Schiff trieben die Mykener Handel mit den Hethitern, den Ägyptern, der Levante und auch ins westliche Mittelmeer Richtung Italien.

Der Aufstieg blieb nicht ohne Folgen für die mykenischen Herrscher. Ob sie aus Kreta den nichtgriechischen Königstitel »*wa-na-ka*«, »*Anax*«, importierten? Eine Bezeichnung, die in späteren Zeiten allein den Göttern vorbehalten sein wird und jetzt den Herrscher den Menschen entrückte. Der König war keiner ihresgleichen mehr. Einiges spricht dafür, dass hier die alte Idee, der wir in Ägypten wie in Babylon wiederbegegnen werden, auf fruchtbaren Boden fiel: Die Herrscher legitimierten sich durch ihre intime Beziehung zu den Göttern, was meist die kosmischen Mächte miteinbezog.

Und das ist ein interessantes Phänomen in der Evolution von Herrschaft, wie es sich ähnlich in Nebra vollzogen haben wird. Denn in den mykenischen Anfangszeiten, als viele kleine Herrschaften um Einfluss und Macht konkurrierten, war jeder Anführer gefordert, »sich als charismatischer und kriegstüchtiger Held zu erweisen und einem Kriegerethos zu folgen«, erklärt der Archäologe Bernhard F. Steinmann. Schließlich galt es nicht nur, im Kampf gegen außen zu bestehen, sondern auch im Inneren Rivalen in die Schranken zu weisen. Durch das eigene Vorbild, das Charisma, sicherte man sich Gefolgschaft. Allein deshalb, so Steinmann, resultierte für die Eliten »die Selbstdarstellung als Krieger aus einer sozialen und politischen Notwendigkeit«.

Im Inneren des Vulkans: Blick auf die Caldera-Wand von Santorin mit den gewaltigen Schichtungen vulkanischen Gesteins. Die Eruption vor 3600 Jahren gehört zu den größten Katastrophen der Menschheitsgeschichte und könnte ein Grund für die Deponierung der Himmelsscheibe gewesen sein.

Stele aus dem mykenischen Gräberrund A: Der Nachwelt wird der Verstorbene als heroischer Krieger dargestellt, der im Streitwagen einem Gegner nachjagt.

Je größer indes der Herrschaftsapparat wurde, umso komplexer gestalteten sich die Anforderungen an dessen Gebieter. Gerade die minoisch inspirierte, bürokratisch organisierte Palastwirtschaft mit ihren je nach Aufgabenbereichen spezialisierten Hofbeamten, mit der Kontrolle und Verwaltung der Abgaben, aber auch den Pflichten zu Frondiensten etwa, war dergestalt, dass ein schlichter Haudrauf auf dem Thron nicht mehr genügte.

Tatsächlich lag fortan die Macht des Königs nicht mehr in dessen persönlichem Heldentum begründet, also dem überlegenen Gebrauch von Waffen. Das war ohnehin dort, wo die Herrschaft erblich geworden war, nicht mehr immer gewährleistet. Sie basierte nun – Aunjetitz lässt grüßen – auf der Verfügungsgewalt über die Waffen. Archiv- und Magazinbefunde zeigen: Der Palast organisierte und kontrollierte die Waffenausgabe. Die Bürokraten der Macht verzeichneten in ihren Listen fein säuberlich Schwerter, Lanzen und Pfeilspitzen. Ebenso scheint die Waffenproduktion zentralisiert worden zu sein. »Waffen waren fortan keine Privatsache mehr, sondern Staatsangelegenheit«, sagt Steinmann. Sie verschwanden damit auch aus den einfachen Kriegergräbern – eine parallele Entwicklung, wie wir sie in Wessex und Aunjetitz beobachten können, wo die Waffen der Soldaten nur noch in den Depots zu finden sind. Ein weitgehendes Gewaltmonopol stellt eines der wichtigsten Charakteristika eines Staatswesens dar.

Die Konsequenz: Der Herrscher muss nicht mehr selbst kämpfen. Er hat Krieger, die das für ihn tun. In den mykenischen Staaten gibt es Oberbefehlshaber über die Armee. Damit aber wird die Person des Königs verwundbar. Er braucht Schutz – wir haben am Beispiel des Fürsten von Helmsdorf gesehen, wie gefährdet Potentaten sind. Wachen und Leibgarden lassen sich leider kaum je archäologisch nachweisen, wohl aber die architektonischen Vorkehrungen: Tatsächlich zeichnen die Paläste der mykenischen Spätzeit sich dadurch aus, dass der Weg zum Thronsaal im Megaron nun streng mit verschiedenen Toren und Wegwendungen reguliert wird, um den Zugang zu kontrollieren. Der Herrscher wird unnahbar.

In der Konsequenz muss die Macht stärker inszeniert werden, es braucht ein Surrogat, einen Ersatzstoff für das verlorene in der Person begründete Charisma. Wie in vielen Kulturen – wir haben das beim Bornhöck gesehen – ist auch in der

Welt von Mykene zu beobachten, dass die Herrscher mit der Zeit immer größeren Aufwand betreiben, um möglichst dauerhafte, möglichst monumentale Grabanlagen zu erschaffen. Der Reichtum, der in einem Schachtgrab verborgen lag, geriet schließlich mit der Zeit in Vergessenheit. Deshalb gewannen, im Gegensatz zu den im Fels verborgenen und höchstens durch Steinstelen sichtbar gemachten Gräbern, kuppelüberwölbte Tholosgräber immer mehr an Bedeutung.

Berechnungen zeigen: Steckten in der Anlage eines Schachtgrabes etwa 500 Personenarbeitstage, können es bei einem Tholosgrab 15.000 Personenarbeitstage gewesen sein. Derselben Intention entsprangen jene baulichen Veränderungen, mit denen in Mykenes Endzeit die bereits jahrhundertealten Schachtgräber der Herrscher durch einen doppelten Ring aus Kalksteinplatten zu einem imposanten Architekturmonument gestaltet wurden. Die Gräberrunde avancierte zu einer Topografie der Herrschaft.

Das Auseinanderklaffen der sozialen Schere, das Entrücken des Königs in himmlische Sphären ging mit einer Zunahme der Last der Untertanen einher: Immer mehr Arbeit musste erledigt werden, die Megalomanie der Herrscher verlangte zunehmende Abgaben. Das ist einer der Gründe für den Untergang der mykenischen Welt. Die Paläste und Verwaltungssitze brannten in den Jahrzehnten um das Jahr 1200 vor Christus ab – und wurden nicht mehr aufgebaut. Es brach das an, was in der Geschichtsschreibung das Signet der »dunklen Jahrhunderte« trägt.

Dieser Untergang der bronzezeitlichen Welt ist rund ums östliche Mittelmeer fast allerorten zu beobachten – das Reich der Hethiter kollabierte genauso wie die polyglotte Hafenmetropole Ugarit an der syrischen Küste und viele der kanaanitischen Städte. Traditionell wird dafür eine Invasion mysteriöser Seevölker verantwortlich gemacht, die Reich um Reich erobert und die Paläste gebrandschatzt hätten;

Linear-B-Tafel aus dem Palast von Knossos, als Kreta mykenisch dominiert wurde. Auf Tafeln dieser Art wurde Buch über Streitwagen, Speere oder Schwerter geführt, die vom Palast ausgegeben wurden.

Freiheitskämpfer im »Schatzhaus des Atreus« in Mykene. Die Zeichnung aus dem 19. Jahrhundert lässt die gewaltigen Dimensionen des Tholosgrabs erkennen, das am Weg zur Akropolis von Mykene liegt.

immerhin musste sich selbst der ägyptische Pharao ihrer erwehren. Mittlerweile jedoch sieht die Forschung ein ganzes Set an Faktoren als Auslöser. Klimawandel, Hungersnöte, Erdbeben.

Immer stärker werden aber auch soziale Proteste für das Ende des mykenischen Zeitalters verantwortlich gemacht. Die unter der Abgabenlast leidenden Schichten rebellierten! »Waren es Forderungen nach Schulden- und Steuerfreiheit, nach dem Besitz eines eigenen Stücks Land, nach dem Ende der vom König eingeforderten Fronarbeit, die zu einer Revolution führten, die den Großkönig stürzte?«, fragt der Archäologe Reinhard Jung. Danach jedenfalls war es mit den staatlichen Strukturen und ihrer ausgeklügelten Bürokratie erst einmal zu Ende. Mit der Verwaltung verschwand auch die Schrift, und der Titel des »*Anax*« war in der griechischen Welt fortan nur noch den Göttern vorbehalten.

TRAUM VON EWIGKEIT: ÄGYPTEN

Setzen wir die Segel! Auf nach Ägypten. Vom an der Südküste gelegenen Hafen von Kommos bei Phaistos ist die Passage übers Mittelmeer bronzezeitlichen Schiffen in einem Nachtsprung möglich gewesen, das heißt, sie waren einen Tag und eine Nacht auf offenem Meer unterwegs. Die nötigen Bedingungen dafür – der Vollmond muss Sicht spenden, es braucht einen passablen Wind, aber niedrige Wellenhöhen – waren nur zu wenigen Gelegenheiten im Jahr gegeben. Trotzdem funktionierte der Kontakt übers Meer.

An wenigen Tagen des Jahres war vom an der Südküste Kretas gelegenen Kommos die Überfahrt übers Mittelmeer nach Afrika möglich.

Nun gibt es wohl kein fantastischeres Reich des Altertums als Ägypten. Es ist nicht einmal angemessen zwischen zwei Buchdeckel zu quetschen, geschweige denn in ein Kapitel. Wir beschränken uns darauf, schlaglichthaft einige wenige Winkel dieses Gravitationszentrums des bronzezeitlichen Universums auszuleuchten, die helfen, manche Facetten des Reichs von Nebra besser zu verstehen. Dafür werden wir in den folgenden Kapiteln immer wieder auf das Reich der Pharaonen zu sprechen kommen.

Ein »Geschenk des Nils« sei Ägypten, stellte schon der griechische Historiker Herodot fest. Nicht nur, dass Ägypten eine schmale, selten einmal mehr als 15 Kilometer breite, aber fast 1000 Kilometer lange Flussoase in der Wüste war und damit dauerhaft mit kostbarem Nass gesegnet. Einmal im Jahr, verlässlich angekündigt vom Aufgang des Sirius, trat der Nil über die Ufer und hinterließ fruchtbaren Schlamm im Übermaß. Damit waren gewaltige landwirtschaftliche Überschüsse zu produzieren. Dass hier dann um 3000 vor Christus etwas entstand, was man als den ersten Großstaat der Welt bezeichnen kann, der, um den Ägyptologen Jan Assmann zu zitieren, als »das beständigste aller bekannten staatlichen und kulturellen Gebilde der Menschheitsgeschichte bewundert worden« ist, hängt mit einem relativ lapidaren Umstand zusammen: mit einer durch einen Klimawandel ausgelösten Bevölkerungsdynamik.

War die Sahara lange dank jährlicher Sommerregen grün gewesen, wurde das Klima ab circa 5000 vor Christus immer trockener. Die Wüste wuchs, wer überleben wollte, zog zur einzig sicheren Wasserquelle ins Niltal. Am Rand der Überflutungszone entstanden Dörfer noch und noch, die sich zu Siedlungen und mit der Zeit zu Städten auswuchsen. Wie immer, wenn Überschüsse entstehen, kommt es zur Elitenbildung. In der sich forcierenden Konkurrenz setzten sich lokal verschiedene Herrscher durch, in drei Regionen kam es zu Erbmonarchien: »Die Herrscher dieser drei Territorien verhielten sich wie alle aufstrebenden Führer: Sie trachteten danach, ihren Herrschaftsanspruch durch politische, ideologische und wirtschaftliche Mittel zu demonstrieren und zu festigen«, konstatiert der Ägyptologe Toby Wilkinson. »Ihre unstillbare Gier nach seltenen und kostbaren Rohstoffen und Produkten – ob Gold oder Edelsteine aus den ägyptischen Wüsten oder exotische Einfuhren wie Olivenöl aus dem Nahen Osten oder Lapislazuli aus Afghanistan – belebte den heimischen und den internationalen Handel.« Solchen Mechanismen, die aus der Elitenkonkurrenz geboren werden, sind wir wiederholt begegnet – sie prägen auch die nachfolgende Dynamik Ägyptens. Um 2950 vor Christus schwang sich dann mit Narmer einer der Regionalherrscher zum vermutlich ersten König ganz Ober- und Unterägyptens auf. Die berühmte Narmerpalette zeigt ihn bei dem, was sich für einen Herrscher zuerst gehört: beim Besiegen und Erschlagen der Feinde.

Ägypten ist ein klassisches Beispiel für zwei Theorien der Staatsbildung. Der Anthropologe Robert L. Carneiro machte dafür die Rolle natürlicher Grenzen verantwortlich. Wo Wüsten, Berge oder Meere Menschen am Abwandern hindern,

Geschenk des Nils: Ohne seine Fluten, die dem Land jedes Jahr fruchtbaren Schlamm bescherten, hätte es die ägyptische Hochkultur nie gegeben. Historische Aufnahme der Nilschwemme bei den Pyramiden von Gizeh.

Narmer ist vermutlich der erste König, der sowohl Ober- als auch Unterägypten unter einer Herrschaft vereinte. Die heute im Ägyptischen Museum in Kairo ausgestellte Narmer-Palette inszeniert ihn als Triumphator über die Feinde.

führt Bevölkerungswachstum zu Herrschaft. In der Konkurrenz wird sich der Stärkste durchsetzen – Flucht ist nicht möglich. Für den Soziologen Karl August Wittfogel dagegen spielte die Bewässerung, das Anlegen von Deichen und Speicherbecken die Hauptrolle. Die damit verbundene Organisation der Arbeiten und Verwaltung der Überschüsse führten in solchen »hydraulischen Gesellschaften« zum Entstehen einer Bürokratie, die für ihre Zwecke die Schrift erfand. Sie wurde zum Rückgrat des Staates mit einem Alleinherrscher an der Spitze, der seine Untertanen bald nur allzu leicht als bloßes Menschenmaterial betrachtete – was Wittfogel den Terminus der »orientalischen Despotie« verwenden ließ.

Beide Theorien verdeutlichen, wie zentral das Monopolisieren von Überschüssen und die Kontrolle der Menschen, wie nötig Zwang und Gewalt für die Durchsetzung von Herrschaft sind. Und dass staatliche Strukturen nichts sind, was die Menschen freiwillig als begehrenswerte Innovation erwählt hätten. Deshalb stellten sie in Europa mit seinen offenen Grenzen, wo Landwirtschaft mit viel geringerem Aufwand zu betreiben war, lange keine Option dar.

Die Lehre vom Gottkönigtum prägte Ägypten bis in den letzten Winkel des Reichs. Die pharaonische Herrschaft – auch wenn sich der Begriff Pharao erst später durchsetzte, lässt er sich hier verwenden – ist der Welt von Schöpfung an eingeschrieben, so will es der zentrale Staatsmythos. Die natürliche Ordnung der Welt und die in der Königsherrschaft gipfelnde politische Ordnung sind damit untrennbar verbunden. Jeder Widerstand gegen den König, in dem sich die Schöpfungsordnung personifiziert, gilt als Aufstand gegen die göttliche Ordnung. Lässt sich Herrschaft besser rechtfertigen?

»
Als Ketzerpharao geschmäht, steht Echnaton (Mitte des 14. Jh. v. Chr.) für eine extreme Form der Herrschaft. Er entmachtete die alten Götter und verehrte allein den Sonnengott Aton in Scheibengestalt. Moderne Replik eines ägyptischen Porträts.

Himmlische Unterstützung

Es ist eine der Tücken der Archäologie, dass sie als Wissenschaft der menschlichen Hinterlassenschaften den Tod vor dem Leben privilegiert, was in dem ohnehin jenseitsversessenen Ägypten besonders auffällt. Die Göttlichkeit des Königsamtes verlangte größten Aufwand in Sachen letzte Ruhestätte. Die Gräber

wurden Ewigkeitsmaschinen, welche die Sterblichkeit, die Schwäche des menschlichen Körpers kompensieren sollten – um von den Mumifizierungen gar nicht erst zu reden. Mitte des 3. Jahrtausends machten sich die Herrscher dann an die imposantesten Bauwerke der Menschheitsgeschichte: die Pyramiden. Die des Cheops bei Gizeh wird mit gut 147 Metern für 4000 Jahre das höchste Bauwerk der Welt sein. Gemeinsam mit den nur wenig niedrigeren Chephren- und Mykerinos-Pyramiden, bewacht von der Großen Sphinx, ist sie das einzige der sieben Weltwunder der Antike, das bis heute erhalten geblieben ist.

Auf Dauer aber war solche Megalomanie nur schwer zu praktizieren. Die Zentralmacht ist immer bedroht: Jede despotische Erbmonarchie hat mit mediokren Erben, leer ausgehenden Söhnen und einer Vielzahl möglicher Usurpatoren zu kämpfen. Trotzdem währte das Alte Reich fast ein Jahrtausend, bis das Land um 2200 vor Christus von inneren Schwächen zermürbt wieder in Kleinherrschaften zerfiel und in den Bürgerkrieg abglitt. Ein Schock für eine auf die Ewigkeit angelegte Gesellschaft.

Aus der Zeit der Wirren erhob sich dann um 2000 vor Christus das Mittlere Reich, weil es wieder einem Herrscher, diesmal Mentuhotep II. aus Theben, gelang, all seine Gegner zu besiegen und ganz Ägypten unter seiner Regentschaft zu einen. In der heutigen Perspektive führt das Mittlere Reich meist ein Mauerblümchendasein. Im Gegensatz zum Alten Reich mit Cheops und Co. und ihren gewaltigen Pyramiden auf der einen Seite und so faszinierenden Gestalten des Neuen Reichs wie Tutanchamun, Nofretete oder Ramses dem Großen auf der anderen.

König Mentuhotep II. wurde von den Ägyptern verehrt, weil er nach der Zeit der Wirren Ober- und Unterägypten um 2000 v. Chr. wiedervereint hatte. Er gilt damit als Begründer des Mittleren Reichs. Relief aus seinem Totentempel in Deir el-Bahari.

Trotzdem ist das Mittlere Reich eine Epoche der kulturellen Blüte, auch gehört es zum zeitlichen Kontext der Himmelsscheibe. Immerhin hat es mit der 12. Dynastie die dauerhafteste Königsdynastie Ägyptens zu bieten – auch wenn diese acht Könige keine 200 Jahre schafften. Das wird heute leicht unterschätzt: wie fragil Herrschaft immer und überall war. Bezeichnend, dass auch diese so langlebige Dynastie selbst via Staatstreich an die Macht kam und deshalb fortan das Problem der sicheren Thronweitergabe lösen wollte, indem die Söhne schon zu Lebzeiten des Vaters zu Co-Regenten ernannt wurden. Das Wissen, dass Herrschaft stets bedroht ist, ist ein Signum der Zeit. Zumal – und das ist in Hinsicht auf den gemeuchelten Fürsten von Helmsdorf spannend – der Begründer der 12. Dynastie, ein sich zum Herrscher Amenemhet I. aufgeworfener Wesir, wohl selbst einem Königsmord zum Opfer fiel. Wenigstens berichtet das eines der ältesten literarischen Werke dieser Zeit: *Die Lehre des Königs Amenemhet I.* Anders als im Fall des Helmsdorfers fehlt uns aber in seinem Fall die Leiche.

Die Schwarze Pyramide Amenemhets III. aus der 12. Dynastie in Dahschur entstand etwa zur selben Zeit wie der Bornhöck der Aunjetitz-Kultur. Einst ragte sie ca. 75 Meter in die Höhe, im Hintergrund die über 800 Jahre ältere Knickpyramide Snofrus. Fotografie von 1857.

Es ist eine spannende Frage, ob das erhöhte Legitimationsdefizit zu einer der bedeutendsten Erfindungen des Mittleren Reichs geführt hat: zur Innovation der großen Tempel, die sich zu einer zentralen Stütze des Staates entwickeln werden. »Vor der 12. Dynastie waren in Ägypten nur bescheidene Tempel errichtet worden, kleine, häufig unregelmäßige angelegte Bauten aus Lehmziegeln …

Die Mumie des Pharao Seqenenre ruht heute im Mumiensaal des Ägyptischen Museums Kairo. Sorgsam drapiert sind die massiven Schädelverletzungen. Allein die unnatürliche Stellung der Hände deutet auf den gewaltsamen Tod: Die Hyksos erschlugen den besiegten Pharao noch auf dem Schlachtfeld.

Die imposantesten Bauten Ägyptens waren nicht die Tempel der Götter, sondern die Pyramiden der Könige«, berichtet Toby Wilkinson. »Amenemhet änderte dies nun und begründete eine Tradition von Monumentalbauten, die den wichtigsten Gottheiten geweiht waren.« Als Usurpator des Throns benötigte er eben besondere Formen der Rechtfertigung, er konnte nicht auf die traditionelle Königskarte setzen (denn diese Tradition hatte er ja mit Füßen getreten), er baute voll auf himmlische Unterstützung! Mit seiner Thronbesteigung war er nur dem Willen der Götter gefolgt. Wir halten zumindest fest: Große Tempel sind keine staatliche Notwendigkeit von Anfang an, auch auf Kreta und in Mykene fehlten sie.

Hatten also acht Herrscher der 12. Dynastie weit mehr als 150 Jahre über das Mittlere Reich geherrscht, gab es danach von Kontinuität keine Spur mehr. In den nächsten 150 Jahren regierten rund 50 Herrscher – sie besiegelten abermals das Schicksal Ägyptens. Das Land am Nil wurde anfällig, auswärtige Konkurrenz drängte nur allzu leicht ins Land. Besonders erfolgreich waren von 1630 bis 1520 vor Christus die Hyksos, eine semitisch sprechende Volksgruppe aus der Levante, die zunächst das ägyptische Nildelta übernahm und dann ihre Macht immer mehr in das grandiose Reich am Nil hinein ausdehnte. Im Mumiensaal des Ägyptischen Museums in Kairo liegt Pharao Seqenenre; eine Streitaxt der Hyksos hat ihm den Schädel eingeschlagen, Wange und Nase wurden von einer Keule zerschmettert. Eine 2021 durchgeführte Computertomografie der Mumie zeigt: Seine Hände waren vermutlich gefesselt, die Sieger haben ihn noch auf dem Schlachtfeld hingerichtet. Größer konnte eine Demütigung Ägyptens kaum sein.

HANDELSMETROPOLEN: BYBLOS, UGARIT, QATNA

Bisher zeigte unsere Reise durch die bronzezeitliche Welt, wie sehr diese in ihren Eigenarten durch den Güteraustausch bestimmt war. Vor allem was Zinn und Kupfer zur Bronzeherstellung anging. Aber auch exotische Materialien aus der Ferne waren begehrt, um die Repräsentationsbedürfnisse der Eliten, die Lust an Pomp, Prunk und Protz zu befriedigen. Auch das ein Weg, Macht allen vor Augen zu führen. In der Folge entstanden mit großer Verlässlichkeit an den Knotenpunkten der Handelsnetze wiederum bedeutende bronzezeitliche Zentren. Da es uns nun nach Mesopotamien weiterzieht, insbesondere nach Babylon, sollte es keine

Ankunft in Byblos: Ägyptische Schiffe mussten nur der Meeresströmung nach Osten folgen, um nach Byblos zu gelangen, der bedeutenden Handelsmetropole an der levantinischen Küste. So stellt sich der Illustrator Max Flügel die Einfahrt in den Hafen vor.

Überraschung sein, dass wir an den Schnittstellen der beiden Hochkulturen auf pulsierende Städte stoßen. Hier wollen wir nur kurz verweilen.

Vom Delta des Nils führt der Weg auf geradezu natürliche Weise in die Levante, die östliche Mittelmeerküste, die heute von den Ländern Israel, Libanon und Syrien gebildet wird. Die Strömung des Meeres trägt jedes Schiff dorthin. Dessen wahrscheinlichstes Ziel war Byblos, die bedeutendste Hafenstadt dort zu Zeiten der Himmelsscheibe, nördlich des heutigen Beiruts. Tatsächlich ist das einzige zu einem der Armringe aus dem Dieskau-Schatz passende Gegenstück in Byblos gefunden worden. Für das an Bäumen arme Ägypten fungierte es als Hauptumschlagplatz für das begehrte Holz aus den Zedernwäldern des Libanons (die bereits den legendären Gilgamesch zu seiner Heldenreise motiviert hatten). Aus Zedernholz gefertigte Barken finden sich früh in ägyptischen Königsgräbern, die berühmteste ist die 43 Meter lange Königsbarke, die gleich neben der Cheops-Pyramide im Sand ruhte. Umgekehrt war Byblos das Einfallstor für ägyptische Importe nach Syrien. Von hier brachen die Karawanen auf.

»Die Gebieter von Byblos orientierten sich in ihrer Selbstdarstellung stark am Vorbild des Pharaos und verstanden sich als ägyptische Klientelherrscher«, berichtet die Althistorikerin Karen Radner. Zur Zeit des Mittleren Reichs trugen sie sogar den ägyptischen Titel »Bürgermeister«. Das spiegelt sich in den mit erlesenen ägyptischen Schätzen ausgestatteten Gräbern der Könige von Byblos wider. Sie wurden zur Zeit des Bornhöcks in den Fels gehauen.

Die Ruinen Ugarits: Während Byblos im Süden nach Ägypten hin orientiert war, profitierte die später aufsteigende Hafenstadt Ugarit von den Kontakten ins syrische Hinterland bis nach Mesopotamien.

In diesen Jahren begann auch der Aufstieg einer weiteren Hafenstadt 150 Kilometer weiter nördlich, an der Küste des heutigen Syriens: Ugarit. Von 1800 vor Christus bis zu seiner Zerstörung durch die Seevölker nach 1200 vor Christus war es die Hauptstadt eines kleinen Königreichs. Auch sein Erfolg verdankt sich den beschriebenen Mechanismen: als Knotenpunkt einer kosmopolitischen, sich globalisierenden Welt, als Schnittstelle zwischen den Schiffsrouten des Mittelmeers und den Karawanenwegen ins Landesinnere. Während sich aber Byblos' Erfolg vor allem den Beziehungen Richtung Ägypten verdankt, waren es im Fall Ugarits eher die Kontakte in die mesopotamische Sphäre und zu den Hethitern im nördlich gelegenen Kleinasien, deren Vasallen sie werden sollten.

Davon legen die Archive Ugarits, das bedeutendste fanden die Archäologen im Königspalast, beredtes Zeugnis ab. Viele der Tausende Keilschrifttafeln waren in Akkadisch verfasst, einer *lingua franca,* viele aber auch in einer frühen Buch-

Das als Brustschmuck dienende Falken-Pektorale aus einer Grabkammer der Königsnekropole von Byblos dokumentiert den immensen Einfluss Ägyptens auf die Goldschmiede in der Levante.

stabenschrift, die als »Ugaritisch« bestimmt wurde. Sie geben Einblick in das weitgesponnene Netz diplomatischer und merkantiler Kontakte. Aus den Quellen wissen wir, dass es hier auch minoische Dolmetscher gab. Entsprechend stammen zahlreiche ausgegrabene Funde aus benachbarten Kulturen und belegen kunsthandwerkliche Einflüsse aus allen Himmelsrichtungen. Auffällig viele Menschen waren in Ugarit in der Metallverarbeitung tätig. Zypern, einer der Hauptlieferanten von Kupfer, lag gleich *vis-à-vis* übers Mittelmeer.

Wenigstens eines der kleinen Königreiche der Region sollte erwähnt werden, sorgte es doch in den letzten Jahren für Schlagzeilen – die leider nur allzu bald von den traurigen des Syrienkriegs überdeckt wurden: Qatna, wenige Kilometer nördlich der heutigen Stadt Homs gelegen, war sowohl von Byblos als auch Ugarit aus leicht zu erreichen. Es kontrollierte jene Handelsroute, die über die Oase von Palmyra durch die Wüste weiter zum mittleren Euphrat nach Mesopotamien führte. Die intensiven Kontakte zu den altassyrischen Herrschern sowie nach Mari

Den Eingang zur Königsgruft unter dem Palast von Qatna bewachten zwei Ahnenfiguren aus Basalt. Bei der Zerstörung des Palasts wurde der Eingang zur Gruft verschüttet und für Jahrtausende versiegelt. Eine der Wächterfiguren verlor dabei den Kopf.

sind in den Archiven bezeugt. Die Orientierung des mesopotamischen Fernhandels nach Westen, Richtung Mittelmeer, war einer der Faktoren, die Qatna groß und reich machten. Der andere: Hier residierten die Herren über die begehrten Zedernwälder des Libanons.

Zwar schon 1924 entdeckt, sorgte Qatna erst Anfang des 21. Jahrhunderts für Furore. Ein ganzes Dorf war 1982 umgesiedelt worden, um die archäologischen Kampagnen zu ermöglichen, an denen sich Teams aus Syrien, Italien und Deutschland beteiligten. Vier mächtige Erdwälle von bis zu 20 Metern Höhe umgaben Qatna, das einen grandiosen Königspalast besaß mit riesigen Innenhöfen und von wunderbaren Wandmalereien geschmückten Sälen.

Die spektakulärste Entdeckung könnte direkt aus einem *Indiana-Jones*-Film stammen: Die Archäologen unter der Leitung Peter Pfälzners fanden in der monumentalen Festhalle eine Tür, hinter der sich ein langer Korridor verbarg. 40 Meter führte der Gang über Stufen hinweg in die Unterwelt – drei weitere Türen zwangen auf dem Weg immer wieder zum Einhalten. Hinter der letzten lag eine Kammer, in deren Boden ein Loch klaffte. Über Leitern ging es noch einmal vier Meter in die Tiefe. Dort nun fanden sich Grabkammern. Es war die 3400 Jahre alte Königsgruft. Sie war nicht geplündert.

Bei der Zerstörung des Palasts – noch ist umstritten, ob es wirklich die Hethiter waren, die Qatna verheerten – verschütteten die Trümmer den Eingang meterhoch. Zwei Basaltstatuen thronten links und rechts des Eingangs, Ahnenfiguren, die die Gruft bewachten. Einer dieser Torwächter war von einem herabstürzenden Stein geköpft worden. Die Königsgruft bestand aus einer zentralen Kammer, um die herum kleeblattartig drei Seitenkammern angeordnet waren. Anders als ägyptische Grabanlagen war diese nicht unmittelbar nach der Bestattung versiegelt worden. Die Toten empfingen regelmäßig Besuch, der sie mit Nahrung versorgte oder gemeinsam mit ihnen rituelle Speisungen vollzog. Davon zeugen Hunderte von Gefäßen und unzählige Nahrungs- und Knochenreste. Tatsächlich besaß der Sarkophag aus Basalt keinen Deckel, viele Verstorbene scheinen auf Totenbahren bestattet worden zu sein. Raffiniert gearbeitete Luxusobjekte aus Gold, Alabaster und Elfenbein belegen höchstes künstlerisches Geschick. Auch Bernstein fand sich, darunter ein einzigartiges Stück: ein kleines Gefäß in der Gestalt eines Löwenkopfes. Analysen bestätigten: Der Bernstein dafür stammt tatsächlich von der Ostsee. Was die Archäologen verwunderte: Die Zahl der in der Königsgruft Bestatteten war eher gering. Man fand nur Knochen von rund zwei Dutzend Toten, Kindern, Frauen, Männern, denen die Köpfe fehlten. In der gesamten Gruft lag nur ein Schädel.

Sieben Jahre später, 2009, fand sich eine mögliche Erklärung. Erneut machten die Archäologen einen sensationellen Fund: eine weitere nicht beraubte Felskammer. Sie war kleiner dimensioniert. Wieder enthielt sie Knochen, diesmal auch Schädel, kostbare Beigaben, manche davon schon damals fast 1000 Jahre alte Antiquitäten aus Ägypten. Vieles deutet daraufhin, dass hier die königlichen Gebeine früherer Generationen deponiert wurden, um die Königsgruft vor Überfüllung zu bewahren. Ob es noch weitere Kammern unter dem Palast gibt? Die Ausgrabungen ruhen, der Syrienkrieg bereitete ihnen ein vorläufiges Ende. Qatna ist ein spektakuläres Beispiel für vergessene Reiche, welche die Archäologie zuweilen ans Tageslicht befördert.

Doch nun sind wir unserem Ziel nahe: Babylon. Aus diesem Grund lassen wir die Hethiter links liegen, obwohl auch sie eines der Reiche sind, die für Jahrtausende komplett in Vergessenheit geraten waren, bis sie Ende des 19. Jahrhunderts wiederentdeckt wurden. Aber für den Himmelsscheibenhorizont ist die Entstehung ihres Großreichs mit der Hauptstadt Hattuscha im Herzen Anatoliens

In Qatna stießen die Ausgräber auf eine Vielzahl von Goldplaketten und anderen Schmuck. Dieser ins 15./14. Jahrhundert v. Chr. zu datierende Anhänger zeigt eine Sonne mit vier geraden und vier geschwungenen Strahlen.

Der gut sechs Zentimeter lange Löwenkopf aus der Königsgruft von Qatna ist nicht allein wegen seines künstlerischen Rangs eine Sensation. Untersuchungen ergaben: Es handelt sich um baltischen Bernstein, der vor gut 3500 Jahren in unbearbeiteter Form von der Ostsee ins alte Syrien gelangte.

eigentlich schon zu spät. Auch das am Hellespont gelegene Troja liegt für uns geografisch zu weit ab vom Schuss, zumal es in der für uns infrage kommenden Zeit eher keine allzu imposante Gestalt abgab.

IM LAND ZWISCHEN DEN STRÖMEN: BABYLON

Auf also nach Mesopotamien. Wir konzentrieren uns hier zunächst auf das babylonische Reich, weil es in jener Zeit die aufstrebende Macht zwischen Euphrat und Tigris war, als möglicherweise ein Reisender aus Aunjetitz dort das Geheimnis des Himmels erfahren haben könnte. Dass aber zum Beispiel auch Mari oder insbesondere Assur, die weiter nördlich gelegene Hauptstadt des späteren Reichs der Assyrer, mögliche Kontaktorte gewesen sein könnten, soll damit nicht ausgeschlossen werden (wir kommen darauf zurück).

»Die Wunder Babylons«. Stich nach einer Zeichnung des barocken Architekten Johann Bernhard Fischer von Erlach. Als größtes Wunder galt die Zikkurat, der Stufentempel, der es als Turm von Babel bis in die Bibel schaffte.

Mesopotamien, so nannten die Griechen das Land »zwischen den Flüssen« Euphrat und Tigris. Das Zweistromland gilt heute als eine, vielen sogar als die »Wiege der Zivilisation«. Wie die Hochkultur der Ägypter sich dem Nil, so verdankt sich auch die mesopotamische Zivilisation großen Flüssen. Ihre Fluten erst ermöglichten es, dass sich Landwirtschaft betreibende Menschen die trockenen Regionen erobern und in eines der produktivsten Paradiese der Welt verwandeln konnten. In unmittelbarer Nähe zum Wasser lagen die Gärten mit Dattelpalmen und Obstbäumen, in denen auch Gemüse angebaut wurde, daran schlossen sich die Getreidefelder an. Das gelang auch hier nur durch die Entwicklung eines ebenso ausgeklügelten wie arbeitsaufwendigen Bewässerungswesens (wir erinnern uns an Wittfogels hydraulische Gesellschaften).

Was aber Mesopotamien von Ägypten unterschied, war vor allem zweierlei: Einmal gab es hier zwei Ströme. Das führte zu bedeutend mehr voneinander getrennten Siedlungsoptionen: Es entstanden Dutzende kleiner Stadtstaaten. Diese wiederum gerieten mit wachsendem Erfolg in Konkurrenz um Land und Wasser, waren aber nur schwer unter Kontrolle einer Herrschaft zu bringen. Der zweite Unterschied: Die umgebenden Wüsten glichen oft eher Steppen und waren damit nicht undurchdringlich. Das führte über die Jahrtausende hinweg zu immer neuen Einfällen von Nomadenstämmen, die mesopotamische Herrscher stürzten oder wie die Amurriter ab 2000 vor Christus ganz die Macht übernahmen. Auch der große Hammurapi von Babylon ist amurritischer Herkunft.

Das ließ Herrschaft in Mesopotamien immer ein heikles Unterfangen sein: Während die pharaonische Kultur, wenn auch mit Zäsuren, Jahrtausende überspannte, werden an Euphrat und Tigris eher wenige Reiche länger als ein, zwei Jahrhunderte währen. Eine Vielzahl von Herrschern und Kleinstaaten verbiss sich in ständiger, in der Regel kriegerischer Konkurrenz miteinander.

Doch auch in Mesopotamien waren gewaltige Verwaltungsleistungen nötig. Schon die Bewässerungsbauten – die Kanäle, Schleusen, Deiche und Rückhaltebecken – anzulegen und vor dem Verschlammen zu bewahren, erforderte einen

Die Standarte von Ur mit Einlegearbeiten aus Muschelschalen, Sandstein und blauem Lapislazuli. Gefunden im Königsfriedhof, stammt sie aus der Mitte des 3. Jahrtausends v. Chr. Diese Seite zeigt Kriegszeiten, die rückwärtige kündet vom Frieden.

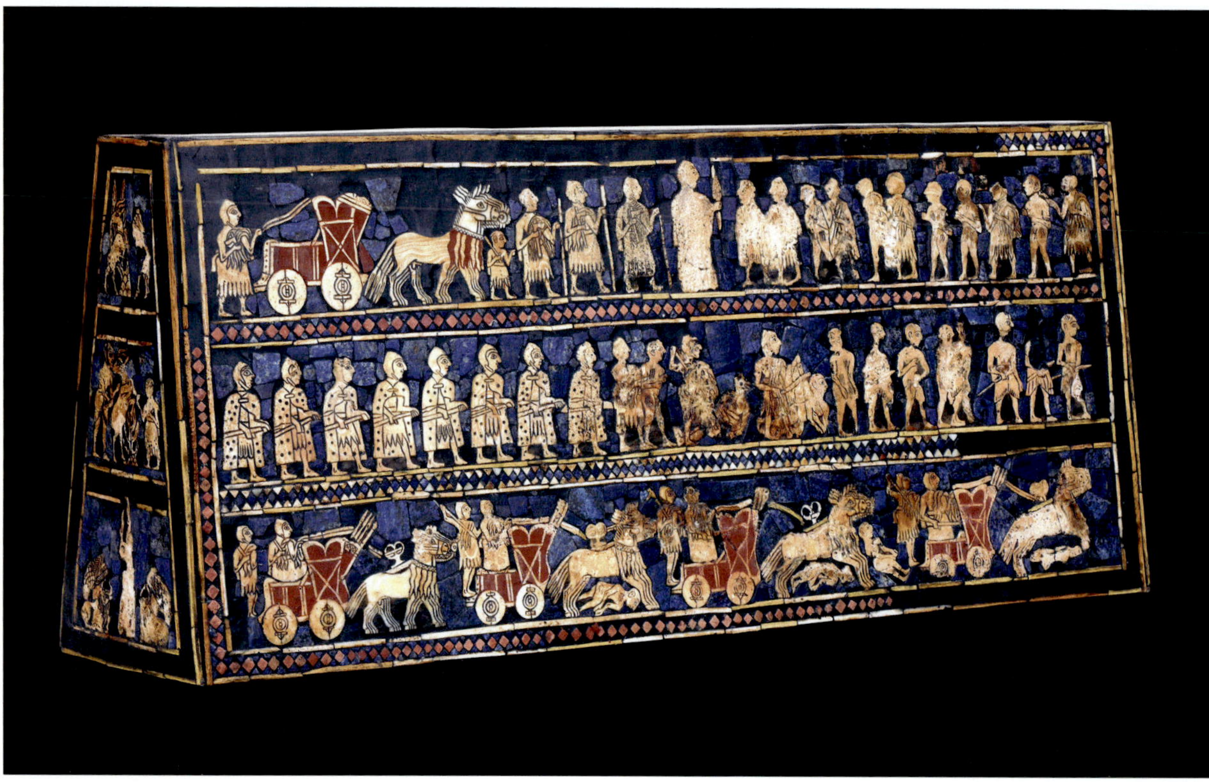

gigantischen Arbeitsaufwand. Hinzu kam, dass gerade der Süden Mesopotamiens, die Schwemmebenen, keine Rohstoffe zu bieten hatte. Es fehlte an Metall, an Steinen, auch Holz war Mangelware. Alles musste erhandelt oder erbeutet werden. Zur Kompensation griff man auf Schilf und Lehm zurück – was wiederum sorgsam ausgetüftelte Produktionsprozesse nötig machte (man denke an die enorme Ziegelproduktion). Vergleicht man das mit Europa, wo Holz, Wasser und fruchtbare Böden im Überfluss vorhanden waren, wird leicht einsichtig, dass Staaten eben dort entstanden, wo es gewaltiger kollektiver Arbeitsleistungen bedurfte, um den Menschen das Überleben zu sichern. In Aunjetitz dagegen konnte im Prinzip jede Familie für sich allein sorgen.

»Die ersten geschriebenen Wörter begannen hier«: In der sumerischen Stadt Uruk, Heimstatt des mythischen Königs Gilgamesch, fanden sich erste Schriftzeugnisse aus dem 4. Jahrtausend v. Chr. Im Bild die Ruinen der Zikkurat, auf der sich der dem Himmelsgott An gewidmete Weiße Tempel erhob.

Die Organisatoren dieser Anstrengungen – und damit die Keimzellen des Staates – waren die Tempel. Wobei der Begriff hier ebenso irreführend ist wie im Fall der Paläste des minoischen Kretas. Denn bei Tempeln denken wir an religiöse Institutionen und allein kultischen Angelegenheiten verpflichtete Priester. Das trifft hier nicht zu. Die mesopotamischen Tempel gehörten zwar jeweils einem Gott, dessen Haushalt sie darstellten; aber dieser umfasste Ländereien, Vieh und Arbeitskräfte. Hier wurden Überschüsse eingelagert und umverteilt. Die Tempel waren der Sitz einer administrativen Elite, die eine Vielzahl von Funktionen erfüllte und zu diesen Zwecken bereits im ausgehenden 4. Jahrtausend vor Christus die Keilschrift erfand. Aus ebensolch bürokratischem Interesse heraus machte man sich früh Gedanken um die Ordnung der Zeit, um das Kalenderwesen. Berechenbarkeit war dabei ein zentrales Anliegen.

Um die Tempel als potente Wirtschaftseinheiten herum wuchsen die frühen sumerischen Stadtstaaten heran, jeder Sitz eines Gottes: in Uruk war es der Himmelsgott An, in Eridu der Gott der Weisheit Enki, in Ur der Mondgott Nanna und in Nippur der Götterkönig Enlil. Die politisch-kultische Führerschaft einer Stadt besorgte also den Haushalt und die Geschäfte eines Gottes. Dabei waren manche Vertreter der Elite auf Dauer erfolgreicher als andere.

Da die Städte im Süden Mesopotamiens mitunter in Sichtweite zueinander lagen, war das Konfliktpotenzial groß, zumal alle ein deutliches Bevölkerungswachstum verzeichneten. Bereits um 3000 vor Christus sollen geschätzt zwischen 25.000 und 50.000 Menschen in Uruk gelebt haben. Gilgamesch wird im Epos dafür gerühmt, dass er die Stadt mit einer gewaltigen Mauer schützte. Kriegerische

Auseinandersetzungen standen auf der Tagesordnung. Das verschaffte den Heerführern einen Karriereschub. Denn sie führten ja im Namen ihres Stadtgottes Krieg. Waren sie erfolgreich, belegte der Sieg, dass sie in der göttlichen Gunst standen. Das wussten sie zu nutzen, um ihre Position massiv zu stärken. Mit der Zeit waren es erfolgreiche Truppenführer, welche in der Stadt die Macht übernahmen und als »*lugal*«, als »großer Mann«, zu Königen wurden. Ihre Paläste werden bald selbstbewusst neben den Tempeln stehen.

Wie stets in solchen Konkurrenzsituationen kam es zu Konzentrationsprozessen. Sargon von Akkad wird im 24. Jahrhundert vor Christus die sumerischen Stadtstaaten unterwerfen und das erste Großreich schaffen. Er und seine Nachfolger legitimieren diese Macht, indem sie sich selbst noch stärker in die Nähe der Götter rücken. Sargon wird sich als Liebling der Göttin Ištar, Ischtar, ausgeben, sein Enkel Naram-Sin wird diese sogar zur Frau nehmen und sich selbst mit der Hörnerkrone abbilden lassen – als Symbol der eigenen Vergöttlichung.

Trotzdem zerfiel auch das Reich der Akkader wieder, eine Zeit lang gelang es der 3. Dynastie von Ur, sich zur Herrschaft über weite Teile Mesopotamiens aufzuschwingen. Der Reichtum ihrer Gräber ist legendär, zuweilen musste ihnen ein ganzes Gefolge von Dienerinnen und Dienern in den Tod folgen. Aber auch hier: Jede neue Reichsbildung hielt sich zwei, drei Generationen, dann kollabierte sie wieder, und an einem anderen Ort machte man sich auf, zur neuen Hegemonialmacht aufzusteigen.

« Der Bronzekopf porträtiert vermutlich Sargon von Akkad, der das erste Großreich Mesopotamiens schuf. Es handelt sich um eine Kopie. Das Original ist den Plünderungen des Irakischen Nationalmuseums im Zuge des Irakkriegs 2003 zum Opfer gefallen.

Turm zu Babel

Auch die 1. Dynastie von Babylon hat bescheiden angefangen und allein über die am Euphrat gelegene Stadt geherrscht. Hammurapi – er regierte von 1792 bis 1750 vor Christus – war dann erfolgreicher, aber das auch erst, nachdem er bereits weit mehr als zwei Jahrzehnte an der Macht war. Er verstand es geschickt, Allianzen zu schmieden, sodass er nie einem Gegner allein gegenüberstand. Schließlich reichte das altbabylonische Reich vom Persischen Golf bis zum an der heutigen syrischen Grenze gelegenen Mari.

Auf einer über zwei Meter hohen Stele aus schwarzem Diorit wird er sich rühmen, 24 Städte unterworfen zu haben. Der Codex Hammurapi bewahrt seinen Ruhm bis heute, auch wenn es sich nicht um das erste Gesetzeswerk dieser Art handelt. In rund 280 Paragrafen enthält er Rechtsentscheidungen wie: »Wenn ein Mann einem anderen Mann ein Auge geblendet hat, soll man ihm ein Auge

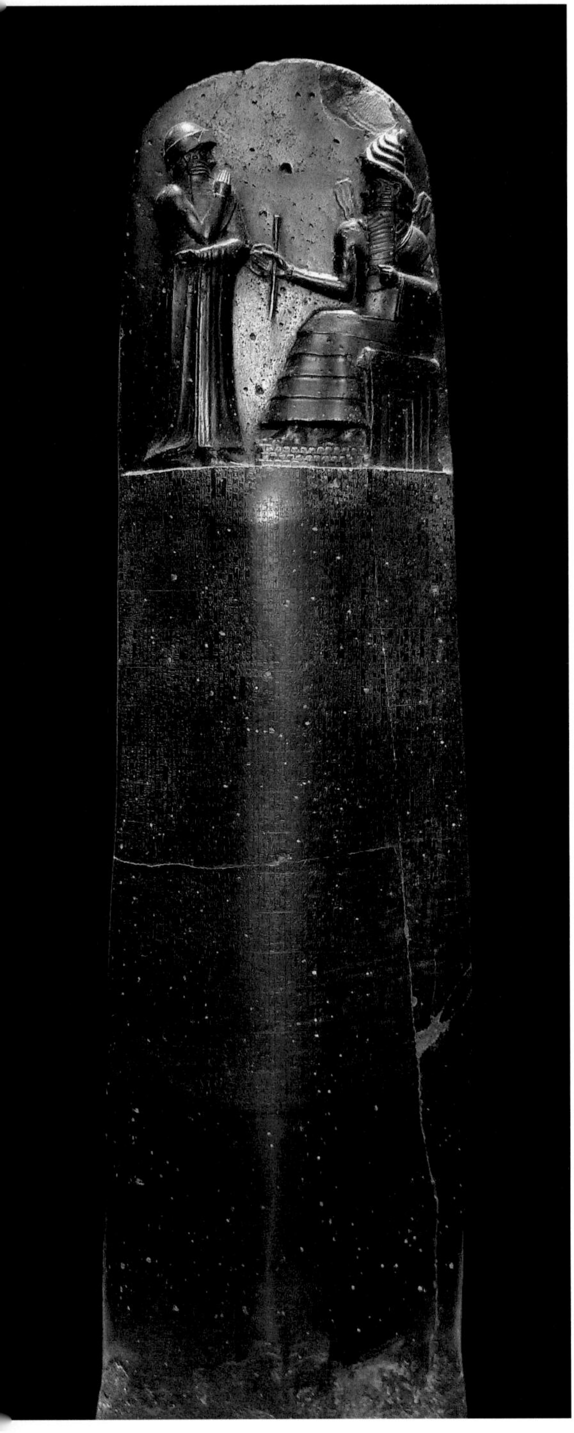

blenden.« Zuoberst zeigt die Säule, wie Hammurapi in Gebetshaltung vor dem thronenden Sonnengott Šamaš, dem Gott des Rechts, steht und seine Legitimation als Gesetzgeber empfängt.

Hammurapi inszeniert sich als gerechter König, der in den von ihm eroberten Gefilden im höheren Auftrag das Recht durchsetzt. Babylons Stadtgott Marduk habe ihn beauftragt, »die Menschen gerecht zu leiten und dem Lande Ordnung zuzuweisen«. Ein naheliegender wie geschickter Schachzug in Zeiten, in welchen überall Thronräuber und Usurpatoren um Legitimation stritten. Wer wollte da protestieren? Doch schon unter Hammurapis Nachfolgern rumorte es wieder mächtig in Babylon. Die Hethiter werden das altbabylonische Reich endgültig zu Fall bringen. Erst gut 1000 Jahre später sorgt Babylon in der alten Welt erneut für Aufsehen, als unter dem König Nebukadnezar Jerusalem erobert und Teile des israelischen Volks ins babylonische Exil geführt werden.

Ob zu Hammurapis Lebzeiten bereits der Turm zu Babel stand, wissen wir nicht. Vorbild für die biblische Geschichte waren in jedem Fall mesopotamische Zikkurats. Wann aber der gigantische, dem babylonischen Stadtgott Marduk gehörende Stufentempel entstand mit seinen sechs oder sieben Terrassen – die Höhenschätzungen reichen von 50 bis 90 Meter –, ist umstritten. Dagegen datiert etwa der Stufentempel in Ur, Heimstatt des Mondgottes Nanna, sicher auf das Ende des 3. Jahrtausends vor Christus. Und in Assur wuchs bereits zu Hammurapis Lebzeiten die Zikkurat des gleichnamigen Stadtgottes Assur in die Höhe.

In diesem Rahmen wird eine Besonderheit des alten Mesopotamiens verständlich, die uns heute befremdlich erscheint: der geradezu als Besessenheit zu charakterisierende Wille, jegliches Zeichen zu erkennen, das auf zukünftiges Unglück und damit auf den Unmut der Götter hinweisen könnte. So machte man sich daran, die Kunst der Divination zu perfektionieren, die vor allem auf der Eingeweideschau – also der Begutachtung der Leber eines geschlachteten Schafs –, der Beobachtung des Vogelflugs, der Traumdeutung und der Observation der Gestirne basierte. Alle ungewöhnlichen Beobachtungen und die damit zu verknüpfenden Ereignisse wurden geflissentlich notiert, die Archive füllten sich mit Omen-Sammlungen, die regelmäßig zurate gezogen wurden. Ein jeder Herrscher wollte nichts unversäumt lassen, um ja nicht dem Zorn der Götter anheimzufallen oder einen günstigen Augenblick des Schicksals für einen Feldzug zu verpassen. Astrologie und Astronomie begannen Hand in Hand.

Nun haben wir den Endpunkt unserer *Tour de Force* durch die bronzezeitliche Welt erreicht. Wir konnten leider kaum mehr als einen bescheidenen Abglanz jenes Panoramas fantastischer Kulturen präsentieren. Die Unterschiede zwischen der unermesslichen Pracht der höfischen Welt des alten Ägyptens und Mesopotamiens auf der einen und den Sphären Stonehenges und unserem Reich der Himmelsscheibe auf der anderen Seite mögen enorm erscheinen, dennoch sollte offenbar geworden sein, dass es viel Verbindendes gab. Dem wollen wir nun konkret nachgehen.

«
Tête-à-Tête mit dem Sonnengott: Babylons König (links) auf dem Codex Hammurapi. Die über zwei Meter große Diorit-Stele listet Hunderte von Rechtsentscheidungen auf und inszeniert Hammurapi als gerechten Herrscher.

4

MEHR ALS NUR FERNWEH

Auf dem Programm unserer Erkundungstour durch das Universum der bronzezeitlichen Welt stehen zwei Dinge zuoberst. Zum einen möchten wir illustrieren, wie gut sich die Himmelsscheibe von Nebra bei allen Unterschieden doch in dieses von Stonehenge bis nach Babylon reichende Panorama einfügen lässt. Zum anderen wollen wir demonstrieren, dass sie selbst ein Produkt einer sich globalisierenden Welt ist. Wie ein Bernsteintropfen eine Millionen Jahre alte Mücke konserviert, bewahrt sie verschiedenste Facetten einer schillernden, längst untergegangenen Welt. Weil wir uns nicht allein mit den Nachweisen zufriedengeben, dass in ihr Gold und Zinn aus Cornwall und Kupfer aus den Alpen stecken, möchten wir nun so plausibel wie derzeit möglich darlegen, dass ihr Sternencode aus Mesopotamien und die Sonnenbarke aus Ägypten stammt.

Deshalb widmen wir uns zunächst den Möglichkeiten der Fernkontakte. Der Wissenstransfer höchst komplexer Ideen ist ohne Fernreisen von Menschen nur schwer vorstellbar. Die Annahme, dass jemand aus Aunjetitz aufbrach und den weiten Weg in die mediterrane Welt – und darüber hinaus – auf sich nahm und dass dies vermutlich nicht nur einmal geschah, stellt die Grundlage dar, auf der wir uns dann in den nächsten Kapiteln den mitgebrachten Ideen (und den Gründen ihres Imports) zuwenden und fragen werden, was wir über die Expeditionsroute unseres unbekannten Helden wissen. Es gibt neue Erkenntnisse.

«
Elihu Vedders Gemälde *The Questioner of the Sphinx* (1863) bringt es auf den Punkt: Sehnsüchtig befragen wir die Relikte der Vergangenheit, um herauszufinden, wie es vor Äonen gewesen sein könnte, um damit nicht zuletzt mehr über uns selbst zu erfahren.

WIR SIND WANDERER

Sehr oft sorgt die These, dass das Wissen der Himmelsscheibe aus dem Orient stammt und es ein bronzezeitlicher Reisender nach Mitteldeutschland gebracht haben könnte, für ungläubiges Staunen. Wir sind da voreingenommen. Wir trauen das den Menschen damals nicht zu. Wie soll das gegangen sein ohne Autobahnen und Navigationssysteme?

Doch wir sollten eine bessere Meinung von unseren Vorfahren haben. Die Kulturgeschichte des *Homo sapiens* ist voller Beispiele, dass es nie allzu schwer war, weite Entfernungen zu überwinden: Perlen aus Straußeneierschalen wurden in Südafrika bereits vor mehr als 30.000 Jahren über 300, womöglich gar 1000 Kilometer transportiert. Das schwarze vulkanische Glas Obsidian, das rasiermesserscharfe Klingen produziert, gelangte vor 12.000 Jahren aus Zentralanatolien in die Levante und nach Mesopotamien. Wunderschöne Beile aus Jadeit, der nur an wenigen Hochgebirgslagen der Westalpen zu finden ist, schafften es im Neolithikum bis in die Bretagne und nach Großbritannien. Ebenso gelangten *Spondylus*-Muscheln aus der Ägäis früh ins Herz Mitteleuropas.

Importware der Steinzeit: Der Jadeit, aus dem dieses über 5500 Jahre alte, im thüringischen Harras ausgegrabene Beil gefertigt wurde, stammt vom Monte Viso in den Westalpen.

In all diesen Fällen stellt sich die Frage: Wurden dabei lediglich die Dinge von Hand zu Hand weitergereicht, also über viele Stationen getauscht? Oder waren es nicht oft konkrete Menschen, die sie von A nach B brachten? Eigentlich spricht wenig gegen prähistorische Reisende.

»Als Wanderer haben wir begonnen, und Wanderer sind wir noch immer«, lautet Carl Sagans berühmtes Zitat. Seit *Out of Africa* haben sich unsere Vorfahren so die Welt erschlossen. Noch den letzten Winkel der Erde erreichten sie. Längst sind wir dabei, die Grenzen unseres Planeten hinter uns zu lassen. Unser Fernweh hält nichts auf.

Menschen nahmen zu allen Zeiten die wagemutigsten Abenteuer auf sich. Schlugen sich durch weglosen Dschungel oder lebensfeindliche Eiswüsten, um dorthin zu gelangen, wo noch niemand zuvor einen Fuß hingesetzt hatte. Einfache Flöße und Boote brachten sie auf Inseln und Kontinente, auf deren Existenz sie allenfalls gehofft hatten. Ein Hang zum Entdeckertum, zum Aufbruch ins Nirgendwo,

Noch älter, nämlich rund 7000 Jahre alt, ist die Gürtelschnalle aus einer *Spondylus*-Muschel, die in Friedensdorf im Saalekreis gefunden wurde. Das Ausgangsmaterial – eine Stachelauster – stammt aus dem Mittelmeer.

scheint uns eingeschrieben zu sein. Zumindest einige von uns müssen wissen, was hinter der nächsten Wegbiegung oder jenseits der Hügelkuppe liegt. Und diesen Individuen haben wir vielleicht alles zu verdanken, sagt Carl Sagan. »Unser Leben, das Leben unserer Familie, ja das Leben unserer ganzen Spezies ist wahrscheinlich einigen wenigen rastlosen Wanderern zu verdanken, die, getrieben von einer unbegreiflichen und unfassbaren Sehnsucht, nach unbekannten Ländern und neuen Welten aufbrachen.«

DAS GEHEIMNIS DES PAVIANS

Für die sogenannten Hochkulturen an Nil, Euphrat und Tigris steht das Reisen außer Frage, davon legen die Archive beredte Sprache ab. Wir haben gesehen, wie das schon aus dem Handelsboom der Bronzezeit resultiert, auch wenn der meist noch als eine Form des Güteraustauschs vollzogen wurde. Die Archäologin Carol Bell hat sicher nicht unrecht, dass dem Zinn damals eine ähnliche strategische Bedeutung zukam wie heute dem Rohöl. Insbesondere wenn es darum ging, genügend waffenfähige Bronze herzustellen.

Insofern hat es nie allein den Etappenhandel, der auf Zwischenhändler setzte, gegeben: Einmal waren Menschen immer schon geschäftstüchtig genug

Vorliebe für exotische Materialien: Die Armbänder wurden am Arm einer Mumie entdeckt (unten), den die Leichenfledderer in der Grabkammer des Königs Djer übersehen hatten.

zu erkennen, dass der eigene Profit viel größer wird, wenn der Zwischenhandel ausgeschaltet wird und man den Import selbst in die Hand nimmt – oder wenn man wenigstens Bescheid weiß über die Preise am Ausgangsort, um kein allzu leichtes Opfer der Profitgier der Mittelsleute zu werden. Dann auch lag es stets im Interesse der Herrscher, ihr Schicksal bei strategisch wichtigen Ressourcen wie Zinn nicht komplett in die Hände fremder Händler oder Tauschpartner zu legen oder gar von einer einzigen Quelle abhängig zu sein. Was, wenn die plötzlich versiegte? Es existierten also stets genügend Anreize, neue Wege der Ressourcenbeschaffung zu suchen und alternative Bezugsquellen zu erkunden.

Einem weiteren Reisegrund sind wir ebenso begegnet: der Leidenschaft der Eliten nach exotischen Objekten. Selten zeigte sich das so offensichtlich – und makaber – wie im Jahr 1901, als der Ägyptologe Flinders Petrie die Grabkammer des Königs Djer, der um 2980/60 vor Christus regierte, ausgrub. Wie sich schnell herausstellte, war die bereits zu antiken Zeiten beraubt worden. In einem Mauerspalt aber fand sich noch ein mit Leinenbinden umwickelter Unterarm des Königs oder der Königin. Die Grabräuber müssen die Mumie auf der Suche nach Schätzen gefleddert, den Arm beiseitegelegt und dann vergessen haben. Nachdem die Leinenbinden gelöst waren, zeigte sich, dass der Arm noch vier kostbare Armbänder trug. Deren Lapislazuli stammte aus Zentralasien. Der Türkis kam aus dem Sinai. Der Amethyst war in der ägyptischen Ostwüste gefunden worden, und das Gold kam aus Nubien tief im Süden.

Das Fortschreiten naturwissenschaftlicher Forschungsmethoden in der Archäologie gewährt uns auch hier neue Einblicke. Altbekannt ist, dass ägyptische Herrscher regelmäßig Expeditionen in ferne Länder entsandten, um neue Quellen für Gold, Edelsteine und Exotika zu entdecken. Legendär war Punt, aus dem die Ägypter Gold, Elfenbein, Weihrauch, Pantherfelle, Straußeneier, aber auch fremdartiges Getier importierten. Wo jedoch dieses sagenhafte Goldland Punt lag, war ungewiss. Lange nahm man an, es befinde sich auf der Arabischen Halbinsel, andere vermuteten es am Horn von Afrika, also im heutigen Somalia und Äthiopien.

Die Ägypter importierten sogar Weihrauchbäume aus dem legendären Punt: Relief aus dem Totentempel der Pharaonin Hatschepsut in Deir el-Bahari.

Kurz vor Weihnachten 2020 legte nun ein Forscherteam rund um den Primatologen Nathaniel Dominy neue Erkenntnisse vor: Es hatte den 3300 Jahre alten Schädel eines mumifizierten Mantelpavians untersucht, der bei Ausgrabungen im ägyptischen Theben ans Tageslicht gekommen war. Paviane, die in Ägypten nicht heimisch waren, wurden dort als Verkörperungen von Thot, dem Gott des Mondes, der Magie und der Weisheit, verehrt. Die Isotopenanalyse der Pavianzähne zeigte nun im Vergleich mit heutigen Pavianpopulationen: Der mumifizierte Pavian ist in jener Region geboren worden, die heute Eritrea, Äthiopien und Nord-

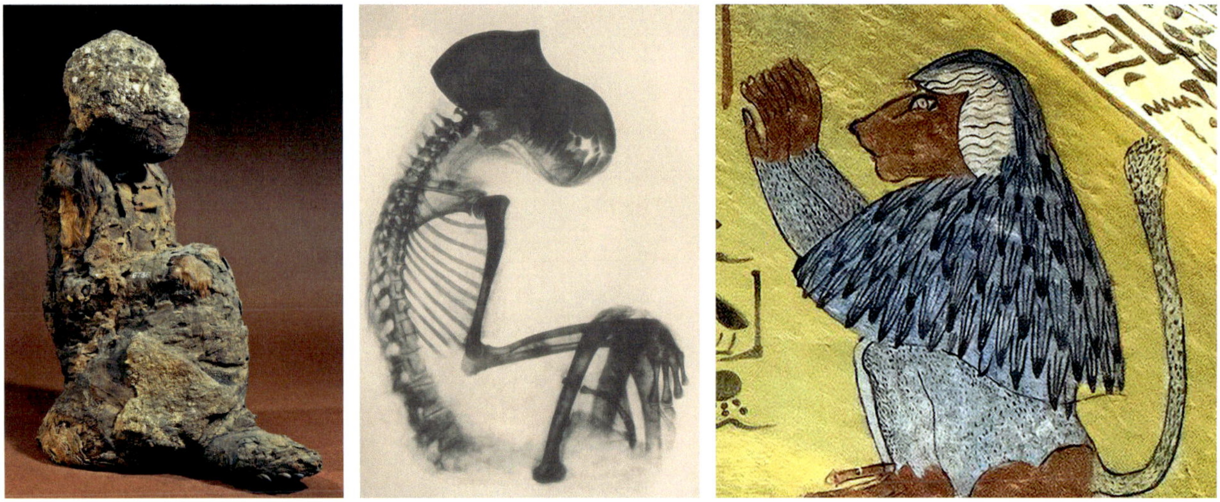

Wenn einer Affenmumie ein Zahn gezogen wird: Mittels Isotopenanalyse lässt sich feststellen, woher die in Ägypten nicht heimischen, aber als heilige Tiere sogar mumifizierten Paviane stammen.

somalia umfasst. Das spricht für die These, dass das sagenhafte Punt am Horn von Afrika lag – über 2000 Kilometer südlich von Theben.

Dass Expeditionen auch militärischen Zwecken dienten, sei hier ebenso nur angemerkt, wie dass der Krieg die wohl gewaltigste Kraft überhaupt war, die Menschen an ferne Orte verfrachtete. Nicht immer nur in Form von Truppen, Flüchtlingen und Kriegsgefangenen, sondern auch als Agenten, Spione oder Diplomaten. Insofern verwundert es nicht, dass die ersten Helden der Weltliteratur alles Reisende sind: Gilgamesch zieht aus dem nahe dem Persischen Golf gelegenen Uruk in die Zedernwälder des Libanons. Die *Geschichte von Sinuhe* erzählt von einem ägyptischen Hofbeamten, der nach der Ermordung des Königs Amenemhet I. aus dem Land flieht und bis nach Byblos gelangt, wo er freundlich aufgenommen wird, aber unter Heimweh leidet. Und die Irrfahrten des Odysseus kennt noch heute nahezu jedes Kind.

EINE SCHWIMMENDE SCHATZKAMMER

Wrackfunde aus Uluburun: Glasbarren, im Schnitt zwei Kilo schwer, Herkunft Ägypten. Skarabäus aus massivem Gold, persönliches Siegel der Königin Nofretete.

Wie professionell – und fast modern – der Handel ablief, zeigt eindrücklich das Wrack eines 1982 entdeckten Schiffs, das in fast 50 Metern Wassertiefe vor der Südküste der Türkei lag. Für die Himmelsscheibe ist es zu jung, es ist um 1300 vor Christus im Meer versunken. Doch haben wir es nicht mit so raschlebigen Zeiten zu tun, dass sich in den dazwischenliegenden 300 oder vielleicht 500 Jahren die Dinge komplett geändert haben sollten – zumal wir viel ältere Schiffsdarstellungen aus Ägypten kennen und aus den dortigen Quellen über den maritimen Handel informiert sind. Schon zu Scheibenzeiten befuhren Handelsschiffe das östliche Mittelmeer – wenn auch vermutlich nicht in den Dimensionen jenes, das vor Uluburun gesunken ist.

Dessen in exakt 22.413 Tauchgängen geborgene Ladung ist spektakulär: »Die Fracht bestand überwiegend aus Rohstoffen und aus zur Weiterverarbeitung bestimmten Materialien wie Kupfer-, Zinn- und Glasbarren, Purpurstoffen, Elfenbein, Ebenholz und Straußeneierschalen«, listet Karen Radner auf, »daneben hatte das Schiff kostbare Fertigprodukte wie Schmuckstücke aus Gold, Silber und Edelsteinen, exquisite Keramik-, Metall- und Holzgefäße sowie Aromata, Gewürze, Mandeln und Öl geladen.«

Ein Prunkstück war der Skarabäus aus Gold, auf dessen Unterseite Hieroglyphen den Namen der Nofretete verzeichneten, der Frau des Pharaos Echnaton. Für uns wichtiger aber ist, dass das über 15 Meter lange Segelschiff aus libanesischem Zedernholz ein veritabler Rohstofftransporter war. Es hatte zehn Tonnen Kupfer geladen, vor allem als (wegen ihrer Form so genannten) Ochsenhautbarren, und eine Tonne Zinn. Das Verhältnis von zehn Teilen Kupfer zu einem Teil Zinn ist ein ideales Rezept zur Bronzeproduktion.

Es gibt wohl kaum ein besseres Sinnbild für den florierenden Handel der Bronzezeit als das Wrack von Uluburun. Seine Ladung entstammte mehr als einem halben Dutzend Ländern (das Kupfer kam aus Zypern, und auch baltischer

Bernstein war an Bord). Wir sollten uns das jedoch nicht als eine zu marktwirtschaftliche Unternehmung vorstellen. Die Mengen und Qualität der Güter evozieren das Bild einer schwimmenden Schatzkammer. Viel spricht dafür, dass sie im pharaonischen Auftrag auf den Weg geschickt worden war mit einem der mykenischen Paläste als Ziel. Das Schiff ist also Ausdruck eines zentral gelenkten Austauschs zwischen Eliten, der Charakter der Ware spricht eine überdeutliche Sprache.

Schwerstarbeit: In über 20.000 Tauchgängen bargen Taucher die Ladung des Wracks von Uluburun. Wegen ihrer markanten Form werden die Kupferbarren Ochsenhautbarren genannt.

Ausgelaufen war es vermutlich in einem Hafen der südlichen Levante, einer kanaanitischen Stadt, die damals unter ägyptischem Einfluss stand. Das legen nicht nur Teile der Ladung, sondern vor allem das Material des Ankers, das Kombüsengeschirr und die Öllampen der Besatzung nahe. Man hatte in Ugarit angelegt, vermutlich weitere Waren an Bord genommen und war nun auf dem Weg in die Ägäis. Für einen Zwischenstopp in Ugarit spricht nach neuen Erkenntnissen auch der Unterkiefer eines blinden Passagiers: einer Maus! Archäozoologen klassifizierten die Mäusezähne als die einer syrischen Hausmaus.

Auch die regulären Passagiere konnten zumindest ansatzweise identifiziert werden, nicht durch ihre Knochen, wohl aber durch ihre materiellen Hinterlassenschaften. Das ist gerade für uns interessant, die wir doch annehmen, dass einige Jahrhunderte früher schon ein Reisender aus Aunjetitz übers Mittelmeer gesegelt ist. Aufgrund der Art und Anzahl der Waffen und vor allem der Sets von Gewichtsstücken sind sich die Archäologen sicher, dass auf dem Schiff vier kanaanitische Kaufleute reisten, von denen einer durch seinen Status die anderen überragte. Ihm gehörte nicht nur ein prächtiges Bronzeschwert, dessen Griff mit Einlagen aus Elfenbein und Ebenholz verziert war. Er besaß auch ein exquisites Set an Gewichtsstücken, die in Tiergestalt gefertigt waren. Solche Sets waren in Gesellschaften, die ohne Geld auskamen, für Kaufleute unverzichtbar, konnten sie doch so die Austauschmengen gerade von kostbaren Gütern bestimmen. Eine Anzahl an Dolchen, Messern und anderen persönlichen Gegenständen ist der Schiffscrew selbst zuzurechnen. Lanzen- und Pfeilspitzen sprechen ebenso wie der unvorstellbare Wert der Ladung dafür, dass auf dem Schiff Krieger mitfuhren, um gegen Piratenüberfälle gewappnet zu sein.

Rekonstruktionszeichnung des Schiffs von Uluburun, projiziert auf den Unterwasserbefund der auf dem Meeresgrund verstreuten Ladung.

Spannend ist aber, dass deutliche Hinweise auf weitere Passagiere existieren. Bei zweien handelte es sich um Mitglieder der mykenischen Elite, ausgewiesen durch ihre Schwerter, aber auch persönliche Utensilien. Es ist anzunehmen, dass sie als Handelsherren an Bord mitreisten, um die kostbare, für ihre Heimat bestimmte Ware zu begleiten. Doch auch eine Gesandtenmission ist vorstellbar. Ein weiteres Schwert ist deutlich italienisch-sizilianischen Ursprungs – wem könnte es gehört haben? Und dann holten die Taucher einige Objekte vom Meeresgrund, die einer der Uluburun-Ausgrabungsleiter, Cemal Pulak, einer allenfalls schemenhaft fassbaren Person zuschreibt. Neben einer bronzenen Gewandnadel ist da vor allem ein Zeremonialzepter zu nennen, das Parallelen zu solchen in der Region des heutigen Bulgariens und Rumäniens aufweist. Dieses aus einfachem Felsgestein bestehende Statusobjekt ist ein einmaliger und für die bronzezeitlichen Hochkulturen mehr als außergewöhnlicher Fund. Solche Zepter werden mitunter als »Symbol königlicher Macht, in der Hand eines Clanchefs« gedeutet, schreibt Pulak. Der geheimnisvolle Vierte stammte wahrscheinlich aus einer Region, die nördlich von Griechenland lag.

Ob es ein weiterer Gesandter oder Handelsherr war, muss offenbleiben. Es könnte sich aber auch um einen Reisenden handeln, wie wir ihn als Schöpfer der Himmelsscheibe annehmen: einen Königs- oder Fürstensohn aus dem Norden, der sich Ruhm und Ehre erwirbt durch seine Besuche an den großen Höfen der bronzezeitlichen Hochkulturen.

Wohlgemerkt: Zu dem Zeitpunkt, als das Schiff vor der Felsklippe von Uluburun sank, ruhte die Himmelsscheibe schon 300 Jahre unter der Erde. Wenn das Wrack also den bronzezeitlichen Fernhandel in voller Blüte repräsentiert, können wir davon ausgehen, dass dessen Anfänge bereits ein halbes Jahrtausend davor zu beobachten waren – mindestens. Und wo Waren reisen, reisen auch Menschen.

LANZENSPITZEN, STREITWAGEN UND NOCH MEHR SCHIFFSWRACKS

Über den konkreten Warenaustausch in Mittel- und Westeuropa wissen wir noch nicht allzu viel. Bronzezeitliche Schiffsfunde sind hier rar gesät. Am besten in unsere Zeit passt das Dover Boat, das ins 16. Jahrhundert vor Christus datiert, aber mit Sicherheit zahlreiche Vorgänger hat. Aus Eichenplanken gebaut, maß es gut zwölf Meter. Hinweise auf einen Mast gibt es keine. Es war seegängig und ermöglichte die Passage über den Ärmelkanal. Da es vermutlich nicht mehr im Gebrauch war, als es im Schlick versank, fehlt jede Ladung.

Über Land wird ein Großteil des Transports zur Nebra-Zeit schlicht zu Fuß oder per Pferd stattgefunden haben. Darauf deutet der Hortfund von Greding hin. Er bestand aus etwa 30 Kilogramm Kupfer in Form von Spangenbarren und

Rechnen konnten sie: Die im bayerischen Oberding gefundenen Spangenbarren waren mit Baumbast zu Zehnerbündeln zusammengeschnürt, die wiederum je rund ein Kilo wogen.

vier Randleistenbeilen. Das ist die Menge, die ein Mensch noch tragen kann. Gefunden wurde er an einer der Hauptverteilungsrouten des Mitterberg-Kupfers (das auch für die Himmelsscheibe verwendet wurde) gen Norden, die entlang der heutigen Autobahn A9 verlief.

Spangenförmige Barren sind eine charakteristische Form des Kupferhandels der Zeit und dokumentieren den neuen Willen zur Normierung. Ihre Analyse verweist auf den ersten nachweisbaren Gebrauch des Dezimalsystems in Mitteleuropa. So waren von den 796 Spangenbarren, die im bayerischen Oberding gefunden wurden, die meisten zu Zehnerbündeln zusammengefasst (die wiederum ziemlich exakt ein Kilogramm wogen) und von denen jeweils zehn mit Baumbast zu einem Hunderterbündel verschnürt.

Doch schon Schrift? Bei der Bornhöck-Ausgrabung wurde ein zerbrochenes Brotlaibidol gefunden. Tönerne Zeichenträger wie dieses könnten im Kupferhandel eine Rolle gespielt haben und von den Linear-A-Täfelchen Kretas inspiriert sein.

Aber auch Wagentransporte gab es. Die Wagenspuren, die sich am Bornhöck fanden, entsprechen mit ihrer Spurweite von etwa 1,15 Meter denen in Oechlitz im Saalekreis. Die waren 300 Jahre jünger. Aber sie ähnelten auch älteren neolithischen Beispielen aus Norddeutschland und Skandinavien. Solche Kontinuität ist nicht überraschend, gilt doch in diesem Fall ganz besonders: Eingefahrene Spuren sind nun einmal ein sehr konservatives Element.

Dass die Himmelsscheibe selbst als das Produkt des Fernhandels zu verstehen ist, haben wir gezeigt: Gold und Zinn aus Cornwall, Kupfer aus den Alpen. Nicht allein ökonomische Faktoren waren entscheidend – Gold stand aus näher liegenden Quellen wie etwa der thüringischen Salza zur Verfügung. Es spielten auch Gründe eine Rolle, die uns heute verborgen bleiben. Dafür spricht, dass das Gold für eine Gewandnadel des kanonischen Aunjetitzer Fürstenornats aus Cornwall kommen musste oder die Blue Stones unter großen Strapazen von Wales nach Stonehenge geschleppt wurden. Ob bestimmten Orten magische Wirkung zukam?

Ein Zeugnis des Fernhandels fand sich in der Aufschüttung des Bornhöcks: die Hälfte eines sogenannten Brotlaibidols. Das sind nur wenige Zentimeter große gebrannte Tonobjekte, die an die Form eines Brotlaibs erinnern. Sie zeigen Muster aus quer laufenden Linien und verschiedenartigen Stempelabdrücken. Es wird vermutet, dass sie eine Rolle im Warenverkehr als eine Art Lieferschein oder

»
Das Faszinierendste an dem über 4000 Jahre alten Hortfund von Kyhna ist die Lanzenspitze, die von ägäischen Vorbildern inspiriert war. Aber auch sonst besticht der Hort mit der Fülle an Objekten und seinem Bernsteinreichtum.

Erkennungsmarke spielten. Interessant ist die Verbreitung: Sie finden sich in Oberitalien und im Vorland der Westkarpaten, also in Teilen der Slowakei und Westungarns, aber auch in Bayern und dem Donauraum. Brotlaibidole spielten vermutlich im Kontext des Kupferhandels eine Rolle. Da sie zeitgleich mit jenen Tontafeln des minoischen Kretas auftauchten, auf denen sich die Linear A als Verwaltungsschrift etablierte, könnten sie als deren nördliche Imitate gelten. Möglicherweise haben wir es mit einem protoschriftlichen Dokument zu tun, das auf doppelte Weise weitreichende Beziehungen durch halb Europa bezeugt: inspiriert aus Kreta, in Diensten des Kupferexports.

Die in Byblos gefundenen Ösenhalsringe sind vermutlich europäischen Ursprungs. Der aus dem Hort von Dieskau (links) hat ein Pendant aus einer entsprechenden Gold-Silber-Legierung in der levantinischen Metropole.

Archäologen haben in den letzten Jahren viele Indizien zusammengetragen, die auf Fernkontakte hinweisen. Lassen wir sie Revue passieren: Schon die Bezeichnung der »zyprischen Schleifennadeln«, die aus dem Aunjetitz-Kontext bekannt sind, verrät, dass sie in großer Zahl auf Zypern, aber auch in Troja und der Levante gefunden wurden. Ösenhalsringe finden sich in Mitteldeutschland wie im Vorderen Orient. Jener aus dem Dieskauer Hort besitzt, wie erwähnt, ein gleichfalls aus Elektron gefertigtes Gegenstück in Byblos.

Besonders spannend ist die 4000 bis 4200 Jahre alte, doppelt geschlitzte Lanzenspitze aus einem im nordsächsischen Kyhna gefundenen Hort. Nicht nur, dass Lanzen mit bronzener Spitze hier unüblich waren; ihre auffällige Form ist zudem einmalig für Mitteleuropa. Die Vorbilder dafür finden sich, von einer Ausnahme auf Sizilien abgesehen, auf den Kykladen in der Ägäis. Faszinierenderweise handelt

es sich aber um kein Importstück, denn die Lanzenspitze ist aus mitteleuropäischem Erz gefertigt. Hier muss also ein Reisender in der Ferne von den Lanzen so beeindruckt gewesen sein, dass er sie von einem heimischen Handwerker nachschmieden ließ. Und das Jahrhunderte, bevor sich unser Herr der Himmelsscheibe auf den Weg gemacht hat!

Was in Aunjetitz eine Totenhütte aus Holz war, ist im ca. 3300 Jahre alten »Königsgrab« von Kivik im schwedischen Schonen eine steinerne Grabeinfassung. Darauf findet sich ein Streitwagen, wie man ihn aus der Welt von Mykene und jenseits davon kennt.

Der dänische Archäologe Flemming Kaul hat die Belege aufgelistet, die für Reisekontakte zwischen Skandinavien und der mediterranen Welt – und damit via Mitteleuropa – sprechen. Dass auch sie erst nachhimmelsscheibenzeitlich sind, liegt daran, dass der Norden erst nach dem Untergang von Aunjetitz prosperierte. Bemerkenswert sind die Klappstühle, die sich ab 1400 vor Christus in Dänemark, Südschweden und Norddeutschland fanden. Ihre realen Vorbilder stammen aus Ägypten, aber wir kennen sie auch von Fresken der Paläste in Knossos und

Nordisches Design, ägyptisch inspiriert. Klappstühle sind eine erstaunlich alte Erfindung der Menschheit. Hier eine Rekonstruktion eines Fundes aus Daensen, Buxtehude. Die Vorbilder stammen einmal mehr aus der Ferne.

Mykene. Dann sind da die Abbildungen aus Kivik, dem berühmten Königsgrab in Südschweden (um 1300 vor Christus). Auf dessen Steinplatten prangt ein zweirädriger, von Pferden gezogener Streitwagen. In Skandinavien war so etwas unbekannt, doch uns ist das Motiv von mykenischen Grabstelen vertraut.

Dann finden sich im Norden Miniaturen von Doppeläxten, wie sie aus der Dikteon- und der Arkalochori-Höhle auf Kreta bekannt sind. Während sie dort filigran aus Gold oder als dünne Bronzen gefertigt sind, erweisen sich ihre nördlichen Imitate als sehr solide gegossen. Faszinierend sind die Rasiermesser, die um 1450 vor Christus in Skandinavien auftauchen. Während die sonst immer und überall zweischneidig und symmetrisch waren, sind die neuen Modelle asymmetrisch und einschneidig. Vorbilder dafür gibt es einzig, so Flemming Kaul, in der ägäisch-minoischen Welt. Die Übereinstimmungen gehen sogar bis zum als Pferdekopf gestalteten Rasiermessergriff.

Für Kaul steht hinter all dem eine nordische Elite, deren Reputation darin gründete, die Welt des fernen Südens zu kennen und diese Kennerschaft durch die Übernahme bestimmter Formen und Ideen anderen vor Augen zu führen. Der Vorbildcharakter der Elite war so groß, dass sich in weniger als einer Generation in Südskandinavien fortan jeder Mann, der etwas auf sich hielt, mit einem pferdeköpfigen Rasiermesser den Bart schnitt. Auch die im Norden plötzlich auftauchenden, für moderne Augen geradezu »orientalisch« anmutenden Krummschwerter, die wie das Rørby-Schwert meist zu rein rituellen Zwecken dienten, scheinen von Schwertern inspiriert, wie wir sie aus dem vorderasiatischen Raum kennen.

Konkrete Beweisstücke für Fernkontakte sind die hier gefundenen blauen Glasperlen. Ihre chemische Analyse zeigt, dass sie größtenteils aus Mesopotamien, manche auch aus Ägypten stammen. Im Orient waren sie ein »Luxusgut erster Güte, das der Elite vorbehalten war«, schreibt die Althistorikerin Karen Radner. Dass wir in Mitteldeutschland bis hoch nach Skandinavien meist nur einzelne Glasperlen finden, hat uns in unserem letzten Buch dazu verleitet, sie als »Traveller Cheques« der Vorgeschichte zu bezeichnen. Leicht und einfach zu transportieren, wegen ihrer unbekannten Schönheit mit großer Faszinationskraft ausgestattet, stellten sie die ideale Reisewährung für jeden Wanderer dar, der sich das leisten konnte. Sie erfüllten damit die gleiche Funktion, die wir für den Bernstein annehmen – nur in umgekehrter Richtung. Die Bernsteinfunde

sind in südlichen Gefilden gerade in der Aunjetitz-Zeit ebenso vereinzelt und als Gastgeschenke unter Eliten zu deuten. Wir kommen darauf zurück.

Dank neuer diagnostischer Techniken in der Anthropologie ist zu erwarten, dass in Zukunft auch mehr reale Reisende identifiziert werden können. Dem aus den Alpen stammenden und bei Stonehenge begrabenen Amesbury Archer sind wir ebenso begegnet wie den indoeuropäischen Einwanderern, die in solchen Zahlen nach Europa vordrangen, dass ihre Steppen-DNA bis heute das hiesige Erbgut prägt.

Im 3200 Jahre alten Urnengrab einer Frau im dänischen Humlum zählten die Archäologen 44 Glasperlen – mesopotamische Importware, mit Kupferoxid gefärbt.

Dass man aber auch bei diesen Methoden Vorsicht walten lassen muss, zeigt das Beispiel des »Mädchens von Egtved«, einer jungen Frau, die vor 3400 Jahren in einem Eichensarg in Jütland bestattet worden war. Die Meldung, dass die Analyse der Strontiumisotopenwerte in ihren Zähnen, Nägeln und Haaren ergeben habe, dass sie einst aus dem Schwarzwald ins ferne Dänemark gekommen war, ging um die Welt. Doch 2019 folgte dann die Ernüchterung: Es zeigte sich, dass die in Dänemark über Jahrhunderte gebräuchliche Bodenverbesserung durch Kalkzugabe die Bodenwerte in Jütland hinsichtlich des Strontiums massiv verändert hatte. Korrigiert man diese Werte entsprechend, spricht viel dafür, dass das »Mädchen von Egtved« wohl doch dort geboren und aufgewachsen ist, wo es dann auch bestattet wurde.

AFFEN, MÄUSE UND BANANEN

Trotzdem werden uns die naturwissenschaftlichen Methoden in Zukunft noch viele Überraschungen bringen. Wir sind erst am Anfang. Einiges ist uns bereits begegnet: Primatologen haben nachgewiesen, dass die blauen Affen der minoischen Palastfresken aus Indien stammen. Ihre Kollegen zeigten, dass die ägyptischen Paviane vom Horn von Afrika importiert sind. Und Mäusezähne verraten die Zwischenstopps von Frachtschiffen. Das alles sind Forschungsergebnisse der letzten Jahre.

« Welche Frau nahm eine Perle aus blauem mesopotamischem Glas mit ins Grab? Zwischen den Aberhunderten von Bronzespiralröllchen der vor 3300 Jahren in Esperstedt im Saalekreis zur ewigen Ruhe gebetteten Frau fand sich auch eine weitere Perle aus Bernstein.

Besonders beeindruckend sind die erst 2021 publizierten Ergebnisse eines Teams um die Archäogenetikerin Christina Warinner und den Archäologen Philipp

Stockhammer. Sie untersuchten den Zahnstein, den sie 16 Menschen aus Gräbern in Megiddo und Tel Erani (beide im heutigen Israel gelegen) entnommen hatten – und die im für uns relevanten Zeitraum der ersten Hälfte des 2. Jahrtausends vor Christus gelebt hatten. Im Zahnstein versteinern Fett- und Proteinmoleküle vergangener Mahlzeiten. Die Forscher mochten kaum glauben, was sie dort fanden: Bei zwei Individuen zeigten Analysen, dass sie Bananen, Kurkuma und Soja gegessen hatten. Und diese stammen alle ursprünglich aus den tropischen und subtropischen Teilen Asiens. Bisher hatte man vermutet, sie wären erst Jahrhunderte, wenn nicht Jahrtausende später in den Mittelmeerraum gelangt. Die Welt war schon damals ein Dorf.

Aufschlussreich wird eine möglichst umfassende Analyse der Metallobjekte sein, mithilfe derer die bronzezeitlichen Handelsgeflechte nachgezeichnet werden könnten. Erste Ergebnisse liegen jetzt vor – und auch die sind in unserem Kontext spektakulär. Der Archäometallurge Ernst Pernicka, einer der Protagonisten der Himmelsscheibenforschung, hat mit seinem Team Zinnbarren untersucht, die im östlichen Mittelmeerraum gefunden wurden. Kein einfaches Unterfangen: Denn zum einen haben reine Zinnobjekte kaum je die Zeiten überdauert, und zum anderen liefert die Analyse von korrodiertem Zinn oft nicht genügend verlässliche Ergebnisse, damit sich so der Ursprungsort identifizieren ließe.

Da Zinnbarren das Ergebnis eines elaborierten Metallhandels und damit ein eher spätes Phänomen sind, gehören die analysierten Objekte leider wieder in

Bananen im Angebot: Sah so eine Marktszene im bronzezeitlichen Israel aus? Neueste Techniken der Zahnsteinanalyse liefern Hinweise, die das nicht völlig unwahrscheinlich erscheinen lassen.

Zu minoischer Zeit war die Insel Mochlos mit Kreta verbunden. Die chemischen Analysen eines dort gefundenen Barrens aus Zinn verweisen nach Afghanistan als Herkunftsquelle.

einen jüngeren Kontext als die Himmelsscheibe. Das Zinn des ältesten, circa 3500 Jahre alten Barrens aus dem kretischen Mochlos stammt aus Zentralasien, vermutlich aus Afghanistan. Dazu passt, dass am Fundort der palastartigen Anlage Lapislazuli gefunden wurde, der ebenfalls aus Afghanistan kommt. Die Zinnbarren aus dem Wrack von Uluburun liefern keine so deutliche Signatur, die Forscher schließen aber nicht aus, dass eine Zinnquelle im Westen der Ursprung sein könnte. Wenn dem so wäre – und hier würden die Forschungen Hand in Hand greifen –, würde das neues Licht auf die Besatzung des Schiffs von Uluburun werfen. Denn dann könnte das im Wrack gefundene Schwert italienisch-sizilianischer Herkunft jenem Handelsherrn gehören, der das überaus kostbare Zinn aus dem westlichen Mittelmeer begleitete.

Besonders spannend sind die Barren, die vor der israelischen Küste von gleich drei gesunkenen Schiffen stammen und ungefähr 3300 Jahre alt sind. Hier weisen die Bleiisotopenmuster sehr deutlich auf europäische Quellen hin – und zwar mit der größten Wahrscheinlichkeit auf Cornwall! Aber auch das französische Massif Central oder das Erzgebirge dürfen als Kandidaten nicht völlig ausgeschlossen

Import-Export I: Zinnbarren aus Wracks, die vor der israelischen Küste lagen. Auch wenn sie Marken tragen, die auf Kreta oder Zypern hindeuten, ergab die metallurgische Analyse, dass wir es wohl mit Zinn aus Cornwall zu tun haben, wie er auch für die Himmelsscheibe verwendet wurde.

werden. Wir sehen: Der Zinnhunger der Hochkulturen hatte neue Quellen aufgetan. Die Suche nach ihnen wird schon Jahrhunderte früher begonnen haben.

Die Indizien sprechen also für eine konkrete Handelsbeziehung zwischen England und der Levante in der Bronzezeit. Dazu passt die Vorstellung von den sagenhaften Zinninseln, den Kassiteriden, über die mehr als 1000 Jahre später antike Schreiber wie Herodot berichten werden. Frühe griechische Geografen verorteten sie vor der Küste Großbritanniens. Die entscheidenden Fragen lauten: Wie lange bestand diese Zinn-Connection? Und über welche Route gelangte das Metall in den Orient? Übers Meer? Die französischen Flusssysteme? Mitteldeutschland?

Tatsächlich fand sich in einem gut 3900 Jahre alten Grabhügel der Wessex-Kultur in Wilsford, Wiltshire, eine ringförmige Perle aus rotem Glas. Der ebenfalls gefundene Bronzedolch deutet auf ein Männergrab hin. Beachtlich sind nicht nur die Größe und Farbe der Perle, es ist vor allem ihr Material. Es handelt sich um den ältesten Glasfund nördlich der Alpen. Dieses für hiesige Regionen gänzlich exotische Produkt stammt aus dem östlichen Mittelmeerraum, wahrscheinlich aus Ägypten! Manchmal wünschen sich Archäologen nichts sehnlicher, als ein Objekt wie dieses zum Sprechen zu bringen: Auf welche Weise nur fand die rote Glasperle ihren Weg nach England?

Halten wir fest: Je weiter die Forschungen voranschreiten, umso realistischer erscheint die Möglichkeit, dass ein Mensch vor 3800 Jahren aufgebrochen ist zu einer Reise voller Abenteuer. Die Vielzahl prähistorischer Reisespuren sorgt für einen überzeugenden Indizienbeweis, zumal, wie wir noch sehen werden, weitere überdeutliche Hinweise existieren.

All das sollte uns nicht verblüffen. Im Gegenteil. Unbekannt ist uns das Fernweh auch heute nicht. Um erneut Carl Sagan zu zitieren: »Trotz aller materiellen Vorteile hat uns das sesshafte Leben unruhig und unerfüllt gelassen. Selbst nach 400 Generationen in Dörfern und Städten haben wir nicht vergessen. Die offene Straße ruft uns noch immer, wie ein nahezu vergessenes Lied unserer Kindheit.«

Welchen Weg unser reisender Held von Nebra einst eingeschlagen haben könnte, das wird uns noch interessieren. Auch da waren die Archäologen alles andere als untätig. Zunächst wollen wir aber begutachten, was fremde Orte einem Vertreter der Elite von Aunjetitz überhaupt an Faszinierendem zu bieten gehabt haben könnten. Das wird uns helfen, dessen Reiseziele zu lokalisieren.

Import-Export II: Fast 4000 Jahre alt ist diese imposante Glasperle aus dem Grab Wilsford G. 42 nahe Stonehenge. Hatte sie einer der Zinnhändler aus der mediterranen Welt mitgebracht?

5

GEHEIMNIS DES HIMMELS

Damit kommen wir zum Kern der Scheibe. Woher stammen die Motive, die sie zeigt? Woher kommt die Botschaft, die sie verschlüsselt? Wir haben gesehen, dass es die schlankere, die deutlich wahrscheinlichere Erklärung ist, anzunehmen, dass es sich sowohl bei der Schaltregel als auch bei der Sonnenbarke um Importe aus der Ferne handelt. Ansonsten brauchte es schon eine gehörige, eines Erich von Däniken würdige Erfindungsgabe, um zu erklären, wie man hier – ohne Schrift – über Jahrzehnte die notwendigen astronomischen Studien betreiben konnte, die für die Plejadenregel notwendig waren. Und um zu erklären, warum man sich plötzlich fernab aller Meere ein Schiff imaginierte und es auf der Sternenscheibe verewigte, obwohl es in Mitteleuropa an Vorbildern dafür fehlte.

Sehen wir uns also an, wie es um die Gestirne und die Kalenderkünste in jenen Gefilden bestellt war, die als mögliche Inspirationsquellen infrage kommen, und versuchen wir zu verstehen, ob und was daran unseren Aunjetitz-Reisenden so sehr in den Bann gezogen haben könnte, dass er weder Kosten noch Mühen scheute, es in Bronze und Gold zu schmieden. Im nächsten Kapitel konzentrieren wir uns dann auf den zweiten Himmelsscheiben-Import, auf die Sonne und die möglichen Vorstellungen, die jene erst nachträglich applizierte Sonnenbarke transportieren könnte, ist diese doch das Souvenir einer weiteren Tour ins Ungewisse.

«
Milchstraße über Stonehenge: Viele Denker der Vergangenheit hielten den Blick in den Sternenhimmel für den Anfang des menschlichen Philosophierens. Das Streben, die ewigen Rhythmen der Unendlichkeit zu erfassen, lässt den Menschen keine Ruhe.

Zunächst aber dies: Obwohl uns die Scheibe in ihrer Urversion so rational anmutet und die Schaltregelthematik auch erst einmal nach einer eher technischen Angelegenheit klingt, dürfen wir nicht vergessen, dass zu allen Zeiten und in allen Kulturen der Sternenhimmel als belebt wahrgenommen wurde und die Gestirne von entscheidender Relevanz für das Leben hier unten galten. Astronomie und Astrologie waren untrennbar verbunden. Doch diese – nennen wir sie aus heutiger Perspektive – fantastische Dimension ist schwierig zu fassen. Im Fall schriftloser Kulturen wie der von Aunjetitz ist es sogar schier unmöglich, etwas Konkretes über sie auszusagen. Die Jahrtausende haben die Himmelsscheibe entzaubert. Sie war einst um vieles mirakulöser, als sie uns heute erscheint.

Wo frühe Staaten entstehen, taucht das Interesse an Kalendern auf: Zwar ist der Stein der Sonne der Azteken kein Kalender im engeren Sinne, trotzdem haben die großen präkolumbianischen Reiche wie die Maya und die Azteken elaborierte Systeme entwickelt, um den Lauf der Gestirne mit dem der Erde zu synchronisieren.

Schon früh hatten die Menschen Regelmäßigkeiten am Himmelszelt erkannt, und bereits die Jäger und Sammler bedienten sich der Sterne zur Orientierung in Zeit und Raum. Die sich in den bronzezeitlichen Gesellschaften formierenden Eliten rekrutierten die Himmelskörper dann, um mit ihrer Hilfe neue Herausforderungen zu meistern. Erstens verlangten die neuen Formen von Herrschaft und die damit einhergehenden übergroßen sozialen Ungleichheiten nach neuen Legitimationsquellen. Warum sollten sich plötzlich die vielen einigen wenigen unterwerfen? Die Herrscher gründeten also ihre Privilegien auf die Mächte des Himmels und schufen damit das, was der Politikphilosoph Eric Voegelin als »kosmologische Ordnungen« bezeichnete.

Zweitens galt es, in den immer komplexer werdenden Gesellschaften mit ihren neuen Notwendigkeiten in Sachen Handel, Verwaltung und Militär auch die Zeit allgemeingültigen Regeln zu unterwerfen. Ob Ägypten oder Mesopotamien, China, Indien oder das Aztekenreich: Wo immer in der Menschheitsgeschichte staatsähnliche Gebilde entstanden, versuchten diese, die gesamte Gesellschaft einem verbindlichen Zeitregime zu unterwerfen: Kalender regulieren Feste, Abgaben und Dienstverpflichtungen. Durch die Synchronisation, also die zeitliche Gleichschaltung, erst verschmelzen viele Menschen zu einem Staatswesen.

Zwar steht die Vermutung im Raum, dass die Plejaden auf der Himmelsscheibe babylonisch inspiriert sind, trotz-

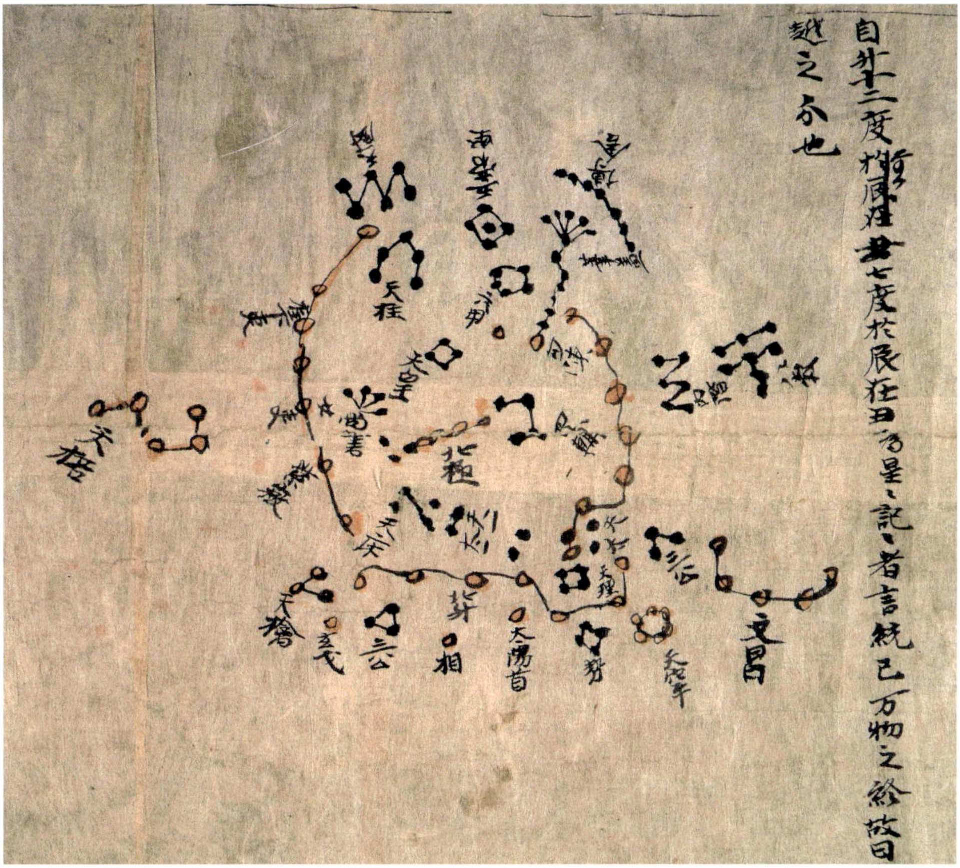

Diese chinesische Sternenkarte aus Dunhuang entstammt dem ältesten Sternenatlas der Weltgeschichte. Er entstand um 700 n. Chr. und ist damit gut 2500 Jahre jünger als die Himmelsscheibe. Der gesamte Atlas verzeichnete 1345 am Nachthimmel mit bloßem Auge zu erkennende Sterne.

dem sollten wir uns zunächst im alten Ägypten umsehen und erst dann die legendären Sterndeuter Mesopotamiens besuchen. Wir wollen schließlich so sicher wie möglich gehen, woher der Nebra-Sternencode tatsächlich stammt.

WENN DER SIRIUS AUFGEHT

Auch in Ägypten haben wir mit der Schwierigkeit zu kämpfen, wenig über die Anfänge wie über die ersten Jahrtausende in astralen Angelegenheiten zu wissen. Entsprechend ist in der Ägyptologie die Kalenderfrage viel diskutiert und alles andere als entschieden. Zuweilen wird davon ausgegangen, dass am Nil sogar drei Kalendersysteme zugleich verwendet wurden, die sich verschiedene himmlische Taktgeber zu Diensten machten.

Als erstes Kalendergestirn ist der Sirius zu nennen, der hellste Stern am nächtlichen Himmel. Ein kosmischer Zufall verhalf ihm zu Ruhm und Ehre. Sein heliakischer Aufgang, also das erste Sichtbarwerden am östlichen Morgenhimmel kurz vor Sonnenaufgang, nachdem er 70 Tage unsichtbar gewesen war, korrespondierte mit dem bedeutendsten Ereignis des alten Ägyptens überhaupt: dem Kommen der Nilflut. Der Sirius kündigte die fruchtbare Schlammflut an, er brachte das Schlaraffenland nach Ägypten. Priester wachten penibel über sein Erscheinen und verkündeten den lange erwarteten ersten Aufgang des Sirius öffentlich. Er markierte damit auf natürliche Weise den Jahresbeginn und läutete, nach seinem alten Namen, das Sothis-Jahr ein.

Dann ist da der Mond, auf den vermutlich der älteste Kalender überhaupt zurückgeht. Sein überdeutlicher, für jeden einsichtiger Gestaltwandel am Himmel begründet den Monat. Der Historiker Alexander Demandt sieht darin eine anthropologische Qualität: »Somit dürfen wir den Mond als Verwandten betrachten, der überdies wie wir geboren wird und zunimmt, seine volle Gestalt zeigt, wieder abnimmt und stirbt. Geheimnisvoll ist die Verbindung der Frauen mit der Mondperiode.«

Ägyptische Priester beobachten den Aufgang des Sirius, der das Kommen der Nilschwemme ankündigt. Illustration aus dem populären Werk *Die Wunder des Himmels* aus dem Jahr 1910.

Doch ist der ägyptische Mondgott männlich: Thot (wie sein mesopotamischer Counterpart Nanna/Sin). Der oftmals – wir erinnern uns – pavianköpfig dargestellte Thot ist auch Gott der Schrift, der Mathematik und des Kalenderwesens. Nicht nur unser Wort für »Monat« ist von »Mond« abgeleitet, sagt der Ägyptologe Jan Assmann, »im alten Ägypten wurde das Wort ›Monat‹ mit dem Schriftzeichen des Mondes geschrieben«. Auch das ägyptische Sonnenjahr operiert mit einem 30-tägigen Monat, der ja auf dem Mond basiert. Der Mondkalender taucht überwiegend im Kontext der Tempel auf und scheint kultischer Verwendung gewesen zu sein – weshalb manche Ägyptologen ihn auch den »religiösen« Kalender nennen.

Zwar stammt die Skulptur des auch für Kalender zuständigen Gottes Thot in Paviangestalt erst aus der ptolemäischen Zeit des 4. Jahrhunderts v. Chr. Besser ist jedoch kaum zu visualisieren, dass es die Kunst des Kalenders ist, die Harmonie von Sonne und Mond herzustellen.

Aber die Quellen sind hier so spärlich, dass es fraglich erscheint, ob es einen autonomen, dauerhaft in Verwendung befindlichen Mondkalender gab, zumal sich auch die wichtigeren Feste am sogenannten »zivilen«, sonnenbasierten Kalender orientierten. Wie die beiden Kalender in Einklang gebracht worden sein sollten, ist eine weitere Frage, die bisher nicht endgültig entschieden ist. Eine ägyptische Besonderheit: Der Mondmonat begann nicht mit der ersten Sichtbarkeit des Mondes, wie in Mesopotamien oder in Griechenland, sondern mit dem ersten Tag seines Verschwindens.

Schließlich ist da die Sonne. Auch sie spielte wie in allen landwirtschaftlichen Kulturen früh eine Rolle. Schon lange vor den ersten Königen errichtete man ihr Anfang des 5. Jahrtausends vor Christus das Heiligtum von Nabta-Playa, Toby Wilkinson nennt es, trotz der viel geringeren Dimensionen, ein »altägyptisches Stonehenge«. Zwei der jeweils als Paare aufgestellten Steinblöcke sind auf den Punkt des Sonnenaufgangs zur Sommersonnenwende hin ausgerichtet.

Der ägyptische Sonnenkalender war eine idealisierte Konstruktion. Er vereinheitlichte die unregelmäßigen mal 29, mal 30 Tage währenden Mondmonate auf 30 Tage. Diese bestanden je aus drei zehn Tage währenden Wochen (Dekaden), zwölf Monate ergaben 360 Tage, denen man noch fünf Tage zugesellte, die »Epagomenen«, laut Plutarch die Geburtstage der Götter. Damit hatte der ägyptische, später als »zivil« bezeichnete, auf der Sonne basierende Kalender 365 Tage.

Den Ägyptern scheint das gut genug funktioniert zu haben, schließlich betrug die Abweichung zum tatsächlichen, also zum astronomischen Jahr nur einen Vierteltag. Alle vier Jahre verschob sich der Kalender damit um 24 Stunden. Wie der Historiker Sacha Stern ausführt, scheint das akzeptabel gewesen zu sein, da es in einem Menschenleben nur vielleicht zehn bis 15 Tage Abweichung ausmachte und damit viel weniger dramatisch gewesen sei als bei einem Mondkalender (der ja allein in einem Jahr eine Abweichung von elf Tagen produzierte). So schalteten die Ägypter über Jahrtausende hinweg ihr Sonnenjahr nicht. Im Gegenteil: »Die Verlängerung des Jahres um einen Vierteltag durch Einführung eines Schalttages alle vier Jahre galt sogar als ein kulturelles Tabu«, konstatiert Jan Assmann.

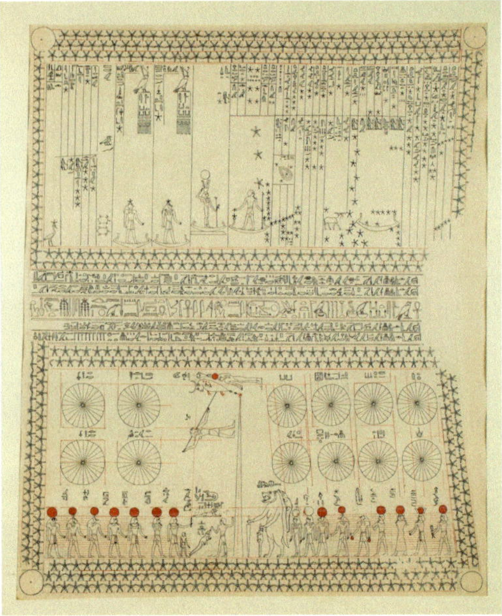

Die Ägypter waren begnadete Astronomen, wie diese Umzeichnung einer astronomischen Decke aus der Grabkammer des Senenmut in Deir el-Bahari (15. Jh. v. Chr.) belegt. Sie verzeichnet astrale Konstellationen in Listenform.

Erst späteren Zeiten erschien das verwunderlich. Unter den Ptolemäern versuchte man 238 vor Christus im »Kanopus-Dekret« einen Schalttag einzuführen – ohne nachhaltige Wirkung. Es brauchte einen fremden Herrscher, den römischen Kaiser Augustus, um das durchzusetzen.

Viele Ägyptologen wunderten sich, warum die Ägypter entgegen besseren Wissens solche Widersprüchlichkeiten akzeptierten. Schließlich habe sich so der nach der Überflutung benannte Monat zum Beispiel von der Nilflut gelöst und sei durchs Jahr in die Perioden der Trockenheit getrieben. Deshalb suchten die Forscher nach alternativen Kalendern und behaupteten auf der Basis später Quellen die dauerhafte Existenz des Sothis-Kalenders (Sothis = Sirius). Sie postulierten sogar die Annahme eines »Sothis-Zyklus«, der Sonne und Sirius synchronisierte: Wenn der Jahresanfang des Sonnenjahres einst mit dem Erscheinen des Sirius zusammenfiel, habe es wegen der jährlichen Abweichung von sechs Stunden 1460 Jahre gedauert, bis beides sich wieder im Einklang befand. Deshalb glaubte man, die erstmalige Einführung dieses dualen Kalendersystems auf die Zeit um 2800 vor Christus datieren zu können.

Doch es kann sich dabei auch lediglich um ein modernes Konstrukt handeln, die Quellenlage dazu ist sehr dünn. Falls es einen solch dauerhaften Sothis-Kalender gegeben haben sollte, so Sacha Stern, sei er höchstens von marginaler Bedeutung gewesen. Er entspringe vermutlich eher modernen Rationalitätsbedürfnissen. Den alten Ägyptern reichte ihr Sonnenjahr, es war gut berechenbar und praktikabel. Und dass die Monatsnamen irgendwann nicht mehr passten? Nun ja, wer sind wir, um darüber die Nase zu rümpfen? Unsere eigenen Monate tragen Namen von Göttern, an die niemand mehr glaubt, von römischen Herrschern, die kaum noch jemand kennt, und unseren neunten Monat nennen wir den siebten.

»Nichts kennzeichnet die altägyptische Kultur so eindeutig wie die Sehnsucht nach Unvergänglichkeit«, schreibt Jan Assmann. Da wäre es ein Sakrileg gewesen, in die ewigen Zyklen des Himmels einzugreifen, indem man Schalttage oder gar Schaltmonate einfügte! Für die Verwaltung reichte der 365-Tage-Kalender aus, er

Die Göttin Nut repräsentierte das Himmelsgewölbe, sie war die Mutter der Gestirne. Abends verschluckt sie die Sonne, am nächsten Morgen bringt sie diese wieder zur Welt. Hier auf einer späten Darstellung im Hathor-Tempel von Dendera.

war gut zu handhaben und berechenbar. Und die Landwirtschaft brauchte keine gesonderte kalendarische Unterstützung: Der Sirius kündigte die Nilflut zuverlässig an, und diese bestimmte alle folgenden Tätigkeiten. Für einen Kalender, der Sonnen- und Mondjahr synchronisierte, existierte am Nil schlicht keine Notwendigkeit. Das bedeutet für uns: Unser Reisender aus Nebra wird nicht in Ägypten gewesen sein, um dort die Schaltregel zu erfahren.

DER WIDERWILLE DES KÖNIGS

Nun sollte das keine Überraschung sein. Dass eine deutliche Fährte der Himmelsscheibe Richtung Babylon führt, haben wir bereits thematisiert. Deren auf die Plejaden gestützte Schaltregel findet sich in dem astronomischen Kompendium namens MUL.APIN, das in zahlreichen Tontafelkopien in Babylonien wie in Assyrien überliefert ist und dessen Wurzeln ins 2. vorchristliche Jahrtausend zurückreichen.

So könnte eine der Tontafel-Bibliotheken ausgesehen haben, in denen Aufzeichnungen über den Lauf der Sterne aufbewahrt wurden. Illustration des assyrischen Palasts in Ninive.

Die kurze Visite in Ägypten stützt diese These aber nicht nur, sie hilft auch, besser zu verstehen, warum sich gerade die Menschen an Euphrat und Tigris mit der Schaltproblematik auseinandersetzten. Grund eins: Hier vertraute man ganz dem Mond. Die erstmals wieder sichtbare Mondsichel, das Neulicht, läutete den neuen Monat ein. Da aber das Mondjahr gut elf Tage hinter dem Sonnenjahr herhinkt, wurde die Diskrepanz zwischen aktuellem Datum und tatsächlicher Jahreszeit viel schneller als in Ägypten inakzeptabel groß. Grund zwei: Da die Fluten von Euphrat und Tigris aus dem Norden kamen, fiel mit dem Sirius der hellste Stern des Nachthimmels als überdeutliche, stets verlässliche Neujahrsmarke aus. Grund drei: Das Mondjahr mit seiner variierenden, nie vorher absehbaren Monatslänge war ein Albtraum für jegliche Verwaltung. Das traf die mesopotamischen Staaten noch viel stärker mitten ins Herz, waren ihre Keimzellen doch nicht das Königtum, sondern die großen Tempel, die als potente Wirtschaftszentren fungierten und vollauf mit Bewässerung, Abgaben und Umverteilung der Überschüsse beschäftigt waren. Unregelmäßigkeiten waren diesen frühen Bürokraten ein Graus. Deshalb erfanden sie bereits im 3. Jahrtausend vor Christus einen idealen Verwaltungskalender, der mit zwölf Monaten zu 30 Tagen, also einem 360-Tage-Jahr, rechnete. Eine Innovation mit größtem Zukunftspotenzial: Auch heute hat das Bankjahr zwölf Monate und alle Monate 30 Tage, so lassen sich Zinsformeln problemlos anwenden.

»
Das MUL.APIN ist jene Sammlung astronomischen Wissens, das auch die auf der Himmelsscheibe fixierte Schaltregel enthält. Diese spätbabylonische Tontafel misst im Original lediglich 7,62 cm × 5,08 cm.

Mindestens drei Gründe also, warum findige Köpfe in Mesopotamien nach Lösungen suchten, wie sich Mond- und Sonnenjahr in Einklang bringen ließen, zumal deren Differenz als eine Merkwürdigkeit sondergleichen wahrgenommen wurde: War denn nicht der Mond der nächtliche Stellvertreter der Sonne?

Schaltungen sind uns seit der Zeit der Akkader bekannt (2350 bis 2200 vor Christus). Das überrascht nicht, gründeten diese doch das erste Großreich an Euphrat und Tigris und waren folglich bemüht, die eroberten Stadtstaaten nicht nur ihrem Regime zu unterstellen, sondern sie auch unter eine einheitliche zeitliche Kontrolle zu bringen. Angesichts des Mondkalenders aber, der pro Jahr elf Tage Abweichung produzierte, kam man mit der Einfügung von Schalttagen nicht aus, es brauchte gleich einen kompletten Extramonat, um das Jahr wieder ins Lot zu bringen.

So ist auf der Grundlage kontinuierlicher Himmelsbeobachtungen eine Reihe von Schaltregeln formuliert worden. Wie genau und nach welchen Kriterien diese angewendet wurden, ist uns unbekannt. Wir wissen nur, dass sich die Könige das Recht dazu vorbehielten. Die Herrschaft über die Zeit ist ihr Prärogativ – nicht zuletzt aus machtpolitischen Gründen. Da hier eben nicht nur ein Tag, sondern gleich ein ganzer Monat eingeschoben werden musste, verlängerte sich ein Jahr gehörig. Und das verzögerte Abgaben und Tribute nicht nur, sondern reduzierte ihren Umfang, wenn sie für ein Schaltjahr von 13 Monaten galten. Entsprechend widerwillig waren die Monarchen, sich einem von Experten verordneten Schaltzwang zu unterwerfen, oft genug verweigerten sie sich dem völlig.

König Meli-Šipak regierte im 12. Jahrhundert v. Chr. über Babylon. Wie auch dieser Grenzstein zeigt, waren die Gestirne als göttliche Repräsentanten allgegenwärtig. Hier steht die Venus für die Göttin Ištar, die Sichel für Mondgott Sin und die Sonne für Šamaš.

Das dokumentieren die Königlisten, die uns diese Einsichten ermöglichen. Beim babylonischen König Ammi-ditana musste gleich vier unmittelbar aufeinanderfolgende Jahre je ein Schaltmonat eingefügt werden. Die Zeit war komplett aus den Fugen geraten. Das Gleiche geschah – und das ist für uns bedeutungsvoll – bereits bei einem von Ammi-ditanas Vorgängern: Hammurapi. Der forderte deshalb die Tribute früher ein. Für uns entscheidend: Hammurapi regierte über das babylonische Reich just in jenen Tagen, in denen wir annehmen, dass sich der spätere Schöpfer der Himmelsscheibe auf Reisen begab. In Mitteldeutschland war gerade der Bornhöck in die Höhe gewachsen.

Was das bedeutet? Unser Mann aus Nebra, so er denn tatsächlich nach Babylon gelangte, sah sich dort mit dieser Thematik konfrontiert. Schließlich besaß die Einfügung eines zusätzlichen Monats in den Jahreslauf Konsequenzen für alle Gesellschaftssphären. Feste verschoben sich, Steuern waren neu zu regeln, Schulden später fällig. Und wenn das gleich vier Jahre hintereinander geschah, erhitzte das die Gemüter. Die Schaltproblematik und deren Lösungsstrategien waren eine Kontroverse der Zeit.

Das stärkt unsere Babylon-Hypothese ungemein: Denn der Nebra-Reisende hat also keine esoterische Regel erfahren, deren Nutzen nur wenige Eingeweihte verstanden und bei der immer fraglich bleiben musste, ob sie jemand aus dem fernen Europa nachvollziehen kann. Im Gegenteil: Er war konfrontiert mit einer essenziellen Frage, die eines der mächtigsten Reiche seiner Zeit in Atem hielt. Er erlebte damit nicht nur ihre gesellschaftliche Tragweite, ihm wurde auch eindrücklich vor Augen geführt, dass es sich bei der Herrschaft über Zeit und Kalender um ein Vorrecht der Könige handelte. Kein Wunder, dass er solch ein Wissen verewigen musste.

Herrscher wie Hammurapi, den dieser Diorit-Kopf wohl zeigt, beanspruchten für sich das uneingeschränkte Regiment über den Kalender.

DIE SCHWARZEN REITER BABYLONS

Sonne und Mond zu versöhnen ist aber weit mehr gewesen als eine mathematische Herausforderung, wie man die unterschiedlichen Längen des Mondjahres und des Sonnenjahres in Übereinstimmung bringen kann. Die Gestirne waren Repräsentanten überirdischer Mächte, wenn nicht Götter selbst. Da schwang immer die Frage mit, wie es überhaupt zur absonderlichen Diskrepanz zwischen den Leuchten des Tags und der Nacht kommen konnte. Tatsächlich wird das spätere Weltschöpfungsepos Enuma Elisch verkünden, dass der ehemalige babylonische Stadtgott Marduk die Welt in perfekter Harmonie erschaffen habe: Der Mond brauchte für seine Bahn stets exakt 30 Tage, die Sonne für ihr Jahr 360. Hier erhält der bereits erwähnte Verwaltungskalender seine höheren Weihen. Deshalb spielte für die so akribisch nach göttlichen Zeichen Ausschau haltenden babylonischen Astronomen immer eine Rolle, was für die fehlende Harmonie der himmlischen Taktgeber verantwortlich sein könnte und ob sich aus dieser Dissonanz nicht böse Konsequenzen für König, Land und Untertanen ergaben.

Die Plejaden als Siebengestirn zu bezeichnen ist eine Untertreibung. Tatsächlich besteht der Sternhaufen im Sternbild Stier aus über 1000 Sternen. Mit bloßem Auge sind sechs bis acht zu erkennen. In vielen Kulturen hat sich die Siebenzahl durchgesetzt.

Wie sehr man an Euphrat und Tigris die Welt beobachtete, um jegliches böse Omen frühzeitig zu erkennen, auch das haben wir bereits thematisiert. Dabei gerieten die Sterne immer mehr als schicksalsbestimmende Mächte unter Observation. Sternenkundige entwickelten neue Methoden und Konzepte, wie sie die schiere Unendlichkeit des Himmels fassen und nutzen konnten. Sie legten Listen an, notierten alle Auffälligkeiten, erstellten Horoskope und versuchten sich an der Berechnung der Positionen des Mondes und der Planeten. Babylon ist damit nicht nur die Geburtsstätte einer sich immer mehr auf die Mathematik stützenden Astronomie, hier hat auch jene Astrologie ihren Ursprung, die noch heute mit ihren Horoskopen viele Menschen in den Bann zieht, weil sie den Einfluss der Sterne auf das Leben zu offenbaren beansprucht.

Wie allgegenwärtig astrale Phänomen waren, zeigt ein Blick auf die zu Tausenden überlieferten Rollsiegel: Auf ihnen finden sich immer wieder die

Sonne, der Sichelmond und strahlenbewehrte Sterne. Oft prangen sie gerade dort als Mittler, wo Menschen und Götter aufeinandertreffen. Leider lässt sich die konkrete Bedeutung der jeweiligen Himmelsmotive in vielen Fällen nicht erschließen.

In der griechischen Tradition waren die Plejaden die Töchter des Giganten Atlas und der Okeanide Pleione. Um sie vor dem Jäger Orion zu schützen, der ihnen nachstellte, versetzte Zeus sie an den Himmel. Elihu Vedders Gemälde zeigt sie als Männerfantasie (1885).

Auf den Siegeln finden sich auch sieben Sterne, mal als Rosette – wie auf der Himmelsscheibe –, mal in Reihen angeordnet: die Plejaden. Wegen ihrer Auffälligkeit am nächtlichen Firmament haben sie zu allen Zeiten rund um den Globus die mythische Fantasie der Menschen beschäftigt. Dass den Griechen etwa die Plejaden als Töchter des Atlas galten, die Zeus ans Himmelszelt versetzte, um sie vor Orion zu retten, haben wir bereits gesehen.

Im Alten Orient aber sorgte vor allem der Umstand, dass die Plejaden sich so dicht gedrängt am Himmel zeigten, für Kopfzerbrechen. Es schien, dass man sie gefangen hielt, zusammengebunden. Warum? Weil es Dämonen waren! Die

Sebettu. Tatsächlich galten die Plejaden als astrale Manifestation der bösen Sieben, die im Gefolge des dunklen Unheilgottes Erra Krieg, Krankheiten und andere Katastrophen über die Erde brachten, wenn sie entfesselt wurden. Um es einmal mehr à la Tolkien zu formulieren: Die Sebettu waren die schwarzen Reiter Babylons. Sie mussten unter ständiger Beobachtung gehalten werden. Die Keilschriftarchive verzeichnen viele bedrohliche Omina, in denen sie eine düstere Rolle spielen. Sie schürten nur aus Langeweile Unfrieden oder entfachten Kriege aus der Furcht heraus, ihre Waffen könnten stumpf werden. Da fieberte man sehr auf den hohen Terrassen der Zikkurats, zeigten die Plejaden auffälliges Verhalten am Himmel. Konnten diese Dämonen nicht auch den Lauf von Sonne und Mond gestört und die Zeiten verwirrt haben?

In Mesopotamien interpretierte man die Plejaden alles andere als lieblich. Da galten sie als die bösen Sieben, die Sebettu. Das waren Dämonen im Gefolge des Pestgottes Erra. Auf der diesem gewidmeten Tafel sind die Sebettu im zweiten Register von oben dargestellt.

Dass also die delikate Beziehung der Plejaden-Sebettu mit dem Mond unter besonderer Beobachtung stand, erstaunt nicht. Die Entdeckung der Schaltregel kann deshalb schlicht ein Nebenprodukt der astronomisch-astrologischen Katastrophenprävention gewesen sein. Wie viel unser Nebra-Reisender davon erfahren haben mag und wie sehr auch die Himmelsscheibe der Dämonenabwehr gedient hat, um das von den bösen Mächten bedrängte Zusammenspiel von Sonne und Mond wieder in die alte Ordnung zu bringen, können wir leider nicht feststellen.

Festzuhalten ist in jedem Fall: Eine Kalenderregel war in den alten Zeiten nie allein eine rein mathematische Angelegenheit. Sie war stets ein Schlüssel zu den göttlichen Geheimnissen des Himmels. Wer sie erfährt, tut gut daran, sie sich zu merken und sicherzustellen, dass die eigenen Nachkommen in diese Erkenntnis eingeweiht werden. Insbesondere wenn solches Wissen auch von höchstem Nutzen für die praktischen Herausforderungen sich formierender Staaten war.

Eine Schaltregel betraf die göttlichen Sphären und war deshalb eine heikle Angelegenheit: In Babylon war sie Sache des Vertrauten der Götter, des Königs. Im alten Ägypten bestand sogar ein Schalttabu, und noch später in historischen Zeiten wird es der Prophet Mohammed sein, der untersagte, den Mondkalender mittels eines Schaltmonats auf die Jahreszeiten abzustimmen. Mohammed bestand unter Berufung auf den Willen Allahs auf Jahren gleicher Länge, selbst wenn dadurch der Fastenmonat Ramadan rückwärts durchs Jahr wanderte. In die göttliche Ordnung sollten sich die Menschen nicht einmischen.

Viel, sehr viel spricht dafür, dass die Urversion der Himmelsscheibe ihre Wurzeln in Babylon hatte, dass ein Reisender aus Nebra hier exklusives Wissen erlangte und diesem als kostbarem Importstück eine würdevolle Gestalt verlieh. Das macht es umso spannender, dass uns die Fährte des zweiten Himmelsscheiben-Imports dann doch in eine andere, kaum weniger spektakuläre Richtung führt.

6

IM RHYTHMUS DES KOSMOS

Nun kommen wir zu einem kleinen Bogen aus Gold, der eine ebenso große wie erstaunliche Geschichte zu bieten hat. Mit den Horizontbögen, die zuvor links und rechts auf der Himmelsscheibe von Nebra appliziert wurden, kam altes europäisches Wissen auf die Scheibe, wie es sich schon in den Ringheiligtümern von Stonehenge und Pömmelte manifestiert hatte. Damit wurde sie ebenso sonnenhaft wie kultisch aufgeladen. Denn auch die Horizontsegmente, in denen die Sonne im Laufe eines Jahres auf- und unterging, sind nicht einfach nüchterne Vorläufer moderner Kreisgeometrie. Sie definierten heilige Sphären.

Es liegt nahe, hier ähnliche Vorstellungen wie im alten Ägypten am Werk zu sehen. Dort deutete man die Regionen des Horizonts, die von der Sonne berührt wurden, als Schnittstellen (»*achet*«) zwischen Himmel und Erde. Diese ließen sich, so Jan Assmann, auch architektonisch – etwa in Gestalt der Pyramiden – repräsentieren: »*achet Chufu*« zum Beispiel ist der Name der Cheops-Pyramide. Hier wird die Welt der Menschen mit den Mächten des Kosmos kurzgeschlossen. Das machte auch Anlagen wie Stonehenge und Pömmelte zu kosmologischen Orten. An ihnen floss göttliche Kraft.

Ist die Himmelsscheibe von einer Sternenscheibe zu einer Sonnenscheibe geworden? Dafür spräche die vielleicht erst später hinzugefügte Aureole um den Goldkreis, der damit eine Metamorphose vom Vollmond zur Sonne erlebte.

« Zentralgestirn der Bronzezeit: Die Sonnenstandarte aus dem dänischen Jütland ist nur sieben Zentimeter groß (1200 – 500 v. Chr.). Gegen das Licht gehalten, leuchtet im Bernsteinrund das Radkreuz als Symbol der Sonne. Die Lochung der Himmelsscheibe deutet darauf hin, dass auch sie als Standarte verwendet wurde.

Für eine starke Akzentuierung des Sonnenaspekts spricht in jedem Fall aber das dritte, nach den Horizontbögen unten angebrachte Segment, das als Schiff zu interpretieren ist (Abb. S. 36). Es ist der kleine Bogen mit der großen Geschichte. Bei ihm handelt es sich um den zweiten Import aus fernen Welten – und zwar um einen, der eine bronzezeitliche Erfolgsstory werden sollte.

Import? Können wir da sicher sein? Wir glauben schon. Denn was hat ein Schiff hier zu suchen? Auf Elbe und Saale war man allenfalls per Floß oder Einbaum unterwegs. Auch finden wir ansonsten keinerlei Schiffsdarstellungen in Mitteldeutschland. Deshalb erscheint uns die Option wahrscheinlicher, dass wir es auch in diesem Fall mit einem Souvenir aus fremden Landen zu tun haben.

Die Himmelsscheibe, schon Generationen im Gebrauch, war damals längst von einer Aura des Heiligen und Geheimnisvollen umgeben. Und zumindest legendenartig könnte noch die Erinnerung an einen reisenden Helden herum-

Schnittstelle zwischen Himmel und Erde: die Chephren-Pyramide mit der noch halb im Sand vergrabenen Sphinx in Gizeh. Foto von Francis Frith aus dem Jahr 1858.

gespukt haben, der in der Fremde in die Geheimnisse des Himmels eingeweiht worden war. Vielleicht kursierte seine Geschichte auch als eine Art mündlich überliefertes Gilgamesch-Epos des Nordens. Ist es also eine allzu gewagte Annahme, dass ein Vertreter der herrschenden Dynastie von Aunjetitz in die Fußstapfen seines Vorfahren getreten ist und sich Schritt für Schritt nach Süden aufmachte?

STRATEGIEN DER MACHT

Halten wir kurz inne. Gerade weil wir auf Spekulation angewiesen sind, müssen wir uns der Frage stellen, was vor über 3600 Jahren einen Menschen aus dem Herzen Europas angetrieben haben könnte, die Strapazen und Gefahren auf sich zu nehmen, ins Unbekannte aufzubrechen.

Vergegenwärtigen wir uns: Herrschaft war (und ist) eine prekäre Angelegenheit. Betrachtet man die Evolutionsgeschichte des *Homo sapiens*, zeigt sich: Die Menschen lebten die längste Zeit unter relativ egalitären Bedingungen. Archäologie und Ethnografie präsentieren das gleiche Bild. In Konfliktfällen gab es unter Jägern und Sammlern einen temporären Anführer, der danach wieder von seiner privilegierten Position zurücktrat. Dass ein Einzelner dauerhaft die anderen dominierte, dass er sogar seine überlegene Position an seine Kinder vererbte, das ist eine junge Erfindung, die sich erst im Kontext der frühen gesellschaftlichen Experimente in Sachen Staat am Anbeginn der Bronzezeit durchsetzte.

Die »drastischste Form« von Herrschaft: Auf der 5000 Jahre alten Elfenbeinplakette, die einst als Sandalenschmuck diente, schwingt der König Den eine Keule, um den Feind zu erschlagen.

Stets und überall hatten diese neuen Eliten mit demselben Problem zu kämpfen: Was rechtfertigte ihre Privilegien, ihren Anspruch, sich über die anderen Menschen zu erheben? Sie benötigten Legitimation und suchten nach Strategien, ihre Macht zu zementieren. Deshalb sind wir bei unserem Streifzug durch die bronzezeitliche Welt immer wieder auf ähnliche Phänomene gestoßen. Mögen die sich auch unabhängig voneinander entwickelt haben, sind sie doch Reaktionen auf dieselben Herausforderungen.

Herrschaft beruht zunächst auf Macht, die physischer, charismatischer oder ökonomischer Natur sein kann. Im Idealfall verbindet sie alles. Dass sie, um

Monumentalität als Herrschaftsstrategie – auch das beherrschten die Könige des alten Ägyptens wie niemand sonst. Im Inneren des Tempels von Abu Simbel. Stich von David Roberts (1836).

dauerhaft zu sein, das Gewaltmonopol benötigt, haben wir bereits beobachtet. In einem zweiten Schritt müssen Herrscher versuchen, ihre Macht durch Repräsentationen zu visualisieren. Vielen der mal mehr, mal weniger raffinierten Strategien, die sie entwickelten, werden erstaunliche Karrieren beschieden sein.

Eine allgegenwärtige Strategie ist erstaunlich primitiv. Sie lässt sich auf die simple Formel bringen: vom Totschläger zum Zepter. Ob in den Gräbern von Leubingen und Helmsdorf, im Bush Barrow bei Stonehenge, auf Darstellungen ägyptischer und mesopotamischer Herrscher, ja, selbst auf dem Schiff von Uluburun: Überall finden sich zeremonielle Stäbe, Keulen, Beile, Äxte, welche die Potenz des Herrschers symbolisieren, jeden Feind erschlagen zu können. Das »Schwingen eines Knüppels« sei nun mal der »drastischste Ausdruck« für Herrschaft, formuliert es Toby Wilkinson, weshalb die Keule die ganze ägyptische Geschichte hindurch eine königliche Insignie geblieben ist. Mal als Zepter sublimiert, mal als Holzstab oder in der Form des Krummstabs der Hirten (wie er heute als Bischofsstab weiterlebt). Mit Vorliebe nutzte man auch exotische Stücke, die den Wagemut oder die weitreichenden Verbindungen des Potentaten symbolisierten.

Eine zweite Strategie lautet: Monumentalität. Von den Pyramiden bis zum Bornhöck, von den Zikkurats Mesopotamiens bis nach Stonehenge: Gewaltige Bauten sollten die Menschen nicht nur einschüchtern, sie demonstrierten zugleich, über wie viel »Manpower« ein Herrscher gebieten konnte.

Besonders erfolgreich und für uns besonders interessant ist die dritte Strategie, sich als Vertraute, Erwählte oder gar Sprösslinge der Götter darzustellen. Das ging einher mit den Versuchen, sich als Einer des Reichs, als Friedensbringer und Beschützer des Volkes gegen alle Feinde zu inszenieren. Und wo sich solche Herrschaft auf Institutionen wie Beamte, Priesterschaften und fixierte Gesetze stützte und die Könige als Hüter von Ordnung und Gerechtigkeit auftraten, war diese maximal abgesichert. Doch die Erfahrung lehrte: Zu sicher sollte man sich niemals auf einem Thron fühlen.

Darstellungen, die den Mondgott Sin in der Mondsichel zeigen, als sei sie ein Schiff, wie auf diesem spätbabylonischen Rollsiegel, sind erst aus dem ersten Jahrtausend v. Chr. bekannt.

Traditionell wird dieser Kopf als der des Sonnengottes Šamaš gedeutet. Wie andere Götter auch, trägt er eine Hörnerkrone. Faszinierend, wie sehr die 3800 Jahre alte Keramikskulptur aus Ur noch ihre einstige Farbfassung bewahrt hat.

Vor diesem Hintergrund wird deutlich: Die Eliten waren offen für neue Konzepte, ihre Herrschaft zu sichern. Das erklärt das Faible für Reisen. Durch den Aufbruch ins Ungewisse stellten ranghohe Personen, bevor sie in Amt und Würden waren, ihren Wagemut unter Beweis, sicherten sich Reputation und Prestige. Sie erneuerten alte Bündnisse und erschlossen neue Kontakte, Allianzen und Handelswege.

Wir haben es bei unseren Reisenden aus dem Reich von Nebra also nicht mit Personen zu tun, die von einem besonders heftigen Fernweh oder einer unbändigen Reiselust geplagt waren. Es ist davon auszugehen, dass es sich um Söhne eines Herrschers handelte; sie folgten einer sozialen Rolle. Kurz: Für die bronzezeitlichen Eliten existierte ein höherer Antrieb, der sie in die Ferne aufbrechen ließ und besonders empfänglich machte für alles, was in der Heimat von Nutzen sein konnte und Reputation spendete.

BABYLON? MYKENE? KRETA?

Wohin also ging es diesmal? Wieder nach Babylon? Natürlich kennen wir von dort Schiffsdarstellungen, oft waren deren Vorbilder aus Schilf gefertigt. Mitunter sind Götter in einem Boot zu sehen, insbesondere der Mondgott. Abbildungen, die ihn in der als Schiff interpretierten Mondsichel stehend präsentieren, stammen indes erst aus dem 1. Jahrtausend vor Christus, vorher dominieren Bootsdarstellungen mit einem recht geraden Kiel. Insofern fehlt es an Hinweisen, was einen mitteleuropäischen Reisenden so sehr gepackt haben könnte, dass er, kaum heimgekehrt, ein mesopotamisches Boot auf der heiligen Scheibe seiner Vorväter verewigen musste.

Auch drängt sich kein Bezug zum Sonnengott auf, den die Sumerer Utu, die späteren Akkader und Babylonier Šamaš nannten. Dessen Attribute sind neben der für Götter obligatorischen Hörnerkrone Strahlen, die aus seiner Schulter hervortreten, oft auch Berge, über die er sich erhebt. Sein Licht lässt ihn alles erhellen und durchschauen, das macht ihn zum Gott der Gerechtigkeit und zum ultimativen Richter. Deshalb zeigt der Codex Hammurapi auch den König, wie er Šamaš gegenübersteht. Aus diesem Grund waren alle außergewöhnlichen Veränderungen, die im Kontext der Sonne wahrgenommen wurden – wie etwa Sonnenfinsternisse –, Unheilzeichen, die signalisierten, dass Recht und Gerechtigkeit bedroht waren und damit auch deren irdischer Hüter, der König. So faszinierend das sein mag, als Inspirationsquelle für das Schiff auf der Scheibe fällt Mesopotamien in unserer Perspektive aus.

Die Ägäis wäre da eine wahrscheinlichere Option. Ohne Schiffe ist die minoisch-mykenische Welt nicht denkbar. In Akrotiri, dem »Pompeji der Ägäis«, findet sich ein berühmtes Fresko, das den Vulkanausbruch auf Thera überstand und eine Schiffsprozession verschiedenster festlich geschmückter Boote zeigt. Die minoische Flotte evakuierte damals ganz Thera, als es auf der Insel anfing zu rumoren, giftige Gase und erste Lava austraten – eine nicht nur logistische Sternstunde der Geschichte. Sicher war es für jeden Reisenden aus Mitteleuropa (mehr Landratte ging damals kaum) ein unvorstellbares Ereignis (und eine Mutprobe

Delfine begleiten die berühmte Flottenparade. Ausschnitt aus dem Fresko aus Akrotiri auf Santorin. Die Schiffsdarstellungen bestechen mit ihrem Detailreichtum. Die Vielzahl der Ruder erinnert an die Fiederung des Schiffs auf der Himmelsscheibe.

sondergleichen), solch ein Schiff zu besteigen und aufs Meer hinauszufahren. Aber ist das Grund genug, in der Heimat einen weiteren Goldbogen auf der Bronzescheibe anzubringen?

ALLEIN DEM TOD GEHÖRT DIE EWIGKEIT

Dass gleich neben der Cheops-Pyramide ein Schiff aus Zedernholz im Sand vergraben war, haben wir bereits erfahren. Mit 43 Metern war es fast dreimal so lang wie das Wrack von Uluburun. In sechs weiteren Gruben lagen noch mehr Boote.

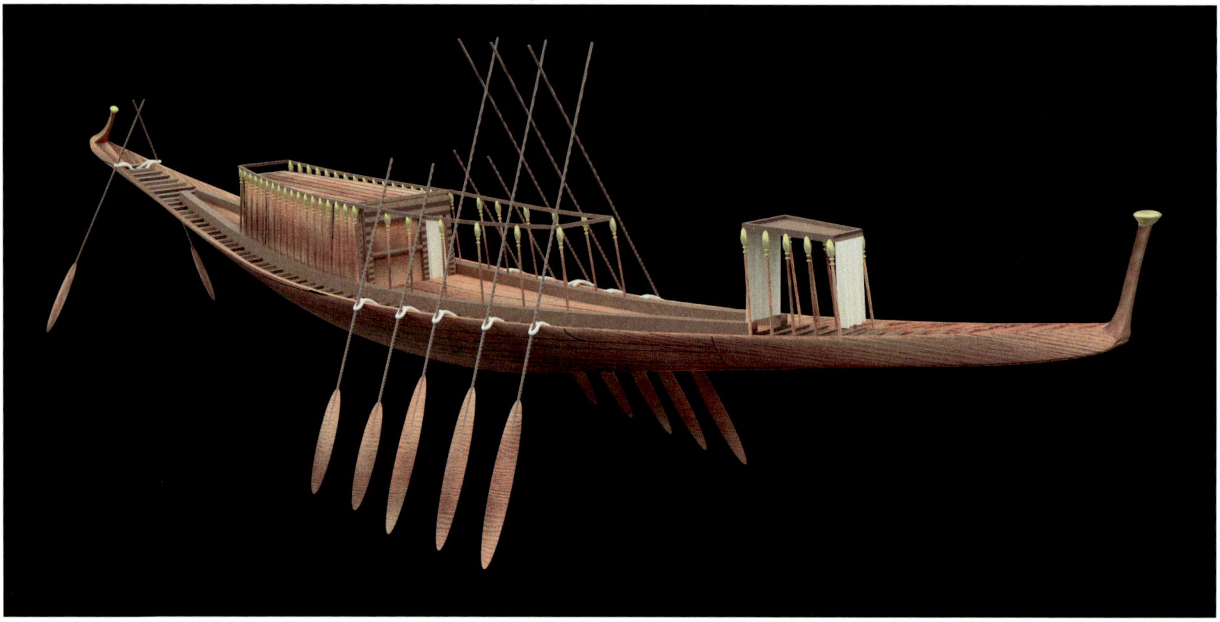

Fast ein halbes Fußballfeld lang: Modell der Sonnenbarke, die neben der Cheops-Pyramide im Sand bereit lag, um den König nach dessen Tod im Gefolge des Sonnengottes über das Firmament zu transportieren.

Schon ab 3000 vor Christus sind Königsgräber mit Schiffen in Originalgröße ausgestattet worden, berichtet die Ägyptologin Heidi Köpp-Junk. 1500 Jahre später im Neuen Reich sind die Pharaonen dann dazu übergegangen, sich nur noch mit Schiffsmodellen bestatten zu lassen. Immerhin 35 waren es bei Tutanchamun. Immer schon fanden sich auf Gefäßen, die als Grabbeigaben dienten, Schiffsdarstellungen: »Durch die Ruder wie auch aufgrund ihrer charakteristischen Bananenform ähneln diese Wasserfahrzeuge dem Schiff auf der Himmelsscheibe von Nebra«, sagt Köpp-Junk.

Wieder haben neue Ausgrabungen Beachtliches zutage gebracht. In unmittelbarer Nähe des Grabes von Sesostris III. wurde 2014 bis 2016 ein unterirdisches Gewölbe ausgegraben, das einmal eine rund 20 Meter lange königliche Barke enthalten hatte. Von der waren nur noch wenige Planken vorhanden. Die Wände des Gewölbes indes zeigten eine ganze Armada: 120 in den Putz eingeritzte Schiffe. Viele von ihnen gleichen dem Schiff, welches das Himmelsmeer der Nebra-Scheibe durchpflügt. Das passt umso besser, als Sesostris III. wohl 1842 vor Christus gestorben ist und damit ein Zeitgenosse des Reichs von Aunjetitz war.

Doch auch hier: Der bloße Anblick eines ägyptischen Schiffs wird keinen Reisenden dazu bewegt haben, eines einem Schnappschuss gleich auf der

In den Wandputz des Bootshauses, in dem das Totenboot Sesostris' III. gleich neben dessen Grab bereitlag, war eine Schiffsarmada eingeritzt. Einige ähneln dem auf der Himmelsscheibe von Nebra verewigten Schiff.

Himmelsscheibe zu verewigen. Um zu erkennen, was unseren Helden so in den Bann geschlagen haben könnte, müssen wir in die ägyptische Mythologie eintauchen und nachvollziehen, was König, Sonne und Schiff gemeinsam haben.

Die Sehnsucht nach Ewigkeit ist ein typischer Charakterzug des alten Ägyptens, wir sagten es bereits. Für Jan Assmann äußerte sich das in einem doppelten Streben, dem nach Dauer und dem nach Erneuerung. Dahinter steckt der Kampf mit einem markanten Makel menschlicher Existenz in Sachen Ewigkeit: Menschen sind nun mal sterblich. Insbesondere für ägyptische Könige war das ein Problem,

Eine Schlange, die sich in den Schwanz beißt: Als sonnenhaftes Symbol der Ewigkeit prangt der Uroboros prominent auf dem inneren Schrein des Tutanchamun.

behaupteten diese doch, selbst ein Gott zu sein oder zumindest der Sohn eines Gottes. Das erklärt die ägyptische Fixierung auf den Tod und die Versuche, ihn in Ewigkeit zu verwandeln – sei es durch Mumien oder imposante Grabmäler. Das Ziel war: das Sterben zu einer Transformation zu machen. Der Tod sollte kein Ende sein, sondern ein Übergang. Die Sphäre jenseits des irdischen Lebens avanciert damit zum eigentlichen Dasein. Allein dem Tod gehört die Ewigkeit.

Herrscher waren stets bemüht zu verschleiern, dass ihre Regentschaft nur irdischen und damit zufälligen Ursprungs war. Das machte sie anfechtbar. »Als das Königtum vom Himmel kam«, begann deshalb die sumerische Königliste, die den Herrschern Mesopotamiens zu einem Stammbaum bis in den Himmel hinein verhalf. In Ägypten ist die Herrschaft gleich in die Schöpfung eingeschrieben: Aus dem sich zurückziehenden Urwasser erhob sich ein Hügel. Auf diesem Urhügel saß der Schöpfergott Atum und machte sich ans Werk. In der ägyptischen Kunst wird er mit der Doppelkrone der Königsherrschaft dargestellt. »Die Botschaft war deutlich und unmissverständlich«, stellt Toby Wilkinson fest: »Wenn Atum der erste König und das erste Lebewesen war, dann hingen die Schöpfung und die politische Ordnung voneinander ab und waren untrennbar miteinander verwoben.« Widerstand gegen den Monarchen war ein Sakrileg, ja mehr als das: »Eine Opposition gegen den König oder seine Herrschaft kam einer Verneinung jeglicher Seins-, Erkenntnis-, Wert- und Gesellschaftsordnung gleich.«

Jeder König galt als Inkarnation des Göttlichen und zugleich als Schnittstelle zwischen Himmel und Erde, er war Mittelsmann zwischen Gesellschaft und Göttern und damit unantastbar. In der Abfolge der einzelnen Könige realisierten sich göttliches Amt und göttliche Ordnung stets aufs Neue, formierte sich die irdische Ewigkeit. Mit ihrem Talent, komplexe Ideen in einem Bild zu verdichten, schufen die Ägypter jenes Symbol des Uroboros, der Schlange, die sich in den Schwanz beißt. Sie verkörpert die unendliche Zeit, die Ewigkeit – und wird in ihrer Ringgestalt zu einem sonnenhaften Emblem. Besonders prägnant zeigt das der Goldschrein des Tutanchamun. Die ständige Erneuerung des Amtes in Person eines jeden neuen Pharaos schuf die immerwährende Dauer, die Garant für die Stabilität und den Wohlstand des Landes war.

REISE DURCH DIE UNTERWELT

Aus der ägyptischen Königsideologie folgten zwei kosmologische Konsequenzen, die wir uns ansehen sollten: Bleiben wir zunächst beim Tod, der nur ein Übergang in die eigentliche, die ewige Sphäre war. Dass Pyramiden »*achet*« waren, haben wir beschrieben, Schnittstellen, an denen die Passage von der Erde in den Himmel möglich war. Sie sind als »Auferstehungsmaschinen« bezeichnet worden.

Sterne in Reih und Glied: Die Sternendecke der Unas-Pyramide erhob sich über dem Sarg des um 2350 v. Chr. verstorbenen Königs. Sie zeigt keine konkreten Sternbilder, sondern ist rein symbolischer Natur.

Auf eindrückliche Weise zeigt sich das in der Cheops-Pyramide. Von der Grabkammer führen schmale Schächte durch die massiven Wände nach oben. Sie peilen Sterne an, und zwar die Kulminationspunkte zweier Zirkumpolarsterne mit dem Sirius. Zirkumpolarsterne sind jene Sterne, die das ganze Jahr am Nachthimmel beobachtet werden können, wie sie den nördlichen Himmelspol umkreisen, und deshalb als unvergänglich galten. Dort oben liegt der Ort, an dem der König sein ewiges Leben findet – bei jenen Sternen, die niemals untergehen, für alle Menschen ewig sichtbar. Wie er dorthin gelangt? Im Gefolge des Sonnengottes! Dazu lagen die Schiffe rund um die Pyramiden parat. In den Pyramidentexten wird der König zum goldenen Stern, der mit dem Sonnengott Re den Himmel durchfährt.

Ihren symbolischen Ausdruck finden diese Vorstellungen in den Sternendecken, wie sie wohl erstmals in der unterirdischen Grabkammer des Königs Unas im 24. Jahrhundert vor Christus realisiert wurden. Unas' Sarg war aus dunkler Grauwacke und damit Symbol der Erde, darüber erhob sich eine blaue Decke, auf der fünfstrahlige Sterne in Reih und Glied prangten. Das Grab avancierte zum Mikrokosmos, hier verschmolzen die Sphären und schufen einen Ort der Transformation. Später werden die Toten in Särge gebettet, deren Deckelinneres mit Sternen geschmückt ist. Oder sie zeigen die oft sternengeschmückte Himmelsgöttin Nut, die sich empfangend über den Verstorbenen beugt. Mitunter finden sich auf den Särgen sogenannte Sternuhren, die in penibler Listengestalt die Bewegungen der Dekansterne verzeichnen, welche die verschiedenen Nachtstunden anzeigen.

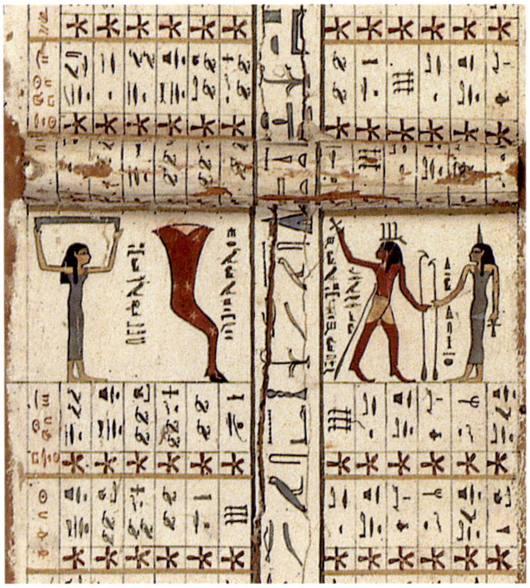

Sternenuhr auf einem Sargdeckel aus Assiut (2000–1800 v. Chr.). Links die Himmelsgöttin Nut, daneben der als Rinderschenkel dargestellte Große Wagen. Sternenuhren verzeichneten die Abfolge der nächtlichen Sternaufgänge und strukturierten so die Nacht.

Die zweite kosmologische Konsequenz ist die Forcierung des Sonnenkults, der weit in die ägyptische Vergangenheit zurückreicht. Schließlich existiert kein grandioseres Bild für die in der ständigen Erneuerung liegende Dauer als die unendliche Folge von Auf- und Untergängen der Sonne. Die sich ewig wiederholenden Bewegungen, die im geheimnisvollen Einklang mit den kosmischen Rhythmen der Gestirne standen, führten allen die ständige Erneuerung vor Augen.

Den Eingeweihten war aber bewusst: Hier vollzog sich ein himmlisches Drama. Die Sonne als lebensspendende Kraft war nicht nur der erfahrbare Pulsschlag des Kosmos, erklärt Jan Assmann. »Im Sonnenlauf wiederholt sich die Schöpfung, die auf ägyptisch ›das Erste Mal‹ heißt, ›das Erste Mal‹ von etwas, das sich Morgen für Morgen wiederholt.« Jeden Morgen nämlich stieg der Sonnengott aus dem Urwasser empor.

Dazu gab es verschiedene Deutungen. Eine war, dass der Sonnengott in der Nacht den Körper der Himmelsgöttin Nut durchfährt, um am Morgen wiedergeboren zu werden. Die Morgenröte wird dann zum Blut der Gebärenden. Eine andere, noch wirkmächtigere Interpretation sieht in der Morgenröte das Blut eines besiegten Feindes fließen. Denn dem Sonnengott Re stellt sich in der nächtlichen

Jede Nacht das gleiche Drama: Die Apophisschlange lauert der Barke des Sonnengottes auf, doch dieser siegt – meist wie hier dargestellt dank des Gottes Seth. Illustration aus dem Totenbuch der Cheritwebeshe (um 1069–945 v. Chr.).

Unterwelt ein Ungetüm entgegen: Apophis, eine gigantische Schlange, die das urtümliche Chaos verkörpert. Sie säuft das Urwasser, den Himmelsozean, leer, damit die Sonnenbarke auf den himmlischen Sandbänken strandet. Re und sein Gefolge bekämpfen die Schlange. Die versucht, mit ihren magischen Augen die Götter zu hypnotisieren. Meist ist es der Gott Seth, der Apophis mit seinem Speer besiegt. Jeder neue Tag wird dadurch zu einem glanzvollen Sieg über den Feind, jeder Sonnenaufgang feiert den Sieg der Ordnung über das Chaos.

Der Sonnenlauf wird zum ewigen Kampf gegen die Mächte des Aufruhrs, der Auflösung und des Stillstands stilisiert. Vor allem wird das mit der Aufgabe der ägyptischen Könige verbunden, die sich als Söhne des Re verstehen, erklärt Jan Assmann. Die Botschaft sei überdeutlich: »So, wie der Sonnengott seinen Feind besiegt, soll auch der Pharao über seine Feinde triumphieren.« Wieder einmal werden Himmel und Erde miteinander in Einklang gebracht.

Der Mythos von der Sonnenreise ist ein perfekter Herrschaftsmythos. Er legitimiert den König nicht nur als unverzichtbare Sonne des Landes; er inszeniert ihn auch als ultimativen Beschützer, der sich aller Feinde erwehren muss, um das Leben vor dem Untergang zu bewahren. So, wie der Pharao mit dem Sonnengott gleichgesetzt wird, werden seine Gegner mit der Chaos-Schlange Apophis identifiziert. Sie zu vernichten steht außer Frage: »So wie Re im Himmel, so setzt der König auf Erden die Gerechtigkeit durch und vertreibt das Unrecht«, schreibt Assmann. »Zu diesem Zweck und als sein Ebenbild hat der Sonnengott den König, das heißt den Staat auf Erden eingesetzt.«

Nicht nur in Prozessionen werden Schiffe oder Schiffsmodelle herumgetragen, oft mit Götterstatuen bestückt. Auch die ägyptischen Könige werden die Sonnenfahrt nachvollziehen. Am eindrücklichsten inszenierte das Amenophis III. (1390–1353 vor Christus), der zu seinem Thronjubiläum gemeinsam mit seiner Frau Teje, beide von Kopf bis Fuß mit Gold bedeckt, eine Sonnenbarke bestieg und sich von Höflingen den Nil entlangziehen ließ, um dann in die Nachtbarke für die Fahrt durch die Unterwelt zu steigen. Die Botschaft ist sonnenklar: Der Pharao ist die Sonne. Da ist es nur konsequent, dass Amenophis' und Tejes Sohn Echnaton allein die Sonnenscheibe als Gottheit anerkennen wird.

DOPPELTER INDIZIENBEWEIS

Kosmologische Ordnungen sind typisch für die frühen Staaten des Altertums, stellte der Philosoph Eric Voegelin fest. Es ist eine so augenscheinliche Idee, dass sie vielen Herrschern an unterschiedlichen Orten der Welt in den Sinn kam: die Sonne als himmlisches »Urbild irdischer Herrschaft« zu sehen und, so Voegelin, den König als »irdische Analogie zum Sonnengott« zu konzipieren. Besser lässt sich irdische Herrschaft kaum abstützen. Mittels Riten, Opfern, Prozessionen und Festen, aber auch in an der Sonne orientierten Heiligtümern oder durch den Sonnenkalender wird die kosmologische Ordnung auf Erden nachvollzogen. Zugleich wird die kosmische Energie angezapft, um irdischen Unternehmungen Erfolg zu verschaffen. Die Gestirne heiligen die Profanität der Erde, nehmen mit ihrem ewigen Rhythmus der Gesellschaftsordnung die Willkür.

Die Kernaussage des ägyptischen Sonnenmythos lautet: In der täglichen Wiedergeburt der Sonne manifestiert sich die Ewigkeit. Gleiches gilt für das Königtum: Jeder neue König ist eine aufgehende Sonne, die aktuelle Inkarnation des göttlichen Amtes. Das ist die kosmologische Legitimation der Dynastie mit ihrer Abfolge von Königen. Diese zu unterbrechen käme einem Frevel an den Grundfesten des Universums gleich.

Unserer Ansicht nach hat dieser Mythos das Potenzial, den postulierten Reisenden aus Mitteldeutschland sofort zu packen. Als Königssohn wusste er bestens um die Problematik. Es hätte ihm intuitiv alles eingeleuchtet. Schließlich wurde in seiner Heimat schon in Pömmelte, Schönebeck und viel länger zurück die Sonne verehrt – und ihre Macht genutzt, um irdische Herrschaft zu begründen. Die Sonnenmetalle Bronze und Gold sind eine der Grundlagen des Reichs von Nebra.

Da war es nur allzu stimmig, solch einen mächtigen Mythos auf der Himmelsscheibe, dem Herrschaftszeichen seines Geschlechts, zu verewigen. Die Sonnenbarke passte bestens zur solaren Dimension der Scheibe und fügte sich nahtlos in ihr Himmelsbild ein. Die Barke ist so auf der Scheibe platziert, dass ein Stern als ihr Passagier erscheint. Reist da der König als goldener Stern über den Himmel?

Halten wir fest: Uns scheint es nicht nur die faszinierendste, sondern auch die wahrscheinlichste Vermutung zu sein, den später auf der Himmelsscheibe montierten Goldbogen als das Produkt eines Kontakts nach Ägypten und damit einer weiteren Fernreise zu interpretieren. Ebenso halten wir den Schluss für legitim,

Die Lochung der Himmelsscheibe legt die Vermutung nahe, dass sie einst als Sonnen- oder Himmelsstandarte gedient haben könnte, um bei Festen, Prozessionen oder dem Auftritt des Herrschers präsentiert zu werden.

dass wir es auch in Aunjetitz mit einer staatsähnlichen Gesellschaft zu tun haben, deren Herrscher sich auf eine kosmologische Ordnung berufen. Zumal dies schon die Konsequenz der auf der Himmelsscheide kodierten Kalenderregel war. Wir haben es mit zwei unterschiedlichen, zeitlich voneinander geschiedenen Indizienketten zu tun, die beide zum selben Ergebnis führen.

»NIMM DAS, APOPHIS!«

Wer genau hinsieht, erkennt, dass sich auf der Klinge eines der Schwerter, die der Scheibe mitgegeben wurden, eine dreiköpfige Schlange dem Griff entgegenwindet – und das Schwert damit zum Schlangentöter macht.

Ein besseres Emblem für die kosmologische Ordnung als die Himmelsscheibe von Nebra kann es kaum geben. Auch sie ist eine Schnittstelle, ein »*achet*«, die Himmel und Erde verbindet und kosmische Energien anzapft, um irdische Herrschaft zu legitimieren. Dazu passt sogar die Lochung. Ein Objekt, das eben nicht mehr nur das Geheimnis der himmlischen Konstellationen bewahrt, darf nicht allein dem Zirkel der Macht vorbehalten werden. Das muss allen gezeigt und bei Prozessionen vorangetragen werden, deshalb wird sie nun gelocht, um sie zum Beispiel als

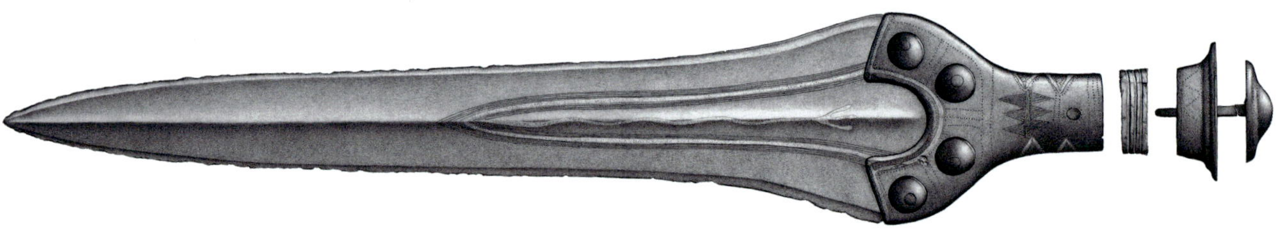

Standarte zu benutzen. Womöglich fand die Himmelsscheibe auch ihren Einsatz beim rituellen Nachvollzug der dramatischen Himmelsläufe.

Natürlich fehlt es noch an definitiven Belegen. Doch es spricht eine Menge dafür, dem hier eingeschlagenen Weg zu folgen, fügen sich doch die weiteren Entwicklungen eindrücklich in die skizzierten Überlegungen. Zunächst ist da das Ende von Aunjetitz, das mit der Deponierung der Himmelsscheibe auf dem Mit-

telberg bei Nebra zusammenfällt. Um 1600 vor Christus kommt auch das Ende für El Argar in Spanien und die Wessex-Kultur in England. Wir nehmen an, dass einer der Auslöser für deren Kollaps eine der größten Vulkankatastrophen der Menschheitsgeschichte war: die Eruption auf Thera in der Ägäis.

Eine ähnliche Idee kennen wir von Sichelschwertern wie denen aus den Königsgräbern von Byblos. Hier reckt eine tauschierte Uräusschlange ihr giftzahnbewehrtes Haupt dem Feind entgegen.

Das ist kein Zufall, handelte es sich doch in allen drei Fällen um hochkomplexe bronzezeitliche Gesellschaften, die über ausgeprägte soziale Hierarchien und frühstaatliche Strukturen verfügten. Dramatische Ereignisse wie Klimaverschlechterungen, Hungersnöte, Kälteeinbrüche, die mit einer Verdüsterung, wenn nicht gar der Verdunklung der Sonne am helllichten Tag einhergingen, blieben für kosmologische Ordnungen nicht ohne Folgen. Die Herrscher hatten schließlich ihr Schicksal auf Gedeih und Verderb mit dem der Sonne verknüpft. Schon eine Sonnenfinsternis galt als unheilvolles Omen schwersten Kalibers – wie erschreckend waren da erst die ebenso dramatischen wie langfristigen Konsequenzen einer solchen noch nie da gewesenen Katastrophe.

Folgendes Szenario ist vorstellbar: Dank der aerosol-gesättigten Luft nach dem Vulkanausbruch ging die Sonne in blutroten Himmelsspektakeln auf und unter. Zeigte das nicht das Ausmaß der Bedrohung, die Übermacht der Feinde, die dem Sonnengott angesichts der himmlischen Mengen an Blut galaktische Schlachten liefern mussten? Wer wollte da noch dem König folgen? Widersacher witterten ihre Chance, Aufstände folgten.

Keine Frage, andere Faktoren werden ebenso den Untergang vorangetrieben haben. Wir erwähnten, dass sich aktuell Hinweise auf eine grassierende Pandemie der Beulenpest verdichten. Doch auch Seuchen wurden zu allen Zeiten als Strafe der Götter gedeutet, geschickt, um ihr Missfallen mit dem Herrscher kundzutun. Der Vulkanausbruch auf Thera aber ist und bleibt ein Hauptverdächtiger, für jene Erschütterungen verantwortlich gewesen zu sein, welche die brüchig gewordenen Herrschaftsordnungen zum Einsturz brachten.

»
Wie wunderbar Rasiermesser gestaltet sein können! Diese aus der nordischen Bronzezeit sind der Form nach mykenisch, der Ikonografie nach vielleicht sogar ägyptisch inspiriert. Sie verbinden Schiffe, Sonnen, Schlangen und Pferde auf so eindrückliche Weise, dass dahinter ein gemeinsamer Mythos zu vermuten ist (zwischen 1400 und 700 v. Chr.).

Als die Himmelsscheibe auf dem von der Sonne geadelten Mittelberg vergraben wurde, könnte es sich um den verzweifelten Versuch gehandelt haben, die kosmischen Mächte zu besänftigen. Und zwar indem der Mythos von der Sonnenreise nachvollzogen wurde. Die Sonnenscheibe von Nebra wurde in die Unterwelt geschickt, in der Hoffnung, strahlend wiedergeboren zu werden. Dazu gab man ihr zwei eigens angefertigte Schwerter bei, das Gold ihrer Griffmanschetten stammte aus denselben altehrwürdigen Goldquellen in Cornwall wie das Gold der Scheibe und der Fürsten. Sie sollten die bronzene Sonnenscheibe gegen die Feinde auf der Reise durch das Dunkel schützen. Tatsächlich schlängelt sich auf einer der beiden Klingen eine dreiköpfige Schlange dem Griff entgegen. Das Schwert wird zum Schlangentöter: »Apophis! Nimm das!«

Das ist Spekulation. Aber Schlangendarstellungen kennen wir ansonsten aus Aunjetitz nicht, wie es hier, von der Himmelsscheibe abgesehen, überhaupt keine konkreten Darstellungen gab. Wo sollte dieses Motiv mit einem Mal herkommen, wenn nicht im Gepäck des Sonnenbarken-Imports aus Ägypten? Tatsächlich kennt auch das alte Ägypten drei- und noch vielköpfigere Schlangenmonstren.

Aus den Gräbern der ägyptischen Vasallenkönige in Byblos sind Sichelschwerter bekannt, auf deren Klinge eine kobragestaltige Uräusschlange ihr Haupt dem Feind entgegenreckt. In Ägypten werden Uräusschlangen als Wegbereiter der Sonne gehandelt, mitunter tragen sie auf ihrem Kopf sogar die Sonnenscheibe. In jedem Fall schützen sie den Sonnengott gegen alle Feinde. Das Gleiche sollten sie mit dessen irdischen Stellvertretern tun. Die Uräusschlange auf der goldenen Totenmaske des Tutanchamun kennt vermutlich jeder.

Das Schwert taucht genau im rechten Moment auf, als die Scheibe in die Unterwelt reist. Vielleicht war das die Absicht: Die Himmelsscheibe wurde nicht geopfert. Sie wurde in die Unterwelt entsandt, um gegen die Mächte des Chaos anzutreten, diese zu besiegen, der Sonne wieder zu altem Glanz zu verhelfen und die Ordnung im Himmel wie auf der Erde wiederherzustellen.

DER MYTHOS ZIEHT WEITER

Doch damit sind wir noch nicht am Ende unserer Argumentation angelangt. Der Untergang von Aunjetitz führte zum Aufstieg des Nordens. Wie eine Spinne im Netz hatte das Reich von Nebra die Handelsströme kontrolliert und den Fluss von Kupfer und Zinn nach Skandinavien verhindert. Lange schon versuchten

Große Kunst der Bronzezeit: der 3400 Jahre alte »Sonnenwagen von Trundholm«. Gezogen von einem Pferd, reist die Sonne durch Tag (rechts) und Nacht (links). Man beachte die Steckverbindung der Scheibe. Vermutlich verfügte die Sonne über weitere Reisemöglichkeiten.

die Nachbarn, die Handelssperre zu umgehen. Sie waren damit immer erfolgreicher. Auch das ist ein Faktor, der zum Niedergang von Aunjetitz beitrug. Wie so oft: Verschwindet eine Kultur (in Mitteldeutschland wird es fortan nur noch Stammesgesellschaften geben), blühen andere auf: In Skandinavien prosperiert nun die Bronzezeit, die vorher an Kupferarmut kränkelte, gewaltig. Es gilt viel nachzuholen.

Globalisierung in heutigen Zeiten wird oft als das Entstehen einer Einheitskultur, als »Amerikanisierung« der Welt beschrieben. Was Archäologen in der Zeit vor 3600 Jahren beobachten, sind ähnliche Geschehnisse. Die Archäologin Helle Vandkilde hat das »*Bronzization*« genannt: die bronzezeitliche Globalisierung habe einen kontinentübergreifenden afrikanisch-eurasischen Großraum geschaffen, der zwischen 2000 und 1200 vor Christus bestand.

Besonders eindrücklich ist das Beispiel Südskandinaviens. Solange die Bronze fehlte, machte man vieles aus Feuerstein nach, selbst Schwerter. Als endlich der Anschluss an die neue Zeit erfolgte und das Metall in den Norden floss, ging alles schnell: Schwerter, Dolche und andere Metallobjekte fertigte man nun in Eigenregie, wenn auch oft nach südlichem Vorbild. Dass es unter den Eliten bald angesagt war, sich mit Rasiermessern à la Mykene den Bart zu scheren, haben wir schon thematisiert. Es kam zu »dramatischen Neuerungen«, sagt der Archäologe Flemming Kaul. »Bald bedeckten Tausende von Hügeln mit reich ausgestatteten Gräbern die Landschaft.«

Das waren normale Effekte, die eintraten, sobald eine Kultur in die internationalen Netzwerke des bronzezeitlichen Fernhandels integriert wurde. Wir haben schon im Kapitel über Fernbeziehungen etliche Beispiele begutachtet, die für südskandinavische Kontakte bis in den Mittelmeerraum und darüber hinaus sprechen. Besonders eindrücklich dabei: die blauen Glasperlen aus Ägypten und Mesopotamien, die, da sie meist nur in geringer Zahl auftreten, auf Reisende hindeuten, die sie als Gastgeschenke verteilten. Da werden nicht nur Rohstoffe transportiert, es kursieren Luxusgüter, aber auch Wissen, Mythen und Geschichten. Da verbreitet sich ein neuer Zeitgeist.

Erstmals seit Jahrtausenden tauchen in Südskandinavien konkrete figürliche Darstellungen auf: »das Schiff, das Pferd, der Fisch und die Schlange«. Auch Sonnendarstellungen und sonnenhafte Symbole wie Radkreuze oder Spiralen

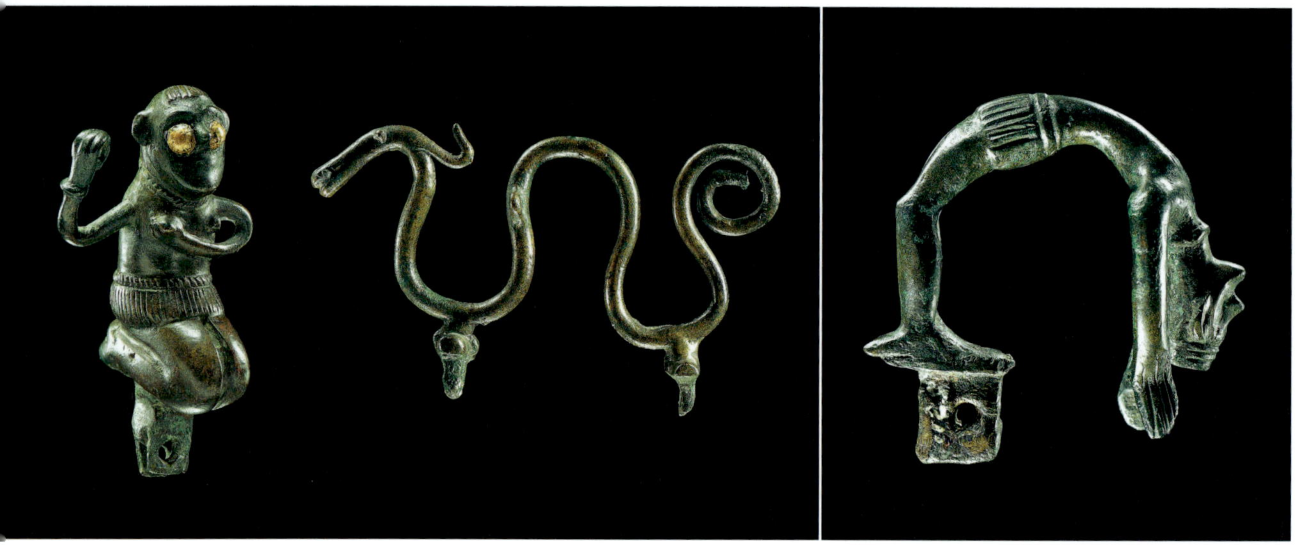

Leider besitzen wir heute nicht mehr alle der gefundenen spätbronzezeitlichen Figuren aus Fårdal (links) und Grevensvænge. Sie wurden einst auf etwas gesteckt, Kultschiffe vielleicht, wie wir sie von Felsbildern kennen. Die Akrobatin steht den kretischen Stierspringern in ihrer Anmut nicht nach.

erleben ihre Premiere. Sie alle verbreiten sich rasch, vor allem Schiffsdarstellungen finden sich bald zu Tausenden auf Felsbildern oder Rasiermessern. Für Südskandinavien zwischen Nord- und Ostsee, mit seinen endlosen Küsten, Fjorden und Schären, ist das zunächst nichts Verwunderliches. Sieht man aber genauer hin, fällt auf, dass da ein besonderer Typus von Schiffen in Kombination mit Sonnensymbolen auftaucht. Vor allem werden diese abwechselnd begleitet von Schlangen, Fischen oder Pferden. Mit detektivischer Akribie hat Flemming Kaul daraus den nordischen Mythos der Tag- und Nachtreise der Sonne rekonstruiert.

Diese wird jeweils von einem Tier eskortiert und im Verlauf von 24 Stunden immer wieder von einem Schiff auf das nächste umgeladen. Kaul kommt zu dem für uns spannenden Schluss: »Die kosmologische Rolle des Schiffs und die Strukturierung des Kosmos … deuten möglicherweise auf Ägypten als Quelle hin.« Das erscheint umso einleuchtender, wenn man bedenkt, dass auch im ägyptischen Mythos die Barke des Sonnengottes auf ihrer Fahrt durch die Unterwelt von Fischen begleitet wird, die Re vor dem Kommen der Riesenschlange Apophis warnen sollen. Zudem gibt es ägyptische Darstellungen, auf denen die Sonnenbarke von himmlischen Wesen in Tiergestalt getreidelt, also an einem Seil gezogen wird, oft sind es Schakale. Zugleich wechselt in Ägypten der Sonnengott nicht selten von der Tages- auf die Nachtbarke, mitunter wandelt sich sogar das Aussehen des Sonnenschiffs stündlich.

Ob nun aus Nebra oder direkt aus Ägypten, sei dahingestellt: Es spricht jedoch viel dafür, dass wir es mit einem strahlkräftigen Mythos zu tun haben, der aufgrund seiner ideologischen Implikationen und der Möglichkeit, Herrschaft zu legitimieren, in der skandinavischen Gesellschaft auf fruchtbaren Boden fiel. Deren Eliten waren schließlich gerade dabei, alle Möglichkeiten der neuen bronzezeitlichen Kultur zu durchmessen.

SCHAUSPIEL IN BRONZE

Das spektakulärste Fundstück, das den skandinavischen Sonnenmythos bezeugt, fand ein Bauer beim Pflügen vor über 100 Jahren: Pferd, Wagen und Sonnenscheibe aus Bronze. Er hielt es zunächst für Spielzeug und gab es seinen Kindern. Heute verzaubert der 3400 Jahre alte »Sonnenwagen von Trundholm« die Besucher im Dänischen Nationalmuseum in Kopenhagen.

Der Name führt in die Irre. Beim »Wagen« handelt es sich lediglich um das Fahrgestell, das die Pferdeskulptur und Sonnenscheibe hält und deren Bewegung simuliert – etwa beim performativen Nachvollzug der Sonnenreise. Die Hauptsache sind Sonne und Pferd. Beide besitzen Ösen und waren einst durch ein Band verbunden, wie wir es auch aus den skandinavischen Darstellungen der Sonnenreise kennen, wo das Pferd die Sonne zieht.

Die Sonnenscheibe ist nicht nur mit Spiralmustern und konzentrischen Kreisen verziert. Sie besitzt eine Tag- und eine Nachtseite. Erstere ist mit Goldblech überzogen, am Rand führen Strahlen nach außen. Beides fehlt auf der dunklen Seite. Ein meist wenig beachtetes Detail: Die Scheibe ist in die Achse des Wagens einsteckbar und dort mit einem Stift zu sichern. Es ging aber nicht darum, die Tag- und Nachtseite zu wechseln (was durch ein simples Umdrehen des Wagens

Gleich gleißendem Sonnenlicht auf dem Wasser: Über 100 Miniaturschiffe, ca. 3400 Jahre alt, wurden in einem Tongefäß in der Nähe eines Grabhügels im dänischen Nors gefunden. Ob sie wie die Sonnenbarken der Pharaonen bereitlagen, um die Seelen der Verstorbenen gen Himmel zu befördern?

möglich war). Vielmehr wird es weitere Zugtiere für die Sonne gegeben haben, womöglich auch Schiffe, auf die sie umgeladen und montiert wurde, um im Rahmen einer Kultfeier den Sonnenmythos nachzuvollziehen. Anders ist der Befund schwer zu erklären.

In diesen Kontext passen weitere Funde. Da ist eine ebenso kleine wie wundervolle bronzene Sonnenstandarte aus Jütland, in die eine Bernsteinscheibe eingelassen ist (Abb. S. 190). Wenn man sie gegen das Licht hält, erscheint im mythisch orangerot illuminierten Rund ein Radkreuz. Sie besitzt eine ebensolche Steckverbindung, wie das auch bei den betörenden Figürchen aus Fårdal und Grevensvænge der Fall ist: Diese zeigen eine Salto schlagende Akrobatin im Schnurrock, eine Frau mit magischen Augen aus Gold, die sich mit der einen Hand an die Brust fasst und die andere beschwörend erhoben hält, vielleicht um die dritte Figur, eine große Schlange, zu bannen.

Mit ihnen könnte ein mythisches Geschehen nachvollzogen worden sein, das an Darstellungen auf Felsbildern denken lässt. Dort springen Akrobaten kunstvoll über Schiffe, andere zeigen Sonnenstandarten auf Booten. Hier wird kosmologisches Geschehen *en miniature* nachgespielt. Auch die Flotte der Goldschiffchen aus dem dänischen Nors passt in diesen Kontext: Über 100 Miniaturboote fanden sich in einem Tongefäß, einige von ihnen trugen spiralförmige Sonnenmotive.

Was würden wir dafür geben zu wissen, welchen Zwecken sie dienten, welche Geschichten sie zu erzählen halfen, welches Schauspiel sie darboten. Und erst recht wünschten wir zu erfahren, ob nicht auch schon die Himmelsscheibe von Nebra in ähnlich abenteuerlichem Kultgeschehen die Hauptrolle spielte. Der Archäologie fehlen bisher die Möglicheiten, das herauszufinden.

Ein letztes Beispiel: zwei mysteriöse Kultgeräte, eines aus Haschendorf, das andere aus Balkåkra. Obwohl sie fast 1000 Kilometer entfernt voneinander gefunden wurden (das erstere im österreichischen Burgenland, nahe der ungarischen Grenze, das zweite in Südschweden, westlich von Ystad), sind sie von nahezu identischer Gestalt und stammen offensichtlich aus der gleichen Werkstatt. Bei beiden liegt auf einem Gestell aus radkreuzförmigen Ständern eine Bronzescheibe. Mit 40 Zentimetern Durchmesser sind die beiden nur wenig größer als die Himmelsscheibe, aber ebenso konkav gewölbt wie diese. Fein punzierte Zickzackbänder zieren strahlenförmig ihre Oberflächen und lassen sie

Die einzelnen Schiffe sind kaum handlang. Sie bestehen aus Goldblech, das mit dünnen Bronzestreben in Form gebracht wurde. Einige sind mit gestempelten konzentrischen Kreisen versehen, Symbolen der Sonne.

als Sonnenscheiben erscheinen. Bei ihnen handelt es sich um die nächsten bisher gefundenen Entsprechungen der Himmelsscheibe. Sie entstanden kurz nach deren Deponierung im 16. Jahrhundert vor Christus. Rätselhaft ist, wozu sie dienten. Waren es Zaubertrommeln? Kultgeräte für Rauchopfer? Sonnenaltäre im Kleinstformat?

Merkwürdig auch, dass beide Objekte trotz ihrer Entfernung auf die gleiche Weise, nämlich über Kopf, in Sanddünen vergraben wurden, beide ohne Beigaben, als wären sie selbst in ihrer Deponierung noch miteinander verbunden. In jedem Fall belegen die Scheiben eine Verbindung vom Donauraum nach Skandinavien, die sich erst am Ende von Aunjetitz öffnete. Sie bezeugen erneut die bronzezeitliche Allgegenwart des Sonnenkults.

Wenn man so möchte, wirkt dieser bis heute fort: Der römische Kaiser Konstantin, der dem Christentum zum Durchbruch verhalf, blieb bis zu seinem Tod ein Anhänger des *Sol invictus*, des siegreichen Sonnengottes, der in einem

Was ist das nur? Die mysteriöse Gerätschaft stammt aus Haschendorf (Österreich), eine zweite nahezu identische fand sich im südschwedischen Balkåkra. Seither rätseln Archäologen über deren Nutzen. Die Radkreuze waren mächtige, sonnenhafte Zeichen der Zeit.

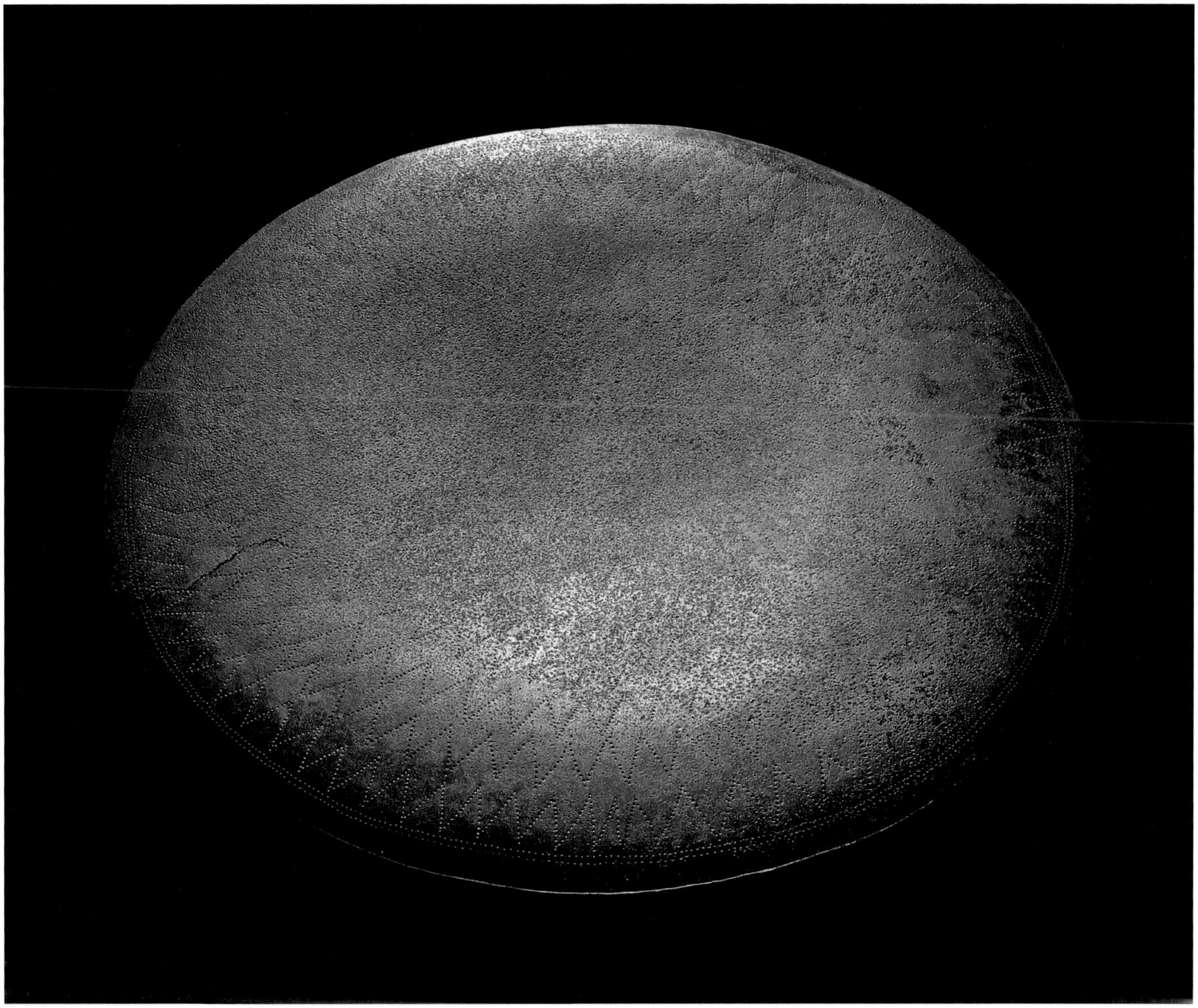

von Pferden gezogenen Wagen über den Himmel fuhr. Eine bessere himmlische Unterstützung fanden absolute Herrscher nun mal auf Erden nicht. Deshalb legte Konstantin auch die Geburt des Jesus von Nazareth auf den Termin der Wintersonnenwende, auf den Tag, an dem die Sonne über ihre Feinde triumphierte und zu neuem Leben erwachte. So feiern wir alle heute zu Weihnachten, mehr oder minder unwissend, die Wiedergeburt der Sonne, wie man das wohl schon immer in der einen oder anderen Form tat. Ob nun in Nebra, Stonehenge oder Babylon.

Sonnenhaft sind die Scheiben, die auf den beiden Konstruktionen lagen. Ihre aus Punktlinien bestehenden Zickzackbänder sind als Sonnenstrahlen zu deuten. Stehen sie in einer Beziehung zur Himmelsscheibe? Ruhte diese einst auf einem ähnlichen Gestell?

7

DIE SPUR DES BERNSTEINS

Wir haben mit Siebenmeilenstiefeln das Universum der Himmelsscheibe durchmessen. Wir sind den nicht immer allzu roten Fäden gefolgt, die das Reich von Nebra mit der großen, weiten Welt der Bronzezeit verwoben haben. Wir sahen, dass für die Himmelsscheibe in mindestens zwei Fällen die Annahme eines frühen Fernreisenden nahezu unabdingbar ist. Denn dass die Kalenderregel und der Mythos von der Sonnenreise hier plötzlich vom Himmel gefallen sein sollten, erscheint uns als die viel abenteuerlichere Erklärung. Nun stehen wir vor der letzten Herausforderung: Wir müssen Antworten geben auf eigentlich nicht beantwortbare Fragen: Welchen Weg hat unser Herr der Himmelsscheibe eingeschlagen? Wo hat er ein Schiff bestiegen? Und wo erfuhr er das Geheimnis des Himmels?

In unserem letzten Buch behalfen wir uns mit einem Kunstgriff: Die Spekulation über die mögliche Reise eines »Prinzen von Nebra« nach Babylon verpackten wir in eine romanhafte Skizze, bei der wir uns nicht scheuten, uns selbst bei Homers *Odyssee* zu bedienen. Für die Ausstellung *Neue Horizonte* im Landesmuseum für Vorgeschichte in Halle hat der Illustrator Max Flügel mit leichter Feder einige Stationen bildhaft gestaltet und dabei, passend zu den beiden Importen aus der Ferne, gleich zwei Serien von Zeichnungen angefertigt: Die erste Reise endet in einer Sternennacht auf einer Zikkurat in Babylon. Bei der zweiten Reise bestaunt der Aunjetitz-Reisende den Pharao in seiner Sonnenbarke auf dem Nil.

« Opulenter Schmuck aus dem Stoff der Sonne. Der Bernstein dieser prächtigen Kette aus einem Hort bei Dieskau unweit des Bornhöcks kommt von der Ostsee. Trug der Herr der Himmelsscheibe eine solche um den Hals, als er in die Ferne aufbrach?

Roadmovie der Bronzezeit: Für die Ausstellung *Neue Horizonte* illustrierte Max Flügel mögliche Reisestationen. In einer Nacht über den Dächern von Babylon könnte unser Mann aus Nebra in das Zusammenspiel von Mond und Plejaden eingeweiht worden sein.

Deshalb können wir uns hier schwerlich noch einmal mit Fiktion aus der Bredouille ziehen. Müssen wir auch gar nicht. Es gibt neue Forschungsergebnisse. Und die sind spektakulär. Wir haben eine heiße Spur! Folgen wir dem Bernstein.

WENN DER SONNENGOTT WEINT

Pathetisch ließe sich sagen: In Aunjetitz war man dem Gold des Nordens verfallen. Man hortete es! Die Verteilung der Bernsteinfunde zeichnet ein klares Bild: Wie Aunjetitz den Kupferhandel nach Norden unterband, so verhinderte es den Bernsteinfluss nach Süden. Dieser gelangte allenfalls in die Hände befreundeter Nachbarn. Erst nach dem Untergang von Aunjetitz strömte Bernstein ungehindert ins südliche Europa.

Bis heute verzaubert das fossile Baumharz die Menschen. Ihm wird seit jeher zugetraut, Unheil, Krankheiten oder Dämonen zu vertreiben. Das liegt an seinen Eigenschaften, die ihn so erstaunlich machen: Da ist seine meist goldene Transluzenz. Der Glanz, die Wärme, wenn man ihn in Händen hält, der Duft, den er entfaltet, wenn man ihn erwärmt, die Leichtigkeit, die ihn in Salzwasser schwimmen lässt. Zudem ist er elektromagnetisch aufladbar, zieht Haare magisch an und kam als Geschenk des Meeres aus sagenhaften Gefilden im Norden.

In der Antike glaubte man, bei Bernstein handle es sich um von Göttern oder Nymphen vergossene Tränen. Im alten Ägypten (wo es sich oft um Baumharze nichtbaltischen Ursprungs, sogenannte Copale, handelte) sah man in ihm die Tränen des Sonnengottes Re. Die Verbindung springt ins Auge: Bernstein war ein sonnenhaftes Material. Hat er nicht die Kraft der Sonne gespeichert? Das bezeugt auch die Sonnenstandarte aus Jütland, der wir bereits begegnet sind. In ihrem Bronzerund simuliert die durchscheinende Bernsteinscheibe die Sonne. Da versteht es sich geradezu von selbst, dass in der sonnengläubigen Bronzezeit ein Kult um den Bernstein gemacht wurde.

Seit Heinrich Schliemann in den Schachtgräbern Mykenes zahlreiche Bernsteinbeigaben gefunden hat, rätseln Archäologen, auf welchen Wegen sie dorthin gelangt sein könnten. Wichtig ist in diesem Kontext: Der meiste Bernstein in Mykene stammt erst aus der Zeit nach Aunjetitz. Manches spricht dafür, dass er im Rahmen des Zinnhandels aus Cornwall nach Griechenland gelangte. Halsketten aus Bernstein fanden sich in der mykenischen Welt aber nicht nur bei Frauenbestattungen, sondern auch in Kriegergräbern – sie werden einst ihre Träger beiderlei Geschlechts gegen alle bösen Mächte beschützt haben.

Nächste Station Mykene? Dem sonnenhaften Bernstein werden Unheil abwehrende Kräfte zugeschrieben. Er findet sich in Gräbern von Frauen wie von Männern. Traditionell gilt Wessex als Quelle des in Mykene gefundenen Bernsteins, doch spricht nichts gegen eine Nebra-Connection.

Doch auch schon früher tauchte vereinzelt Bernstein außerhalb der Aunjetitzer Einflusssphäre auf. Oft waren es nur Perlen. Sie lassen sich noch schwerer finden als die sprichwörtliche Nadel im Heuhaufen, wenn sie überhaupt die Jahrtausende überstanden haben. Das Verteilungsmuster spricht dafür, dass wir es mit vereinzelten Gastgeschenken bronzezeitlicher Reisender zu tun haben. Sie sind die Entsprechungen zu den blauen Glasperlen aus Mesopotamien und Ägypten, deren Spur wir durch Europa bis nach Südskandinavien verfolgten. Eine bessere Reisewährung als Bernstein gab es nicht. Unendlich viel leichter als jedes Metall, einzigartig und wunderschön, handschmeichelnd und mit magischen Kräften begabt, die jedem direkt vor Augen geführt werden konnten, ohne dass es irgendwelcher Sprachkenntnisse bedurfte.

ZWISCHEN SKYLLA UND CHARYBDIS

Diese Elfenbeinfigur in kretischer Tracht fand sich in Punta di Zambrone und belegt den Kontakt zum minoischen Kreta.

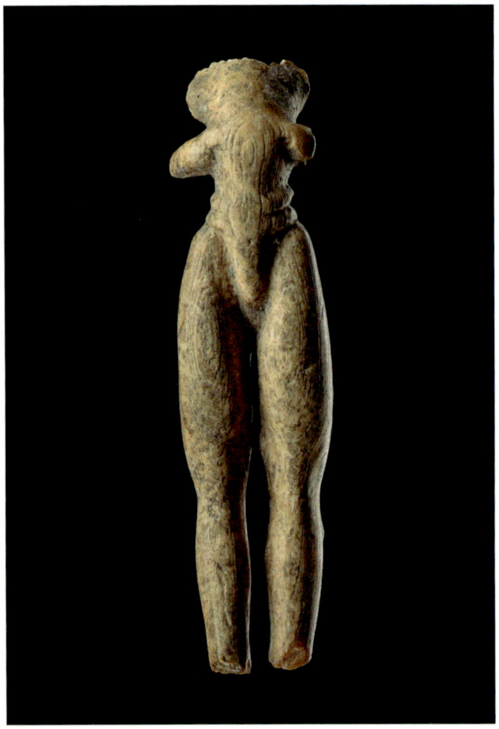

Lange Zeit investierten Archäologen viel Forschungsarbeit, um Verbindungen von Mitteleuropa über den Donauraum und Balkan nach Griechenland aufzuzeigen. Ein Weg über die Alpen nach Italien mit einer anschließenden Seepassage fand wenig Beachtung. Dies liegt nicht zuletzt am schlechten Forschungsstand in Mittel- und Süditalien. Die Erforschung der jüngeren antiken Kulturen, der Etrusker, Griechen und Römer, stand dort immer im Vordergrund.

Nun aber gibt es zwei neue Ausgrabungen, die diese Route als eine alles andere als unwahrscheinliche Option erscheinen lassen. Der Weg über Italien lag damals nahe: Das Reich von Nebra pflegte einen engen Austausch mit Süddeutschland und der Schweiz. Auch bezog es einen Teil seines Kupfers aus den österreichischen Alpen. Und erinnern wir uns an die Brotlaibidole, von denen eines im Bornhöck gefunden wurde: Deren Verbreitung dokumentiert den bestehenden transalpinen Kontakt zwischen Bayern und Norditalien. Der Fernpass, wie andere Wege über die Alpen, war keine zu große Herausforderung. Hinzu kam, dass die Route durch Italien um vieles einfacher war als der verschlungene, an Hindernissen nicht gerade arme Weg über den Balkan.

Eine Option, in See zu stechen, stellen die Häfen im Westen am Tyrrhenischen Meer dar. Hier haben Archäologen in den letzten Jahren unter der Leitung von Reinhard Jung und Marco Pacciarelli in Punta di Zambrone gegraben. Zwar sind die mächtigen Befestigungsmauern einige Jahrhunderte zu jung. Der Hafen selbst indes wurde bereits zur Himmelsscheibenzeit genutzt. Eine dort gefundene Figurine aus Elfenbein etwa stammt zweifellos aus dem minoischen Kreta und bezeugt den Überseekontakt. Doch Punta di Zambrone hat einen Nachteil: Die Fahrt gen Kreta führte durch die zwischen Sizilien und Italien gelegene Meerenge von Messina, durch die alles andere als ungefährlichen Klippen von Skylla und Charybdis.

Derzeit fahnden Archäologen an der apulischen Küste nach bronzezeitlichen Spuren. So wird die südlich von Roca Vecchia gelegene Grotta della Poesia erkundet, eine eingestürzte Grotte, in der sich Jahrtausende alte Schiffsdarstellungen finden.

Bedeutend einfacher – und kürzer – war die Überfahrt in Roca Vecchia, bei Lecce, am östlichen Hacken des italienischen Stiefels. An guten Tagen sieht man über die Adria bis Albanien und Griechenland. Minoische Keramikfunde weisen auf Kontakte hin. Aktuell kooperieren hier italienische und Hallenser Archäologen. Besonders die Grotta della Poesia hat es ihnen angetan: eine einstige Karsthöhle mit direktem Meereszugang, deren Decke eingestürzt ist, weshalb sie heute allein über eine aufwendige Gerüstkonstruktion zu erreichen ist.

Neben einem Mini-U-Boot kommen auch Taucher zum Einsatz. Vielerorts hat sich das Meer in die Küstenlinie hineingefressen. Die bronzezeitliche Befestigungsanlage von Roca Vecchia wurde vor gut 3400 Jahren bei einer Belagerung zerstört.

Hier fanden wohl auch kultische Handlungen statt. Ihre Wände sind über und über mit Graffiti bedeckt, sie reichen aus der Bronze- bis weit in die Römerzeit, teils überdecken sich vier Lagen eingeritzter Zeichnungen und Schriften. Diese werden nicht nur abfotografiert, sondern mittels eines 3D-Scans erfasst und am Computer rekonstruiert. Auch Bilder von Schiffen sind dabei, mindestens eines erinnert nach Ansicht des Forschers Teodoro Scarano schon auf den ersten Blick an die des minoischen Kreta.

Auch eine bisher unbekannte Grotte ist entdeckt worden. Weil mit Einsturzgefahr zu rechnen war, kam ein unbemanntes SeaCat-U-Boot zum Einsatz, eine Unterwasserdrohne in Torpedogestalt. Bisher erwies sich der lange schmale Zugang als unüberwindliches Hindernis. Die SeaCat suchte auch außerhalb der Grotten den Meeresgrund ab. Erste Analysen zeigten: Die Halbinsel von Roca Vecchia war einst deutlich größer, das Meer hat einiges an Land verschlungen in den letzten Jahrtausenden – und so möglicherweise auch bronzezeitliche Anlegestellen. Groß ist die Hoffnung, auf Schiffswracks zu stoßen, womöglich gar aus der Bronzezeit.

Die Überfahrt ist von hier also relativ einfach gewesen. Die weitere Reise Richtung Peloponnes war entlang der Küste, im Windschatten der dortigen Inseln, eher bequem. Das Ziel unseres Helden wird das minoische Kreta gewesen sein: die strahlendste Kultur der Zeit und, wenn man Thukydides Glauben schenkt, Beherrscherin der Meere. Hier könnte sich der spätere Herr der Himmelsscheibe das Handwerk der Tauschierung – die Kunst, mit unterschiedlichen Metallen Bilder zu gestalten – abgeschaut haben. Wie aber ging es von dort weiter?

IM TEMPEL DES GOTTES ASSUR

Uns ergeht es nun wie bei einer Schnitzeljagd, bei der ein Sturm alle Papierschnitzel verweht hat. Keine Spur, nirgends. Dass unser Mann aus Nebra auf Kreta ein Schiff bestieg, das zur Fahrt übers Mittelmeer ansetzte, ist noch als plausibel anzunehmen. Aber wohin segelte er? Richtung Ägypten? Oder doch erst zu den Inseln der Ägäis? Wir haben erst einmal keine Anhaltspunkte, wo die Reise hingegangen sein könnte. Was also tun?

Nun können wir uns mit einem Trick behelfen, der bei einer realen Schnitzeljagd nicht zur Verfügung steht. Wir kennen das Ziel – oder zumindest ungefähr: das babylonische Reich, wo die Sternenkunde so fortgeschritten war, dass dort der Ursprungsort der plejadenbasierten Kalenderregel zu vermuten ist. Und von

Panorama einer Ruinenlandschaft: der Tempelbereich von Assur, im Hintergrund der Tempelturm. Die Künstlerin (und Schwester des Ausgräbers) Elisabeth Andrae malte dieses Wandbild 1932 für das Vorderasiatische Museum in Berlin.

da können wir uns zurücktasten. »Aber ist das nicht auch nur eine Vermutung?«, lässt sich einwenden. Zum Glück gibt es Neuigkeiten! Tatsächlich wurde etwas gefunden, das man als »Smoking Gun« bezeichnen könnte, als deutlichen Hinweis dafür, dass ein Reisender aus Mitteleuropa in der für die Entstehung der Himmelsscheibe entscheidenden Zeit in Mesopotamien gewesen sein könnte. Ein wahrlich spektakulärer Fund, der, wie es in der Archäologie oft der Fall ist, auf unspektakuläre Weise gemacht wurde und auf den ersten Blick gänzlich unscheinbar wirkt. Es handelt sich um einen Altfund, der aus einem hundertjährigen Dornröschenschlaf geweckt wurde.

Als sich am Landesmuseum für Vorgeschichte in Halle Jan-Heinrich Bunnefeld daranmachte, die bronzezeitlichen Bernsteinfunde zu recherchieren, stieß er darauf, dass 1914 die Ausgräber der Deutschen Orient-Gesellschaft im heutigen Nordirak zwei Bernsteinfunde machten. Und zwar in Assur, der späteren Hauptstadt des assyrischen Großreichs.

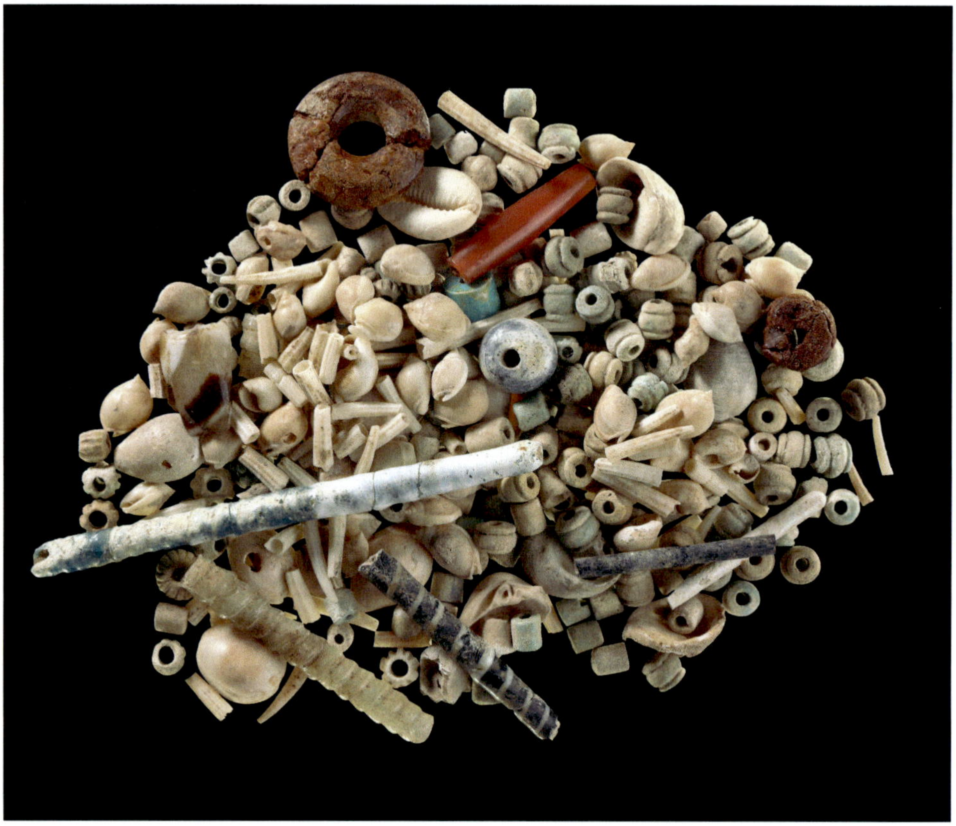

Wundersames Sammelsurium zu Ehren des Gottes Assur: ein Teil des Perlenpolsters, das sich im Fundament der Zikkurat fand. Deutlich zu erkennen sind zwei Perlen aus baltischem Bernstein. Sie stammen genau aus der Zeit, in der wir einen Reisenden aus Aunjetitz in Mesopotamien vermuten.

Die Archäologen hatten damals den Tempelturm ausgegraben, der dem gleichnamigen Stadtgott Assur gewidmet war. Im Grabungsbericht schreiben sie: »Wir nahmen Ziegel für Ziegel mit großer Vorsicht auf und hatten schließlich ein Lager aller möglichen Sorten von Perlen und Muscheln vor uns, das unmittelbar auf dem Felsen auflag.« Leider fand sich nicht die erhoffte Gründungsurkunde, nur ein Stück Hackgold. Solche Perlenpolster sind nicht untypisch für Zikkurats.

Das Polster bestand aus mehreren Tausend Perlen, Muschel- und Schneckenschalen unterschiedlichster Arten. Viele Perlen bestanden aus Glas oder Keramik. Die Steinperlen waren alle durchbohrt. Metallobjekte fanden sich nur wenige, darüber hinaus ein Fragment einer Straußenei-Schale und, für uns zentral, zwei Perlen aus Bernstein. Der damalige Ausgrabungsleiter Walter Andrae kommentierte das Sammelsurium so: »Das scheinen uns Repräsentanten der Naturreiche (der Elemente) und ihrer Kräfte zu sein ... Diese gibt man *unten* hin, ins Finstere des erdigen Untergrundes, in die tiefsten, erdverbundenen Schichten des Baues, die mit den dämonischen Kräften der finsteren Unterwelt in Berührung stehen.« Die galt es zu besänftigen, um die Standfestigkeit der gewaltigen Architektur zu gewährleisten.

Denkbar, dass bei solch einem Werk alle Vertreter der Elite ihren Anteil zum Perlenpolster leisteten: Immerhin ging es um den Wohnsitz des Stadtgottes. Zumal Assur lange von einer Stadtversammlung regiert wurde, die sich aus den führenden Familien zusammensetzte. Auch finanzierten sich die Bauvorhaben Assurs aus den Einkünften der weitreichenden Handelsaktivitäten der Stadt.

Natürlich lautete die erste Frage: Existieren die Bernsteinperlen noch? Wo werden sie verwahrt? Tatsächlich zeigten Bunnefelds Recherchen: Sie ruhen seit 100 Jahren im Vorderasiatischen Museum in Berlin, bestens aufgehoben und mit den Signaturen VA Ass 04740 und 04741 versehen. Es handelt sich um zwei scheibenförmige Perlen, die einst zu einer Kette gehört haben könnten. Sie messen 1,7 und 3,2 Zentimeter im Durchmesser. Das Rathgen-Forschungslabor unterzog sie sogleich einer Infrarot-Spektralanalyse. Nicht wenige der für baltischen Bernstein gehaltenen Objekte aus archäologischen Grabungen sind nämlich keine. Doch das Ergebnis war positiv: Beide Perlen bestehen aus Bernstein, der von der Ostseeküste stammt!

Damit gehören sie zu den ältesten gesicherten Bernsteinfunden im Alten Orient. Allein das ist ein mehr als bemerkenswerter Befund. Was die beiden Perlen aber im Himmelsscheibenkontext zur Sensation macht, ist ihr Deponierungsdatum: Es liegt in der Regierungszeit des Herrschers Šamši-Adad I. (1808–1776 vor Christus)

und damit genau in jenem Zeitfenster, in dem wir vermuten, dass der angehende Herr der Himmelsscheibe im Zweistromland unterwegs war. Stammen die Perlen aus seiner Hand? Oder hatte er zumindest den Bernstein dafür mitgebracht? Hatte er sich am festlichen Bauopfer zu Ehren des Stadtgottes Assur beteiligt? An solch einem fernen Ort dürften vor 3800 Jahren ja nicht allzu viele Reisende aus Mitteleuropa unterwegs gewesen sein.

« Ist das der Beweis? Bernstein von der Ostsee im rechten Moment in Assur am Tigris. Sind die beiden auffällig großen Perlen im Gepäck des späteren Herrn der Himmelsscheibe nach Mesopotamien gelangt? Oder wurden sie erst dort aus Rohbernstein angefertigt, den er mitgebracht hatte?

Nun könnte man vermuten: Der Bernstein ist über viele Etappen als Handelsgut hierhergelangt. Doch haben wir es mit jener Zeit zu tun, in der noch keine Hinweise auf etablierte Austauschsysteme in Sachen Bernstein existieren. Noch regulierte Aunjetitz, wie auch Wessex, den Austausch streng. Es handelt sich um eine Zeit, in der Bernstein eben allein als Geschenk innerhalb direkter Elitenkontakte von Hand zu Hand wechselte. Es spricht also viel dafür, dass die beiden Bernsteinperlen aus dem Gründungsdepot des Assur-Tempels ihren Weg ins Herz Mesopotamiens im Gepäck eines Reisenden aus dem Reich von Nebra machten. Ob dieser nun am Opfer selbst teilnehmen durfte oder ob die beiden Perlen von einer Kette stammen, die er vielleicht Jahre zuvor schon einem seiner Gastgeber überreichte, das müssen wir der Fantasie unserer Leserinnen und Leser überlassen.

Ob er weiterwanderte? Warum nicht? Babylon war die kommende Macht und lag keine 400 Kilometer entfernt. Hammurapi lenkte dort die Geschicke und würde bald schon Assur seinem Reich einverleiben. Unser Held aus Nebra kann von Assur aus weitergereist sein, die meiste Strecke per Boot den Tigris hinab, eben dorthin, wo die Sternenkunde ihre Anfänge nahm und er in die Geheimnisse des Himmels eingeweiht werden sollte.

MELTING POT DER BRONZEZEIT

Nun haben wir also, soweit das im Fall der Archäologie möglich ist, das Ziel vor Augen, um von dort die Spur unserer bronzezeitlichen Schnitzeljagd rückwärts zu verfolgen. Dazu verweilen wir zunächst noch in Assur, finden wir dort doch den Schlüssel für unsere Schritte zurück nach Westen. Gleich zwei Optionen bieten sich an.

Dass wir ausgerechnet in Assur auf Bernstein von der Ostsee stoßen, ist alles andere als eine Überraschung. Während die anderen Städte Mesopotamiens eifrig am *Game of Thrones* der Zeit teilnahmen und sich in gegenseitigen Konflikten verbissen, hatte man sich hier auf einem den Tigris überragenden Hügel ganz auf den Handel konzentriert. Noch war nicht zu erahnen, dass die Assyrer sich in den kommenden Jahrhunderten zu einer der gewaltigsten Militärmaschinen des Altertums aufschwingen sollten.

Assur fungierte als Handelsdrehscheibe, von der aus Dutzende Kaufmannssiedlungen in teils weit entfernten Städten dirigiert wurden. Solche Handelsniederlassungen, auf Akkadisch »*kārum*«, was so viel wie »Hafen« oder »Handels-Kai« bedeutet, fanden sich besonders in Anatolien und Nordsyrien. Die berühmteste ist Kaniš – heute die Ruinenstätte Kültepe in der Nähe der Stadt Kayseri –, gut 1000 Kilometer von Assur entfernt im Inneren Anatoliens gelegen. Hier haben Archäologen mehr als 20.000 Tontafeln ausgegraben.

Es handelt sich um die Archive der assyrischen Kaufleute, die detailliert Auskunft über das Wirtschaftsleben geben. Während die Assyrer Textilien und Zinn, das aus Mittelasien kam, nach Anatolien importierten, erhielten sie im Gegenzug Kupfer, Gold und Silber und erwirtschafteten damit gehörige Gewinne. Waren die Bedingungen gut, brauchte eine Eselskarawane rund sechs Wochen für die Strecke. Zwar wurde Kaniš um 1830 zerstört, aber das Handelsleben erwachte dort bald wieder. In Assur liefen zahlreiche solcher Handelsverbindungen zusammen.

Die Händler waren die eigentlichen Reisenden der Zeit und Orte wie Kaniš erstaunlich kosmopolitisch. Hier trafen und lebten bereits vor 4000 Jahren Men-

Kaniš – eine Kolonie assyrischer Kaufleute in Zentralanatolien und eines der ersten internationalen Handelszentren der Welt. Für Zinn und Textilien erhielten die Assyrer Kupfer, Silber und Gold. Auch hier fand sich Bernstein in der zur Himmelsscheibe passenden Zeit.

schen aus den unterschiedlichsten Regionen zusammen. Aus den Archiven wissen wir, dass Hethitisch, Luwisch, Hattisch, Hurrisch und diverse weitere semitische Sprachen gesprochen wurden. Und natürlich Akkadisch, die internationale Verkehrssprache in Mesopotamien wie der Levante. Immer gab es auch Übersetzer. Ein wahrer Melting Pot der Bronzezeit.

Für uns wichtig: Tatsächlich wurden einzelne Bernsteinperlen gefunden – und zwar in Schichten, die in den uns interessierenden Zeithorizont passen. Kārum Kaniš gehört also zu den potenziellen Zwischenstationen eines Reisenden aus Aunjetitz. Mit einer Eselskarawane hätte er weiter nach Assur und Babylon ziehen können. Der Haken daran: Kaniš liegt in Zentralanatolien. Es ist schwer vorstellbar, auf welchen Wegen er aus dem Mittelmeerraum hierhergelangt sein könnte und warum. Das müsste schon eine ordentliche Odyssee gewesen sein. Undenkbar ist es jedoch nicht. Vielleicht hat er diese Route auch als Heimweg gewählt, weil er die Zinnhändler begleiten wollte, um zu erfahren, welchen Profit sie aus jenem Stoff zogen, der auch in seiner Heimat von solch eminenter Wichtigkeit war.

KÖNIGE UND KARAWANEN

Deshalb halten wir einen anderen Weg für wahrscheinlicher. Um ihn zu erklären, müssen wir kurz in die Politik eintauchen. Woher Šamši-Adad I. eigentlich genau gekommen war, ist immer noch nicht mit Sicherheit geklärt; in jedem Fall eroberte er nicht nur Assur, sondern unterwarf sich ein Reich, welches das ganze nördliche Zweistromland umfasste. Doch sollte es von so kurzer Dauer sein, dass es nicht einmal einen eigenen Namen erhielt, stattdessen ist heute vage vom »nordmesopotamischen Königreich« die Rede.

Über 20.000 Tontafeln liefern ein detailliertes Bild vom Handelsleben in Kaniš: Auf dieser sind die Siegel zweier Zeugen abgerollt, die Prozessionen zu einer von Sichelmond und Stern begleiteten Gottheit zeigen.

Als Usurpator war Šamši-Adad I. sehr darauf bedacht, seine Macht zu festigen. Das erklärt sein Engagement, den Ausbau des Tempels des Stadtgottes Assur zu betreiben und sich damit göttlicher Unterstützung zu versichern. Deshalb setzte er seine Söhne bereits zu Lebzeiten als ihm nachgeordnete Mitregenten ein. Einen davon in der so wichtigen Stadt Mari, er verheiratete ihn mit einer Tochter des Königs von Qatna. So sicherte er die wichtige Handelsroute nach Westen. Doch schon mit Šamši-Adads Tod zerfiel das Reich, was zwei andere Herrscher zu nutzen wussten: Hammurapi in Babylon und Zimri-Lim in Mari. Lange miteinander verbündet, endete diese Allianz damit, dass Hammurapi 1759 vor Christus Mari eroberte und zerstörte. Wenigstens für die Historiker war das ein Glück, schützten die Ruinen doch die Palastarchive für eine halbe Ewigkeit.

Den Tontafeln verdanken wir das Wissen, dass Zimri-Lim, solange er Herrscher in Mari gewesen war, enge Kontakte nach Qatna pflegte. Wir erinnern uns, das kleine Königreich dominierte den Karawanenweg, der von Mari via Palmyra zum Mittelmeer verlief: Von Qatna aus musste man nur dem Orontes folgen und war fast schon in Ugarit am Mittelmeer, auch der Weg nach Byblos war leicht. Mari war eines der uralten Kult- und Kulturzentren des Zweistromlandes. Sein Palast war legendär wegen seiner Schönheit; vermutlich hatte er nicht nur den Herrschern von Qatna als Vorbild gedient.

» Austausch allerorten: Kretische Gesandte bringen Geschenke, darunter einen Ochsenhautbarren Kupfer (2. v. r.). Wandmalerei im Grab des Rechmire, eines Hofbeamten unter Thutmosis III. und Amenophis II., um 1450 v. Chr.

Wichtig für uns nun: Aus den Palastarchiven wissen wir von einer hochherrschaftlichen Expedition. Zimri-Lim machte sich mit einem Gefolge von über 4000 Personen zur Reise ans Mittelmeer auf. Erst per Schiff den Euphrat hoch, dann weiter nach Aleppo und schließlich nach Ugarit. Drei Monate war die königliche Reisegruppe unterwegs, sie hatte prächtige Geschenke im Gepäck und hochbegehrte Barren aus Zinn. In Ugarit hielt Zimri-Lim einen Monat lang Hof. Wie immer in der dem Geschenkeaustausch verpflichteten Bronzezeit nahm er Gaben entgegen von Gesandten aus Städten wie Hazor und Byblos, um die alten Beziehungen zu erneuern. In Ugarit war man so begeistert von Zimri-Lims Erzählungen, dass man versprach, bald selbst nach Mari zu reisen, um das Wunderwerk seines Palasts zu besichtigen.

Wie bei heutigen Staatsbesuchen nutzte auch Zimri-Lim seinen Aufenthalt in Ugarit, um neue Handelsbeziehungen aufzubauen. So versuchte er, Kontakte übers Meer zum kupferreichen Zypern zu knüpfen, und er traf sich – für uns entscheidend – mit Kaufleuten aus Kreta. Tatsächlich wissen wir, dass es im Palast von Qatna kretische Fresken gab. Der Austausch zwischen den Mächtigen der Zeit betraf ja nicht nur Waren, auch Handwerker, Musiker oder Ärzte wechselten von Hof zu Hof. Dass sich auch in Mari schon sehr früh baltischer Bernstein fand und später auch in Qatna und Ugarit, rundet das Bild ab.

Der König von Mari, der sich in Ugarit mit Kaufleuten des minoischen Kreta austauscht: Für uns ist das die personalisierte Schnittstelle zwischen der Welt des

Mittelmeers und der Mesopotamiens. Auf den skizzierten Routen zogen beständig die Händler mit ihren Eselskarawanen (Kamele waren noch nicht in Gebrauch). Von Mari ging es weiter nach Assur und Babylon. Der Austausch war alltäglich, die Neugier nach neuen Kontakten, Wegen und Waren ebenso ausgeprägt.

Wir haben es hier mit der von uns favorisierten Route zu tun. Natürlich fehlt es noch an Beweisen, aber jede einzelne Station ist wahrscheinlich. Vor allem, wenn man berücksichtigt, dass in Byblos, der damals bedeutendsten Handelsstadt am Ostrand des Mittelmeers, gleich südlich von Ugarit, bronzene Ösenhalsringe und Schleifennadeln gefunden wurden, die in Mitteleuropa ihre nächsten Entsprechungen haben. Wie schon betont: Der kleine Armring aus Elektron aus dem wohl aus dem Bornhöck stammenden Hort hat ein Gegenstück aus der gleichen Gold-Silber-Legierung in Byblos. Was spricht dagegen, in diesem ein Mitbringsel zu sehen?

DER GEIST DER BRONZEZEIT

Aus all diesen Überlegungen ergibt sich eine mögliche Route, die von Nebra über die Alpen nach Roca Vecchia führt, von dort ging es per Schiff nach Kreta, weiter zur ägyptischen Küste, diese entlang nach Osten, die Levante hoch bis nach Byblos und Ugarit, über Qatna und Mari dann nach Assur und von dort gen Süden nach Babylon. Wo unser Reisender überall haltmachte, ob er vielleicht über Kārum Kaniš zurückreiste: Wir wissen es nicht. Auch wollen wir die Balkanroute nicht gänzlich ausschließen. Wie lange war er unterwegs? Ein Jahr, zwei oder drei Jahre? Allein oder mit Gefährten? Es erscheint uns zwingend, dass er in der Fremde mindestens eine neue Sprache lernte.

Griff nach den Sternen: Es gab immer Zeiten, in denen es die Menschen besonders stark nach mehr als den altbekannten Sphären verlangte. Die Bronzezeit gehört dazu. Buchmalerei am Anbeginn der Renaissance, Mitte des 15. Jh. n. Chr.

Welchen Weg der zweite Reisende nahm, der aus Ägypten den Mythos der reisenden Sonne nach Norden brachte, entzieht sich uns bisher. Bis nach Kreta kann der Weg identisch gewesen sein: Auch er segelte von dort über das Meer nach Süden. Er könnte in Avaris im Nildelta angelandet sein, das den Hyksos als Hauptstadt dienen wird. Dort legten Archäologen einen nach minoischem Vorbild gestalteten Palast frei. Vieles deutet daraufhin, dass Avaris für Händler aus Kreta und dem Vorderen Orient das Tor nach Ägypten darstellte.

Kein Zweifel: Unsere Rekonstruktion des Reisewegs des Herrn der Himmelsscheibe ist höchst spekulativ, daraus wollen wir nicht den geringsten Hehl machen. Aber Hypothesenbildung gehört nun einmal zur Wissenschaft dazu. Sie erst initiiert neue Forschungen, um die sich daraus ergebenden Annahmen zu überprüfen. Stellt sich dann heraus, dass die Hypothese nicht zu halten ist, wird sie beerdigt. Vor allem hilft die Frage »Wie könnte es konkret gewesen sein?«, neue Wege zu finden und Fragestellungen zu entwickeln.

Die Idee einer Reise aus dem Herzen Europas zu den frühen Hochkulturen sollte jetzt nicht mehr so fantastisch erscheinen. Die Etappe Nebra–Alpen spielte sich unter Freunden ab, die Verbindungen von Kreta bis Babylon existierten ohnehin, wenn auch über viele Zwischenstationen. Es herrschte reger Austausch, Menschen aus den verschiedensten Kulturen standen im ständigen Kontakt, tauschten Dinge, Informationen und Ideen. Die Interaktion der Eliten, die Vielfalt des Fernhandels blühten hier. Das war der Geist der Bronzezeit! Sie alle einte der Griff nach den Sternen.

Das Schiffswrack von Uluburun bestätigt all das eindrucksvoll. Es verschafft uns die Gewissheit: Vor 3300 Jahren waren Menschen aus den verschiedensten Weltgegenden gemeinsam im Fernhandel tätig. Sollte das nicht schon fünf Jahrhunderte früher, wenigstens in Ansätzen, der Fall gewesen sein – und damit die Himmelsscheibe ermöglicht haben? Mitunter ist die Vergangenheit viel fortschrittlicher, als wir uns das in unserer modernen Selbstgefälligkeit vorstellen mögen. Wir neigen dazu, unsere Vorfahren dramatisch zu unterschätzen.

EPILOG

Welche Zeiten für Entdeckungen! Es scheint, als breche ein neues Zeitalter der Archäologie an. Als wir mit der Arbeit an diesem Buch begannen, trieben uns zwei Motive an: Wir wollten die Himmelsscheibe in das bronzezeitliche Universum einbinden, und das sollte möglichst bildkräftig geschehen. Wir ahnten kaum, wie viele aktuelle Entdeckungen wir zu verzeichnen haben würden. Fast im Monatstakt schneiten neue Ergebnisse herein.

Die Verwendung immer raffinierterer naturwissenschaftlicher Methoden revolutioniert die Archäologie, dabei werden viele etablierte Gewissheiten infrage gestellt. Doch das ist nicht allein entscheidend. Mindestens ebenso wichtig ist der damit verbundene Austausch mit Wissenschaftlerinnen und Wissenschaftlern der verschiedensten Disziplinen. Vielköpfige, internationale Teams sind heute die Regel – angetrieben von dem Wunsch, die großen Rätsel der Menschheitsgeschichte zu lösen. Sie bringen neue Interessen, neue Fragestellungen mit und tragen so dazu bei, dass immer neues, immer vielgestaltigeres Material noch in den entlegensten Winkeln der Vergangenheit aufgestöbert und gehoben werden kann.

Unser Bronzezeitpuzzle ist gleichwohl längst noch nicht fertig, aber das Motiv, das es zeigen könnte, sollte nun deutlicher zu erkennen sein. Und das, obwohl wir in den meisten Fällen nur mit kleinen und kleinsten Puzzleteilen herumtüfteln konnten. Aber wir dürfen auch nicht zu viel erwarten. Absolute Gewissheit wird es, wie so oft in der Archäologie, nie geben. Unser Wissen über die Welt vor 4000 Jahren ist selbst für große Bereiche des alten Ägyptens, Kretas oder Mesopotamiens sehr fragmentarisch. Doch das Gesamtbild sollte, so hoffen wir, stimmiger geworden sein: Die Himmelsscheibe von Nebra ist Produkt und Zeugnis einer erstaunlich eng verflochtenen Welt, die von Stonehenge bis nach Babylon vom Griff nach den Sternen geeint war.

« Wie ein grüner Planet im All leuchtet die Himmelsscheibe von Nebra im Allerheiligsten des Landesmuseums für Vorgeschichte in Halle. Über ihr ziehen die Sterne ihre Bahnen.

LANNISTERS GOLDENE HAND

Unsere Arbeit soll kein Selbstzweck sein. Die aufgestellten Thesen und die daraus folgenden Fragestellungen helfen womöglich, andere Funde besser zu verstehen. Die Bronzehand von Prêles etwa. Kürzlich entdeckt im Berner Jura in der Schweiz, sorgt sie seither international für Schlagzeilen. Schon früh wurde sie mit der Himmelsscheibe in Verbindung gebracht. Es handelt sich um ein ebenso singuläres Stück. »Die Bronzehand von Prêles ist die bislang älteste bekannte Bronzeplastik eines menschlichen Körperteils aus Europa«, sagt die Schweizer Archäologin Andrea Schaer. Auch die Kombination von Gold und Bronze erinnert an die Nebra-Scheibe: Am Armansatz trägt die Bronzehand ein Armband aus Goldblech.

Vor allem jedoch die Fundumstände wecken Erinnerungen: Entdeckt wurde die Bronzehand im Herbst 2017 von zwei Sondengängern, die ohne Bewilligung unterwegs waren. Sie bargen die Hand, drei abgebrochene Finger, einen Bronzedolch und das Fragment einer menschlichen Rippe. Zumindest waren das die Objekte, welche die beiden zwei Tage später dem Archäologischen Dienst übergaben. Leider scheinen sie sich nicht an die Abmachung gehalten zu haben, über den Fund Stillschweigen zu wahren. Es kam zu weiteren illegalen Aktivitäten an der Fundstelle.

Bei der offiziellen Ausgrabung 2018 traten dann Reste eines Grabhügels zutage und schlecht erhaltene Knochen, die einem Mann gehörten, der im Alter zwischen 25 und 45 gestorben war. Die Archäologen fanden noch eine Bronzespirale und eine zerbrochene Keulenkopfnadel – vor allem aber entdeckten sie einen der beiden fehlenden Finger der Bronzehand. Damit war die Angabe der Sondengänger, dass es sich um den tatsächlichen Fundort handelte, bestätigt. Im Herbst 2018 wurde die Bronzehand der staunenden Öffentlichkeit vorgestellt.

Da das Goldblech, anders als bei der Himmelsscheibe, mit einem organischen Kleber auf der Bronze fixiert wurde, war eine C14-Datierung möglich, welche die

Hand in den Jahrzehnten vor 1400 vor Christus lokalisiert. Offensichtlich handelt es sich um eines der reichsten bronzezeitlichen Gräber der Schweiz. Das unterstützt auch die Lage: Der mutmaßliche Grabhügel liegt auf einem abfallenden Plateau unter dem 1607 Meter hohen Chasseral, dem höchsten Gipfel des Berner Jura. Hoch über dem Bielersee gelegen, bietet sich ein majestätischer Blick aufs Schweizer Mittelland und den gesamten Alpenbogen.

Vermutlich ist der Fund aber nicht komplett. Bei einer mittelbronzezeitlichen Grabausstattung dieses Rangs ist zu erwarten, dass der Tote mit einem Schwert bestattet wurde und ihm ein goldener Lockenring beigegeben war. Von beiden fehlt aber jede Spur. Insofern bleibt der Verdacht bestehen, dass nicht alle Beigaben übergeben oder sie schon vor der Ausgrabung der Berner Archäologen illegal geborgen worden sind.

Es wird viel gerätselt, was es mit der aus einer sehr zinnreichen Bronze gegossenen Hand auf sich haben könnte. Die Presse vermutete, es könnte eine Prothese gewesen sein, schließlich handelte sich um eine rechte Hand, nur wenig kleiner als die eines heutigen Erwachsenen. Diese Theorie entfaltete nicht zuletzt deshalb ihre Suggestivkraft, weil in den Köpfen noch immer der »*Kingslayer*« Jaime Lannister mit seiner goldenen Ersatzhand herumspukt. *Game of Thrones* im Schweizer Jura!

Die Archäologen erwiesen sich wieder einmal als Spielverderber: Für den Alltagseinsatz sei die Hand viel zu filigran gearbeitet. Da aber der rechte Arm nicht gefunden wurde, wird diese Option weiterhin die Gemüter beschäftigen. Alternativ diskutieren die Archäologen, ob es sich um ein Zepter oder ein Hoheitszeichen gehandelt haben könnte. Die Hand war einst auf einem Substrat befestigt, über das wir nichts wissen. Auch einen religiösen Kontext ziehen sie in Betracht, wird doch die geöffnete Hand mit Schutz, Segen oder Frieden assoziiert.

Erscheinung aus dem Nichts? Der Fund der Bronzehand von Prêles war eine ähnlich unerwartete Überraschung wie die Himmelsscheibe (links die Rückseite).

Vergleichbares ist in der europäischen Bronzezeit bisher nicht gefunden worden. Die Materialuntersuchungen belegen, dass es sich um kein Importstück aus dem Vorderen Orient handelt. Das Kupfer könnte aus den französischen Alpen

Die Archäologie hat noch viele Geheimnisse zu bieten: Eine Sensation war die Entdeckung der nicht beraubten Königsgruft unter dem Palast von Qatna. Dort fanden sich spektakuläre Objekte.

kommen, das Zinn aus Cornwall oder dem Erzgebirge, und auch das Gold ist mit einem Silbergehalt von rund zehn Prozent typisch für die Schweizer Bronzezeit. Die von den Archäologen bisher herangezogenen Vergleichsbeispiele wie zum Beispiel etruskische Hände aus Bronzeblech stammen aus deutlich späteren Zeiten. Ist also die Hand von Prêles eine absolut singuläre Erscheinung – als wäre sie vom Himmel gefallen?

Nimmt man jedoch die aus der Himmelsscheibenforschung resultierende und in diesem Buch ausführlich dargestellte These ernst, dass im bronzezeitlichen Mitteleuropa Verbindungen mindestens sporadischer Natur nach Ägypten und in den vorderasiatischen Raum existierten, wird es spannend. Denn etwa im kleinen Königreich Qatna, das wir als Schnittstelle zwischen der mediterranen und der mesopotamischen Sphäre kennengelernt haben, finden sich gleich zwei Handskulpturen. Beide passen von der Zeit her – sie werden ins 15./14. Jahrhundert vor Christus verortet –, beide entstammen der unter dem Palast gelegenen Königsgruft.

In dem einen Fall handelt es sich um die Fragmente einer aus Bernstein gefertigten Hand, die wohl einmal sechs bis acht Zentimeter lang war. Ein außergewöhnliches Stück, dessen Funktion und Bedeutung nicht geklärt sind. Noch spektakulärer aber ist eine innen hohle Hand aus Goldblech. Sogar die Gelenke und die Fingernägel sind angedeutet. Der Ausgräber Peter Pfälzner vermutet, dass die Hand einst auf einem Stab aufgesteckt war und für Trankopfer, sogenannte Libationen, genutzt wurde. »Zu diesem Zweck könnte auf der Innenfläche der Hand eine Schale angebracht gewesen sein«, sagt Pfälzner. In der Königsgruft von Qatna wurden in Gegenwart der Toten rituelle Speisungen abgehalten. Das bezeugen die in der Gruft gefundenen Mengen an einschlägiger Keramik mitsamt diversen Speiseresten.

Auch in der minoisch-mykenischen Welt existieren Beispiele für Handskulpturen. Besonders aufschlussreich jedoch ist eine in Silber gearbeitete, zur Faust geballte Hand, die aus dem von den Hethitern beherrschten Anatolien stammt. Bei dieser Silberhand aus dem 14./13. Jahrhundert vor Christus handelt es sich tatsächlich um einen Kelch, der Flüssigkeiten aufnehmen konnte. Und sie besitzt ein Relief, das einem Armband gleich das Handgelenk umläuft (wie es die Goldmanschette bei der Hand von Prêles macht). Dieses Relief zeigt, wie der hethitische König dem Keulen schwingenden Sturmgott ein Trankopfer darbringt.

Diese Stücke etwa. Ramponiert – und doch mehr als bedeutsam. Eine Hand, einmal mehr gearbeitet aus Bernstein. Doch selbst diese lässt sich übertreffen …

Uns geht es hier aber gar nicht so sehr darum, dass diese Vergleichsstücke nahelegen, auch die Bronzehand von Prêles als Libationshand zu deuten. Der als Tülle gestaltete Armansatz ist auf der Handrückseite ausgebrochen, was als Beleg gewertet werden könnte, dass die Hand früher auf einem Träger, etwa einem Stab, montiert war. Die leicht konkave Innenfläche und die ausgestreckten Finger wären geeignet, eine Schale aufzunehmen, um ein Trankopfer zu vollziehen. Welcher Gottheit wohl ein solches auf einer prächtigen Hand aus Bronze und Gold dargeboten wurde? Und welches Getränk?

Nein, uns geht es vielmehr darum, dass wir es mit einem weiteren prominenten Fall zu haben, bei dem wir die Wahl haben, einen exorbitanten Fund als plötzliche, kaum zu erklärende Erscheinung aus dem Nichts zu deuten. Oder die

… durch eine weitere in der Gruft gefundene Hand, diesmal aus Gold und erstaunlich lebensnah dargestellt, Fingernägel inklusive. Gab es Beziehungen aus dem alten Syrien bis in die Alpen?

Option, der Himmelsscheibenthese zu folgen, dass es sich auch hier um eine Inspiration aus der Ferne handelt. Wir halten es für sehr wahrscheinlich, dass die Bronzehand von Prêles ein weiteres Zeugnis für den Ideentransfer ist, wie er für die globalisierte Welt der Bronzezeit typisch war. Der Weg über die Alpen war aus der Schweiz sehr kurz.

In diesem Buch haben wir immer und immer wieder gesehen: Die in der Ägäis oder im Alten Orient gewonnenen Erkenntnisse oder bestaunten Güter werden zu Hause auf durchaus eigenständige Weise nachgeahmt: ob es nun kykladische Lanzenspitzen, mykenische Rasiermesser oder ägyptische Klappstühle waren. Und das sehen wir auch beim Himmelsscheibendepot: Das schlangenbewehrte Nebra-Schwert zitiert auf eigene Weise die schlangentragenden Vorbilder aus der ägyptischen Sphäre. Die Tauschierungstechnik, mit der die Goldobjekte auf der Bronzescheibe montiert wurden, imitiert die viel raffiniertere Kunstfertigkeit der minoischen Welt. Und wenn man so will, notiert auch der Herr der Himmelsscheibe das kalendarische Wissen auf eine sehr eigenständige Weise. Er drückt es nicht mit einem Schilfrohr in feuchte Tontafeln ein, er schreibt es mit Gold auf Bronze.

DAS ENDE DER WEISSEN FLECKEN?

Wir dürfen nicht vergessen, dass allein ein winziger Rest dessen, was einmal gewesen ist, die Zeiten überdauert hat. Und von diesen Relikten wird auch nur ein Bruchteil, meist bei Rettungsgrabungen, zutage gefördert. Der gezielten Suche nach den großen kultur- oder gar kontinentübergreifenden Zusammenhängen, wie wir sie in diesem Buch darzustellen versuchten, ist das nicht gerade zuträglich. Ebenso erschwerend wirkt sich aus, dass die Archäologie sich in viele Unterdisziplinen – von der prähistorischen über die vorderasiatische Archäologie bis hin zur Ägyptologie – spezialisiert hat. Das führt dazu, dass es an großen Synthesen mangelt, was ein Unternehmen wie das unsere zum Abenteuer macht. Oder um unser Bild aus der Einleitung aufzugreifen: Die Puzzleteile werden immer

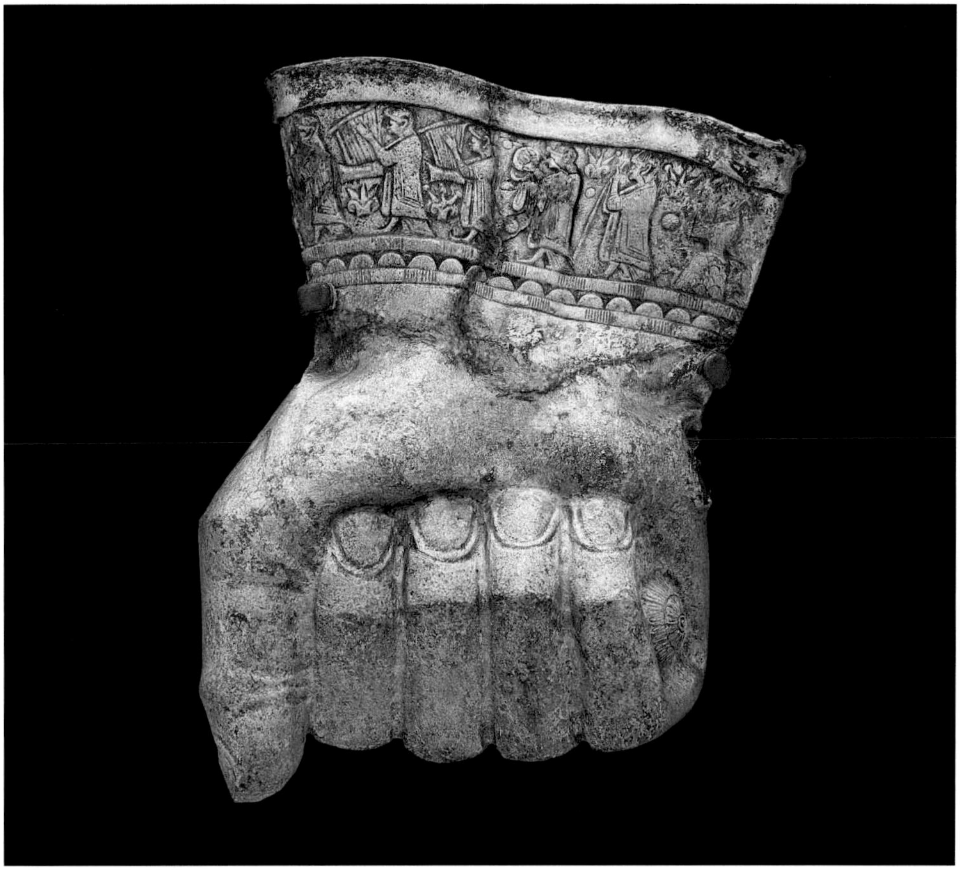

Imposante Schmiedekunst der Hethiter. Eine silberne Faust, dazu bestimmt, Getränke aufzunehmen, die den unermesslichen Durst der Götter stillen sollten.

mehr; die Zahl derer aber, die sich daran versuchen, sie zu einem faktenbasierten Gesamtbild zusammenzusetzen, nimmt tendenziell ab.

Auch deshalb sind die neuen naturwissenschaftlichen Methoden ein Glücksfall. Ihnen ist zu verdanken, dass wir an Informationen über das menschliche Leben gelangen, wie es sich vor Jahrtausenden zugetragen hat, die uns bis vor Kurzem noch auf ewig verschlossen schienen. Und das in großer Anzahl. Um ein Beispiel zu geben: In den Depots des Landesmuseums für Vorgeschichte in Halle ruhen über 10.000 Skelette, sorgsam in grauen Schachteln verwahrt. Die meisten haben Archäologen vor einer Autobahn, ICE-Trasse oder einem Gewerbepark gerettet. Nun werden Hunderte von ihnen in Kooperation mit dem Max-Planck-Institut für Menschheitsgeschichte in Jena und dem für Evolutionäre Anthropologie in Leipzig nach allen Regeln der modernsten anthropologischen Kunst mikroinvasiv untersucht.

Das Erbgut wird entschlüsselt, Isotopenanalysen der Zähne und Knochen werden betrieben, Paläoproteinuntersuchungen des Zahnsteins durchgeführt. Bald werden wir viel mehr über das Woher und Wohin der Menschen in Europa wissen, aber auch über den Einfluss, den Seuchen darauf hatten. Weil zudem die Genome der Erreger sequenziert werden, die noch in alten Knochen oder im Zahnstein stecken, lässt sich erkennen, wie Epidemien über lange Zeiträume hinweg verliefen, ob sie mit neuen Wellen gefährlicher wurden oder sich abschwächten und welche Menschen ihnen zum Opfer fielen und welche weniger bedroht waren.

Solche Ansätze tragen nicht zuletzt dazu bei, die traditionelle Fokussierung der Archäologie auf gesellschaftliche Eliten und die im materiellen Befund überrepräsentierten Männer aufzubrechen. Sie multiplizieren das Wissen über den *Homo sapiens*. Wir erkennen, dass vieles, was uns heute als normal oder unvermeidlich erscheint, weder naturgegeben noch schicksalhaft, sondern das Produkt besonderer, nicht einmal allzu alter historischer Umstände und gesellschaftlicher Konstellationen ist.

Die Bronzezeit ist jene Epoche, in der vieles erstmals gesellschaftsbestimmende Ausmaße annahm, was uns bis heute beschäftigt: Krieg, Männerdominanz, soziale Ungleichheit, Hierarchien, Herrschaft. Die Erkenntnis, dass wir die längste Zeit der Menschheitsgeschichte ohne diese Dinge auskamen, kann uns helfen herauszufinden, wie es mit der Spezies Mensch in Zukunft weitergehen soll. Keine Frage, ein Zurück gibt es nicht! Aber das Wissen um unsere Vergangenheit und die kulturellen Altlasten, die wir mit uns herumtragen, lässt uns besser verstehen, was eigentlich menschenmöglich und menschenwürdig ist.

Doch halt! Wenn wir jetzt selbst alten Knochen nie erahnte Geheimnisse entlocken, laufen wir dann nicht Gefahr, dass auch der Archäologie die weißen Flecken ausgehen? Bleiben uns dann allein die unendlichen Weiten des Universums als letztes Refugium, in dem wir uns der Entdeckerlust hingeben dürfen? Nein, da können wir Entwarnung geben. Die Erforschung der Himmelsscheibe von Nebra lehrt uns gerade, was das eigentlich Fantastische an der Archäologie ist: Löst diese ein Rätsel, wirft sie gleich zwei neue auf.

»
Nacht in den Sphären der Himmelsscheibe von Nebra. Was bleibt zu entdecken? Wovon haben wir noch nicht die geringste Ahnung? Eines jedenfalls ist sicher: Wir suchen weiter.

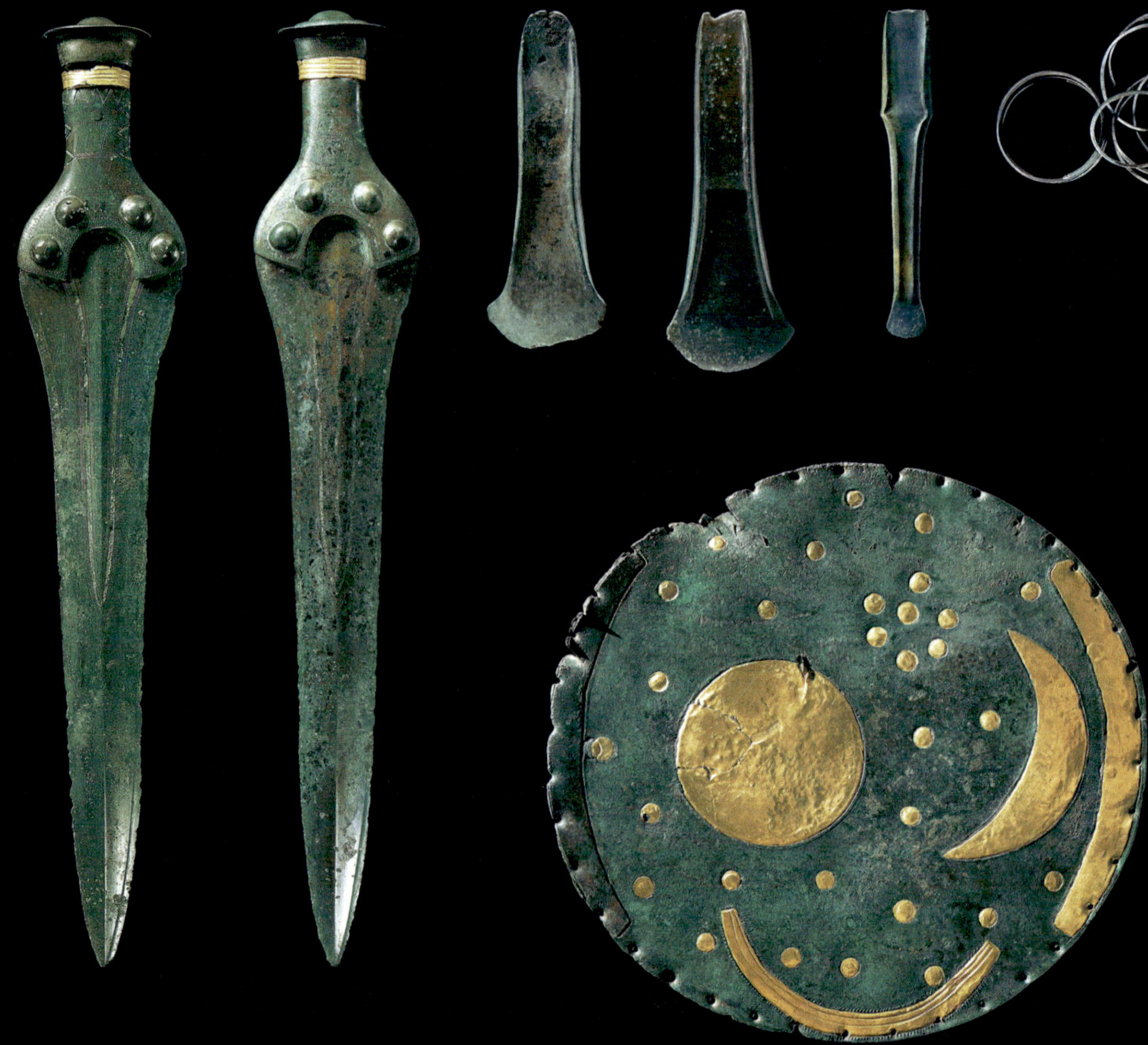

DANK

In diesem Buch profitierten wir einmal mehr von der Unterstützung vieler Wissenschaftlerinnen und Wissenschaftler, die uns schon bei unserem letztem Buch *Die Himmelsscheibe von Nebra* auf überaus kollegiale Weise zur Seite standen. Herzlich danken möchten wir: Kurt W. Alt, François Bertemes, Gregor Borg, Timothy Darvill, Michal Ernée, Andrew Fitzpatrick, Florian Freistetter, Manuel Frey, Susanne Friederich, Wolfgang Haak, Rahlf Hansen, Svend Hansen, Anthony Harding, Flemming Kaul, Johannes Krause, Kristian Kristiansen, Mario Küßner, Louis D. Nebelsick, Nicole Nicklisch, Mike Parker Pearson, Ernst Pernicka, Joshua Pollard, Frank Ramsthaler, Teodoro Scarano, Wolfhard Schlosser, Konrad Schmid, Torsten Schunke, Ralf Schwarz, Courtenay V. Smale, André Spatzier, Harald Stäuble, Sven Thomas, Carel van Schaik und Christian-Heinrich Wunderlich. Für die Lektüre des Manuskripts oder von Auszügen danken wir ganz besonders Jan-Heinrich Bunnefeld, Florian Innerhofer, Reinhard Jung, Franziska Knoll, Günther Knoll, Heidi Köpp-Junk, Lutz Martin, Roberto Risch und Bernhard F. Steinmann. Mögliche Fehler und Irrtümer haben wir als Autoren natürlich ganz allein zu verantworten.

Für die unermüdliche, zeit- und nervenraubende Unterstützung in allen wissenschaftlichen wie organisatorischen Belangen insbesondere bei der Bildrecherche möchten wir uns herzlich bei Juliane Filipp und Franziska Knoll bedanken. Auch Konstanze Geppert stand uns wieder mit Rat und Tat zur Seite. Alfred Reichenberger hat uns in Fragen der Öffentlichkeit beraten, und Bettina Stoll-Tucker möchten wir für die Bildbereitstellung danken. Klaus Pockrandt hat ein wunderbares Cover sowie das Layout entworfen, Arnold Muhl verdanken wir den Titel und Peter Palm die fantastischen Karten. Wie das Landesmuseum für Vorgeschichte in Halle ohne die Arbeiten der beiden Künstler, des Fotografen Juraj Lipták und des Illustrators Karol Schauer, kaum vorstellbar wäre, so gilt das auch für dieses Buch:

«
Wer immer diesen erstaunlichen Schatz aus Bronze und Gold vergraben haben mag, wird sich manches vorgestellt haben, was die Zukunft bringen könnte – aber kaum den Trubel, den er 3600 Jahre später damit auslösen sollte.

Ihre Bilder erlauben es, in die Vergangenheit einzutauchen. Und auch Rolf Vieweg war immer für uns da, wenn wir ihn brauchten. Zudem sind wir am Landesamt für Denkmalpflege und Archäologie Sachsen-Anhalt Heiko Breuer, Claudia Gärtner, Birte Janzen, Brigitte Parsche, José Antonio Soldevilla, Anna Swieder und Claudia Wollmann zu Dank verpflichtet. Ganz besonders sei auch dem ESA-Astronauten Matthias Maurer für seine Himmelsscheibenbegeisterung gedankt. Wir wünschen ihm alles Gute für seinen ersten Flug zur Internationalen Raumstation ISS.

Auf gewohnt professionelle Weise haben Max Brockman, Michael Healey und Russell Weinberger das Erscheinen dieses Buchs ermöglicht. Der Ullstein Verlag hat uns zuallererst durch Kristin Rotter, aber auch durch Julika Jänicke, Juliane Junghans und Friederike Schönherr sowie natürlich durch den Verleger Karsten Kredel und seine Vorgängerin Barbara Laugwitz bestens unterstützt. Dunja Reulein hat erneut ebenso hervorragende wie sensible Arbeit geleistet, dem Text den letzten Schliff zu geben. Und Janine Milstrey hat gemeinsam mit Axel Raidt aus all dem ein wunderschönes Buch gezaubert. Herzlichen Dank an alle dafür – nicht zuletzt für die Geduld und die Improvisationsbereitschaft, ein solches Buch unter den Bedingungen der Covid-19-Pandemie zu produzieren.

Das letzte Mal formulierten wir auf Himmelsscheibenweise, dass wir Franziska, Emilia, Katharina, Anna und Nikolai viel mehr als nur einen Stern schulden. In diesem Sinne hat uns der *Griff nach den Sternen* nur noch tiefer in ihre Schuld geraten lassen.

LITERATURVERZEICHNIS

Grundlegend zur Fundgeschichte, der Erforschung und Einordnung der Himmelsscheibe von Nebra und der Kultur, die sie hervorbrachte, ist immer noch unser Buch: *Die Himmelsscheibe von Nebra. Der Schlüssel zu einer untergegangenen Kultur im Herzen Europas* (Berlin 2018). Im Folgenden führen wir die wesentliche von uns verwendete Literatur zu den einzelnen Kapiteln auf. Auf Doppelnennungen haben wir verzichtet. Wo wir auf einzelne Beiträge des sehr empfehlenswerten Katalogs zur neuen Sonderausstellung des Landesmuseums für Vorgeschichte in Halle eingehen – H. Meller/M. Schefzik (Hrsg.), *Die Welt der Himmelsscheibe von Nebra – Neue Horizonte* (Darmstadt 2020) –, werden wir diesen mit H. Meller/M. Schefzik (2020) abkürzen.

SEHNSUCHT NACH UNENDLICHKEIT

H. Meller, »Codiertes Wissen damals und heute – Eine Einführung.« In: H. Meller/M. Schefzik (2020), S. 29–33.

M. N. Pareja u. a., »A New Identification of the Monkeys Depicted in a Bronze Age Wall Painting from Akrotiri, Thera.« In: *Primates* 61, 2020, S. 159–168.

F.-W. Steinmeier, »Geleitwort.« In: H. Meller/M. Schefzik (2020), S. 15.

1 GOLDENE STERNE IM BRONZEHIMMEL

D. Berger, *Bronzezeitliche Färbetechniken an Metallobjekten nördlich der Alpen. Eine archäometallurgische Studie zur prähistorischen Anwendung von Tauschierung und Patinierung anhand von Artefakten und Experimenten* (Halle/S. 2012).

G. Borg/E. Pernicka, »Goldene Zeiten? Europäische Goldvorkommen und ihr Bezug zur Himmelsscheibe von Nebra.« In: *Jahresschrift für Mitteldeutsche Vorgeschichte* 96, 2017, S. 111–137.

G. Borg u. a., »From Distant Lands – Provenance Studies of Natural Gold in Comparison to the Gold of the Sky Disc of Nebra.« In: H. Meller/F. Bertemes (Hrsg.), *Der Aufbruch zu Neuen Horizonten. Neue Sichtweisen über die Europäische Frühbronzezeit* (Halle/S. 2019), S. 55–78.

G. Borg/C. V. Smale, »Das Gold des Carnon River, Cornwall.« In: *Lapis* 7–8, 2020, S. 50–60.

R. Hansen, »Die Himmelsscheibe von Nebra – neu interpretiert. Sonne oder Mond? Wie der Mensch der Bronzezeit mit Hilfe der Himmelsscheibe Sonnen- und Mondkalender ausgleichen konnte.« In: *Archäologie in Sachsen-Anhalt N. F.* 4, 2006, S. 289–304.

R. Hansen/C. Rink, »Kalender und Finsternisse – einige Überlegungen zur bronzezeitlichen Astronomie.« In: G. Wolfschmidt (Hrsg.), *Prähistorische Astronomie und Ethnoastronomie* (Hamburg 2008), S. 130–167.

Hesiod, *Sämtliche Werke.* Übersetzt von T. von Scheffler (Wiesbaden 1947).

H. Meller (Hrsg.), *Der geschmiedete Himmel. Die weite Welt im Herzen Europas vor 3600 Jahren* (Stuttgart 2004).

H. Meller, »Nebra. Vom Logos zum Mythos – Biographie eines Himmelsbildes.« In: H. Meller/F. Bertemes (Hrsg.), *Der Griff nach den Sternen. Wie Europas Eliten zu Macht und Reichtum kamen* (Halle/S. 2010), S. 23–73.

H. Meller, »Der Hortfund von Nebra im Spiegel frühbronzezeitlicher Deponierungssitten.« In: H. Meller/F. Bertemes/H.-R. Bork/R. Risch (Hrsg.), *1600 – Kultureller Umbruch im Schatten des Thera-Ausbruchs?* (Halle/S. 2013), S. 493–526.

H. Meller, »Reisende Helden, Fürsten, Sterndeuter – Die Himmelsscheibe von Nebra und ihre Schöpfer.« In: H. Meller/M. Schefzik (2020), S. 78–85.

H. Meller (Hrsg.), R. Maraszek, *Die Himmelsscheibe von Nebra. Kleine Reihe zu den Himmelswegen*, Bd. 1 (Halle/S. 2017).

E. Pernicka, »Archäometallurgische Untersuchungen am und zum Hortfund von Nebra.« In: H. Meller/F. Bertemes (Hrsg.), *Der Griff nach den Sternen. Wie Europas Eliten zu Macht und Reichtum kamen* (Halle/S. 2010), S. 719–734.

E. Pernicka u. a., »Zur Echtheit der Himmelsscheibe von Nebra – eine kurze Zusammenfassung der durchgeführten Untersuchungen.« In: *Archäologisches Korrespondenzblatt* 38, 2008, S. 331–352.

E. Pernicka/J. Lutz/T. Stöllner, »Bronze Age Copper Produced at Mitterberg, Austria, and its Distribution.« In: *Archaeologia Austriaca* 100, 2016, S. 19–55.

E. Pernicka u. a., »Why the Nebra Sky Disc Dates to the Early Bronze Age. An Overview of the Interdisciplinary Results.« In: *Archaeologia Austriaca* 104, 2020, S. 89–122.

W. Schlosser, »Zur astronomischen Deutung der Himmelsscheibe von Nebra.« In: *Archäologie in Sachsen-Anhalt N. F.* 1, 2002, S. 21–23.

W. Schlosser, »Astronomische Deutung der Himmelsscheibe von Nebra.« In: *Sterne und Weltraum* 40, 12/2003, S. 34–40.

W. Schlosser, »Die Himmelsscheibe von Nebra – Astronomische Untersuchungen.« In: H. Meller/F. Bertemes (Hrsg.), *Der Griff nach den Sternen. Wie Europas Eliten zu Macht und Reichtum kamen* (Halle/S. 2010), S. 913–933.

W. Schlosser, »Arbeitsbericht: Geometrisch-astronomische Bewertung der Rondellanlage von Pömmelte-Zackmünde.«In: H. Meller/F. Bertemes (Hrsg.), *Mensch und Umwelt im Ringheiligtum von Pömmelte-Zackmünde, Salzlandkreis* (Halle/S. 2019), S. 187–189.

W. Schlosser/J. Cierny, *Sterne und Steine. Eine praktische Astronomie der Vorzeit* (Stuttgart 1997).

T. Schöne, *Tatort Himmelsscheibe. Eine Geschichte mit Raubgräbern, Hehlern und Gelehrten* (Halle/S. 2010).

C.-H. Wunderlich, »Vom Bronzebarren zum Exponat – Technische Anmerkungen zu den Funden von Nebra.« In: H. Meller (Hrsg.), *Der geschmiedete Himmel. Die weite Welt im Herzen Europas vor 3600 Jahren* (Stuttgart 2004), S. 38–43.

C.-H. Wunderlich, »Wie golden war die Himmelsscheibe von Nebra? Gedanken zur ursprünglichen Farbe der Goldauflagen.« In: H. Meller/R. Risch/E. Pernicka (Hrsg.), *Metalle der Macht – Frühes Gold und Silber* (Halle/S. 2014), S. 349–351.

C.-H. Wunderlich/J.-H. Bunnefeld/H. Meller, »Buntmetall. Farbigkeit und ästhetische Eigenschaften von Legierungen der Aunjetitzer Kultur.« In: H. Meller/F. Bertemes (Hrsg.), *Der Aufbruch zu Neuen Horizonten. Neue Sichtweisen über die Europäische Frühbronzezeit* (Halle/S. 2019), S. 159–181.

2 AUFSTIEG UND FALL DES REICHS VON NEBRA

F. Bertemes, »Die Metallurgengräber der zweiten Hälfte des 3. und der ersten Hälfte des 2. Jt. v. Chr.« In: H. Meller/F. Bertemes (Hrsg.), *Der Griff nach den Sternen. Wie Europas Eliten zu Macht und Reichtum kamen* (Halle/S. 2010), S. 131–162.

F. Bertemes, »Ein fürstliches Opfer.« In: H. Meller/M. Schefzik (2020), S. 136–139.

F. Bertemes/H. Meller (Hrsg.), *Neolithische Kreisgrabenanlagen in Europa* (Halle/S. 2008).

S. Breuer, *Der Staat. Entstehung – Typen – Organisationsstadien* (Reinbek 1998).

S. Breuer, *Der charismatische Staat. Ursprünge und Frühformen staatlicher Herrschaft* (Darmstadt 2014).

C. W. Ceram, *Götter, Gräber und Gelehrte. Roman der Archäologie.* Überarbeitete Neuauflage (Reinbek 2011).

M. Ernée, *Prag-Miškovice: archäologische und naturwissenschaftliche Untersuchungen zu Grabbau, Bestattungssitten und Inventaren einer frühbronzezeitlichen Nekropole* (Darmstadt 2015).

M. Ernée, »Böhmen in der Frühbronzezeit – ein europäisches Zentrum.« In: *Archäologie in Deutschland* 4, 2019, S. 32–33.

J. Filipp/M. Freudenreich, »Dieskau Revisited I. Nachforschungen zur ›Lebensgeschichte‹ des Goldhortes von Dieskau und zu einem weiteren Grabhügel mit Goldbeigabe aus Osmünde im heutigen Saalekreis, Sachsen-Anhalt.« In: H. Meller/R. Risch/E. Pernicka (Hrsg.), *Metalle der Macht – Frühes Gold und Silber* (Halle/S. 2014), S. 743–752.

J. Filipp/M. Freudenreich, »Dieskau und Helmsdorf – Zwei frühbronzezeitliche Mikroregionen im Vergleich.« In: H. Meller/H. P. Hahn/R. Jung/R. Risch, *Arm und Reich – zur Ressourcenverteilung in prähistorischen Gesellschaften* (Halle/S. 2016), S. 407–426.

M. Freudenreich/J. Filipp, »Dieskau Revisited II. Eine mikroregionale Betrachtung.« In: H. Meller/R. Risch/E. Pernicka (Hrsg.), *Metalle der Macht – Frühes Gold und Silber* (Halle/S. 2014), S. 753–760.

H. Größler, »Das Fürstengrab im großen Galgenhügel am Paulsschacht bei Helmsdorf (im Mansfelder Seekreise).« In: *Jahresschrift für Vorgeschichte der Sächsisch-Thüringischen Länder* 6, 1907, S. 1–87.

W. Haak u. a., »Massive Migration from the Steppe is a Source for Indo-European Languages in Europe.« In: *Nature* 522, 2015, S. 207–211.

S. Hansen, »›Überausstattungen‹ in Gräbern und Horten der Frühbronzezeit.« In: J. Müller (Hrsg.), *Vom Endneolithikum zur Frühbronzezeit. Muster sozialen Wandels?* (Bonn 2002), S. 151–163.

P. Höfer, »Der Leubinger Grabhügel.« In: *Jahresschrift für Vorgeschichte der Sächsisch-Thüringischen Länder* 5, 1906, S. 1–59.

M. Jaeger, »Kościan Group of Únětice Culture and Fortified Settlement in Bruszczewo. Their Role in Micro- and Macro-Regional Exchange.« In: M. Jaeger/J. Czebreszuk (Hrsg.), *Enclosed Space – Open Society. Contact and Exchange in the Context of Bronze Age Fortified Settlements in Central Europe* (Poznań, Bonn 2012), S. 167–176.

D. Jurkėnas/A. Spatzier, »Siedlungen des Endneolithikums und der Frühbronzezeit bei den Rondellen Pömmelte und Schönebeck, Salzlandkreis. Einblicke in die Besiedlung einer Sakrallandschaft des 3. und beginnenden 2. Jahrtausends v. Chr.« In: H. Meller u. a., *Siedlungsarchäologie des Endneolithikums und der frühen Bronzezeit* (Halle/S. 2019), S. 289–317.

F. Klopfleisch, »Kurzer Bericht über die erste Ausgrabung des Leubinger Grabhügels.« In: *Neue Mitteilungen aus dem Gebiet der historisch-antiquarischen Forschungen* 14, 1878, S. 544–561.

C. Knipper u. a., »Superior in Life – Superior in Death. Dietary Distinction of Central European Prehistoric and Medieval Elites.« In: *Current Anthropology* 56, 2015, S. 579–589.

F. Knoll/H. Meller, »Die Ösenkopfnadel – Ein ›Klassen‹-verbindenes Trachtelement der Aunjetitzer Kultur. Ein Beitrag zu Kontext, Interpretation und Typochronologie der mitteldeutschen Exemplare.« In: H. Meller/H.P. Hahn/R. Jung/R.Risch, *Arm und Reich – zur Ressourcenverteilung in prähistorischen Gesellschaften* (Halle/S. 2016), S. 283–367.

J. Krause/T. Trappe, *Die Reise unserer Gene. Eine Geschichte über uns und unsere Vorfahren* (Berlin 2019).

J. Krause/W. Haak, »Neue Erkenntnisse zur genetischen Geschichte Europas.« In: H. Meller/F. Daim/J. Krause/R. Risch, *Migration und Integration von der Urgeschichte bis zum Mittelalter* (Halle/S. 2017), S. 21–38.

M. Küßner, »Ein reich ausgestattetes Grab der Glockenbecherkultur von Apfelstädt, Lkr. Gotha – Vorbericht.« In: *Neue Ausgrabungen und Funde in Thüringen* 2006/2, S. 55–62.

M. Küßner/K. P. Welcher, »Der Großbau der Aunjetitzer Kultur und das zugehörige Depot von Dermsdorf, Lkr. Sömmerda – ein Vorbericht.« In: H. Meller u. a., *Siedlungsarchäologie des Endneolithikums und der frühen Bronzezeit* (Halle/S. 2019), S. 433–466.

N. Lockhoff/E. Pernicka, »Archaeometallurgical Investigation of Early Bronze Age Gold Artefacts from Central Germany Including the Gold from the Nebra Hoard.« In: H. Meller/R. Risch/E. Pernicka (Hrsg.), *Metalle der Macht – Frühes Gold und Silber* (Halle/S. 2014), S. 223–236.

H. Meller (Hrsg.), *Bronzerausch. Spätneolithikum und Frühbronzezeit. Begleithefte zur Dauerausstellung des Landesmuseums für Vorgeschichte Halle*, Bd. 4 (Halle/S. 2011).

H. Meller, »Armies in the Early Bronze Age? An Alternative Interpretation of Únětice Culture Axe Hoards.« In: *Antiquity* 91 (360), 2017, S. 1529–1545.

H. Meller, »Fürsten, Goldwaffen und Armeen. Überlegungen zum Goldfund von Dieskau und dessen möglicher Herkunft aus dem frühbronzezeitlichen Großgrabhügel Bornhöck bei Dieskau, Saalekreis.« In: H. Meller/F. Bertemes (Hrsg.), *Der Aufbruch zu neuen Horizonten. Neue Sichtweisen über die Europäische Frühbronzezeit* (Halle/S. 2019), S. 101–111.

H. Meller, »Zur Farbigkeit der Waffen in der mitteldeutschen Aunjetitzer Kultur und ihrer Interpretation als militärisches Ordnungssystem.« In: H. Meller/F. Bertemes (Hrsg.), *Der Aufbruch zu Neuen Horizonten. Neue Sichtweisen über die Europäische Frühbronzezeit* (Halle/S. 2019), S. 145–158.

H. Meller, »›Es kann nur einen geben!‹ – Das Fürstengrab von Leubingen als Zeugnis der Legitimation von Herrschaft.« In: H. Meller/M. Schefzik (2020), S. 86–93.

H. Meller/F. Bertemes (Hrsg.), *Der Griff nach den Sternen. Wie Europas Eliten zu Macht und Reichtum kamen* (Halle/S. 2010).

H. Meller/F. Bertemes (Hrsg.), *Der Aufbruch zu Neuen Horizonten. Neue Sichtweisen über die Europäische Frühbronzezeit* (Halle/S. 2019).

H. Meller/F. Bertemes (Hrsg.), *Mensch und Umwelt im Ringheiligtum von Pömmelte-Zackmünde, Salzlandkreis* (Halle/S. 2019).

H. Meller/T. Schunke, »Die Wiederentdeckung des Bornhöck – Ein neuer frühbronzezeitlicher ›Fürstengrabhügel‹ bei Raßnitz, Saalekreis. Erster Vorbericht.« In: H. Meller/H. P. Hahn/R. Jung/R. Risch, *Arm und Reich – zur Ressourcenverteilung in prähistorischen Gesellschaften* (Halle/S. 2016), S. 427–465.

H. Meller/D. Gronenborn/R. Risch (Hrsg.), *Überschuss ohne Staat – Politische Formen in der Vorgeschichte* (Halle/S. 2018).

H. Meller u. a., *Siedlungsarchäologie des Endneolithikums und der frühen Bronzezeit* (Halle/S. 2019).

J. Müller/J. Czebreszuk/J. Kneisel (Hrsg.), *Bruszczewo II: Ausgrabungen und Forschungen in einer prähistorischen Siedlungskammer Großpolens* (Rahden/Westf. 2010).

J. Müller u. a., »Machtzentren, Austausch und Kollaps – der Osten.« In: *Archäologie in Deutschland* 4, 2019, S. 34–37.

N. Nicklisch, *Spurensuche am Skelett. Paläodemografische und epidemiologische Untersuchungen an neolithischen und frühbronzezeitlichen Bestattungen aus dem Mittelelbe-Saale-Gebiet im Kontext populationsdynamischer Prozesse* (Halle/S. 2017).

N. Nicklisch/F. Ramsthaler/A. Reichenberger, »Der Fürstenmord von Helmsdorf.« In: H. Meller/M. Schefzik (2020), S. 94–99.

I. Olalde u. a., »The Beaker Phenomenon and the Genomic Transformation of Northwest Europe.« In: *Nature* 555, 2018, S. 190–196.

L. Rahmstorf, »The Bell Beaker Phenomenon and the Interaction Spheres of the Early Bronze Age East Mediterranean. Similarities and Differences.« In: A. Lehoërff (Hrsg.), *Construire le temps. Histoire et méthodes des chronologies et calendriers des derniers millénaires avant notre ère en Europe occidentale* (Glux-en-Glenne/Bibracte 2008), S. 149–170.

S. Rasmussen u. a., »Early Divergent Strains of *Yersinia pestis* in Eurasia 5,000 Years Ago.« In: *Cell* 163/3, 2015, S. 571–582.

D. Reich, *Who We Are and How We Got Here. Ancient DNA and the New Science of the Human Past* (Oxford 2018).

R. Risch/ S. Delgado-Raack/M. Eguíluz, »Ein Einblick in die wirtschaftliche Macht der Aunjetitzer Fürsten – Die Mahlsteine des Grabhügels Bornhöck.« In: H. Meller/M. Schefzik (2020), S. 108–111.

Č. Ryzner, »Řadové hroby blíž Únětic.« In: *Památky archaeologické a místopisné* 11, 1880, S. 289–336.

T. Schunke/H. Stäuble, »Zum Verständnis der Aunjetitzer Langhäuser und der Versuch einer Typologie.« In: H. Meller u. a., *Siedlungsarchäologie des Endneolithikums und der frühen Bronzezeit* (Halle/S. 2019), S. 393–419.

A. Spatzier, *Das endneolithisch-frühbronzezeitliche Rondell von Pömmelte-Zackmünde, Salzlandkreis, und das Rondell-Phänomen des 4.–1. Jt. v. Chr. in Mitteleuropa* (Halle/S. 2017).

A. Spatzier/F. Bertemes, »The Ring Sanctuary of Pömmelte, Germany: a Monumental, Multi-Layered Metaphor of the Late Third Millennium BC.« In: *Antiquity* 92 (363), 2018, S. 655–673.

M. A. Spyrou u. a., »Analysis of 3800-Year-Old *Yersinia Pestis* Genomes Suggests Bronze Age Origin for Bubonic Plague.« In: *Nature Communications* 9: 2234, 2018.

A. A. Valtueña u. a., »The Stone Age Plague and Its Persistence in Eurasia.« In: *Current Biology* 27 (23), 2017, S. 3683–3691.

B. Zich, *Studien zur regionalen und chronologischen Gliederung der nördlichen Aunjetitzer Kultur* (Berlin, New York 1996).

3 DIE WELT ZWISCHEN STONEHENGE UND BABYLON

M. Abbott u. a., *Stonehenge Laser Scan. Archaeological Analysis Report* (Portsmouth 2012).

D. Abulafia, *Das Mittelmeer. Eine Biographie* (Frankfurt/M. 2013).

M. Al-Maqdissi, »The Development of the Trade Routes in the Early Second Millennium B. C.« In: J. Aruz/K. Benzel/J. M. Evans (Hrsg.), *Beyond Babylon. Art, Trade, and Diplomacy in the Second Millennium B. C.* (New York 2008), S. 42–44.

J. Aruz/K. Benzel/J. M. Evans (Hrsg.), *Beyond Babylon. Art, Trade, and Diplomacy in the Second Millennium B. C.* (New York 2008).

J. Assmann, *Ägypten. Eine Sinngeschichte* (Frankfurt/M. 1999).

J. Assmann, *Tod und Jenseits im Alten Ägypten* (München 2001).

Badisches Landesmuseum Karlsruhe (Hrsg.), *Mykene. Die sagenhafte Welt des Agamemnon* (Karlsruhe 2018).

P.-A. Beaulieu, *A History of Babylon: 2200 BC–AD 75* (Hoboken NJ 2018).

T. Balistier, *Der Diskos von Phaistos. Zur Geschichte eines Rätsels & den Versuchen seiner Auflösung* (Mähringen 1998).

M. Bietak, *Avaris. The Capital of the Hyksos. Recent Excavations at Tell el-Dab'a* (London 1996).

M. Bietak/N. Marinatos/C. Palivou, *Taureador Scenes in Tell El-Dab'a (Avaris) and Knossos* (Wien 2007).

C. Broodbank, *Die Geburt der mediterranen Welt: Von den Anfängen bis zum klassischen Zeitalter* (München 2018).

R. L. Carneiro, »Eine Theorie zur Entstehung des Staates.« In: K. Eder (Hrsg.), *Die Entstehung von Klassengesellschaften* (Frankfurt/M. 1973), S. 153–174.

A. Chaniotis, *Das antike Kreta* (München 2004).

R. Cleal/R. Montague/K. Walker, *Stonehenge in its Landscape: Twentieth-Century Excavations* (London 1995).

C. Chippindale, »The Rock-Engravings of Stonehenge. Ways Today of Figuring out its Prehistoric Art.« In: *Wiltshire Archaeological and Natural History Magazine* 109, 2016, S. 27–37.

E. H. Cline, *1177 v. Chr. Der erste Untergang der Zivilisation* (Darmstadt 2018).

E. H. Cline, *Versunkene Welten und wie man sie findet. Auf den Spuren genialer Entdecker und Archäologen* (München 2018).

E. H. Cline (Hrsg.), *The Oxford Handbook of the Bronze Age Aegean* (Oxford 2010).

O. E. Craig u. a., »Feeding Stonehenge: Cuisine and Consumption at the Late Neolithic Site of Durrington Walls.« *Antiquity* 89 (347), 2015, S. 1096–1109.

P. C. Creasman/R. H. Wilkinson, *Pharaoh's Land and Beyond: Ancient Egypt and its Neighbors* (Oxford 2017).

T. Darvill, *Stonehenge. The Biography of a Landscape* (Stroud 2010).

T. Darvill, »Houses of the Holy: Architecture and Meaning in the Structure of Stonehenge, Wiltshire, UK.« In: *Time and Mind* 9, 2016, S. 89–121.

J. Davis/ S. Stocker, »The Lord of the Rings. The Griffin Warrior of Pylos.« In: *Hesperia. Journal of the American School of Classical Studies at Athens* 85, 2016, S. 627–655.

D. O. Edzard, *Geschichte Mesopotamiens. Von den Sumerern bis zu Alexander dem Großen* (München 2009).

G. Elsen-Novák/M. Novák, »Der ›König der Gerechtigkeit‹. Zur Ikonologie und Teleologie des Codex Hammurapi.« In: *Baghdader Mitteilungen* 37, 2006, S. 131–155.

A. J. Evans, *The Palace of Minos: a Comparative Account of the Successive Stages of the Early Cretan Civilization as Illustrated by the Discoveries at Knossos (Band 2,2): Town Houses in Knossos of the New Era and Restored West Palace Section* (London 1928).

K. Flannery/J. Marcus, *The Creation of Inequality. How Our Prehistoric Ancestors Set the Stage for Monarchy, Slavery, and Empire* (Cambridge MA 2012).

H. Fokkens/A. Harding (Hrsg.), *The Oxford Handbook of the European Bronze Age* (Oxford 2013).

E. Frahm, *Geschichte des alten Mesopotamien* (Stuttgart 2013).

S. Hakimian, »Byblos.« In: J. Aruz/K. Benzel/J. M. Evans (Hrsg.), *Beyond Babylon. Art, Trade, and Diplomacy in the Second Millennium B.C.* (New York 2008), S. 49–58.

A. Harding (Hrsg.), *European Societies in the Bronze Age* (Cambridge 2000).

S. Hiller, »Herren der Paläste. Vom Selbstverständnis mykenischer Herrschaftselite.« In: Badisches Landesmuseum Karlsruhe (Hrsg.), *Zeit der Helden. Die ›dunklen Jahrhunderte‹ Griechenlands 1200–700 v. Chr.* (Darmstadt 2008), S. 41–46.

R. Jung, »Inferno in der Bronzezeit. Das Ende der ostmediterranen Königreiche.« In: Badisches Landesmuseum Karlsruhe (Hrsg.), *Mykene. Die sagenhafte Welt des Agamemnon* (Karlsruhe 2018), S. 230–234.

R. Jung, »Push and Pull Factors of the Sea Peoples between Italy and the Levant.« In: J. Driessen (Hrsg.), *An Archaeology of Forced Migration. Crisis-Induced Mobility and the Collapse of the 13th C. BCE Eastern Mediterranean* (Louvain-la-Neuve 2018), S. 273–306.

M. Jursa, *Die Babylonier. Geschichte, Gesellschaft, Kultur* (München 2004).

H. Klengel, *König Hammurapi und der Alltag Babylons* (Zürich 1991).

K. Kopetzky, »Tell el-Dabca and Byblos: New Chronological Evidence.« In: *Ägypten und Levante* 28, 2018, 309–358.

K. Kristiansen/T. B. Larsson, *The Rise of Bronze Age Society. Travels, Transmissions and Transformations* (Cambridge 2005).

Landesmuseum Württemberg (Hrsg.), *Schätze des Alten Syriens. Die Entdeckung des Königreichs Qatna* (Stuttgart 2009).

M. Liverani, *The Ancient Near East. History, Society and Economy* (London, New York 2014).

V. Lull u. a., »La Bastida – Eine bronzezeitliche Stadtbefestigung im westlichen Mittelmeerraum.« In: H. Meller/M. Schefzik (Hrsg.), *Krieg – eine archäologische Spurensuche* (Halle/S. 2015), S. 307–308.

V. Lull u. a., *La Bastida y Tira del Lienzo. Ruta Argárica Guías Arqueológicas 1* (Barcelona 2015).

V. Lull u. a., »Die Silberdiademe von El Argar.« In: H. Meller/M. Schefzik (2020), S. 56–59.

R. Madgwick u. a., »Multi-Isotope Analysis Reveals that Feasts in the Stonehenge Environs and Across Wessex Drew People and Animals from Throughout Britain.« In: *Science Advances* 5 (3), 2019, eaau6078.

Ç. Maner, *»Du sollst für die Ewigkeit bauen!« Untersuchungen zu hethitischen und mykenischen Befestigungen* (Bonn 2019).

J. Marzahn/G. Schauerte (Hrsg.), *Babylon – Wahrheit. Katalog zur Ausstellung im Vorderasiatischen Museum, Berlin* (Berlin 2008).

T. Mühlenbruch, »Dicke Mauern. Architektonische Großprojekte mykenischer Zeit.« In: Badisches Landesmuseum Karlsruhe (Hrsg.), *Mykene. Die sagenhafte Welt des Agamemnon* (Karlsruhe 2018), S. 149–152.

D. J. Nash u. a., »Origins of the Sarsen Megaliths at Stonehenge.« In: *Science Advances* 6 (31), 2020, eabc0133.

S. Needham/A. J. Lawson/A. Woodward, »›A Nobel Group of Barrows‹. Bush Barrow and the Normanton Down Early Bronze Age Cemetery Two Centuries on.« In: *The Antiquaries Journal* 90, 2010, S. 1–39.

W.-D. Niemeyer, »Die Auswirkungen der Thera-Eruption im ägäischen Raum.« In: H. Meller u. a. (Hrsg.), *1600 – Kultureller Umbruch im Schatten des Thera-Ausbruchs?* (Halle/S. 2013), S. 177–190.

D. Panagiotopoulos, »Das minoische Stierspringen. Zur Performanz und Darstellung eines altägäischen Rituals.« In: J. Mylonopoulos/H. Roeder (Hrsg.), *Archäologie und Ritual. Auf der Suche nach der rituellen Handlung in den antiken Kulturen Ägyptens und Griechenlands* (Wien 2006), S. 125–138.

D. Panagiotopoulos, »Die Mykener. Hochkulturen an der Schwelle der historischen Zeit.« In: Badisches Landesmuseum Karlsruhe (Hrsg.), *Zeit der Helden. Die ›dunklen Jahrhunderte‹ Griechenlands 1200–700 v. Chr.* (Darmstadt 2008), S. 28–37.

M. Parker Pearson, *Stonehenge. A New Understanding. Solving the Mysteries of the Greatest Stone Age Monument* (New York 2013).

M. Parker Pearson (Hrsg.), *Stonehenge. Making Sense of a Prehistoric Mystery* (York 2015).

M. Parker Pearson u. a. (Hrsg.), *Stonehenge for the Ancestors. Part 1: Landscape and Monuments* (Leiden 2020).

M. Parker Pearson u. a., »The Original Stonehenge? A Dismantled Stone Circle in the Preseli Hills of West Wales.« In: *Antiquity* 95 (379), 2021, S. 85–103.

P. Pfälzner, »Residenz der toten Herrscher – Die Königsgruft.« In: Landesmuseum Württemberg (Hrsg.), *Schätze des Alten Syriens. Die Entdeckung des Königreichs Qatna* (Stuttgart 2009), S. 200–203.

P. Pfälzner/E. Roßberger, »Das Gold des Nordens – Die Bernsteinobjekte.« In: Landesmuseum Württemberg (Hrsg.), *Schätze des Alten Syriens. Die Entdeckung des Königreichs Qatna* (Stuttgart 2009), S. 212–215.

K. Radner, »Die frühen Hochkulturen Ägyptens und Vorderasiens.« In: A. Iriye, J. Osterhammel (Hrsg.), *Geschichte der Welt. Die Welt vor 600: Frühe Zivilisationen* (München 2017), S. 263–416.

J. Richards, *Stonehenge. The Story so Far* (Swindon 2017).

C. von Rüden, *Die Wandmalereien aus Tall Mišrife, Qaṭna im Kontext überregionaler Kommunikation. Qatna-Studien 2* (Berlin 2011).

J. Sakellarakis/E. Sapouna-Sakellarakis, *Archanes. Ausgrabung in Archanes. Preis der Akademie Athen 1983* (Athen 1991).

N. Saleem Sahar/Z. Hawass Zahi, »Computed Tomography Study of the Mummy of King Seqenenre Taa II: New Insights Into His Violent Death.« In: *Frontiers in Medicine* 8, 2021: 637527.

H. A. Schlögl, *Das Alte Ägypten. Geschichte und Kultur von der Frühzeit bis zu Kleopatra* (München 2006).

J. W. Shaw, *Elite Minoan Architecture: Its Development at Knossos, Phaistos, and Malia* (Philadelphia 2015).

C. Steffen, *Die Prunkgräber der Wessex- und der Aunjetitz-Kultur. Ein Vergleich der Repräsentationssitten von sozialem Status* (Oxford 2010).

B. F. Steinmann, »Die Armeen des Agamemnon – Ein Blick auf das Militärwesen der mykenischen Palaststaaten.« In: H. Meller/M. Schefzik (2020), S. 124–127.

S. R. Stocker, »Ein frühmykenischer Kriegerfürst. Das Grab des Greifenkriegers von Pylos.« In: Badisches Landesmuseum Karlsruhe (Hrsg.), *Mykene. Die sagenhafte Welt des Agamemnon* (Karlsruhe 2018), S. 95–99.

S. Stocker/J. Davis, »The Combat Agate from the Grave of the Griffin Warrior at Pylos.« In: *Hesperia. Journal of the American School of Classical Studies at Athens*, 86, 2017, S. 583–605.

U. Thaler, »Der unnahbare Herrscher. Zwischen Teilhabe und Ausgrenzung.« In: Badisches Landesmuseum Karlsruhe (Hrsg.), *Mykene. Die sagenhafte Welt des Agamemnon* (Karlsruhe 2018), S. 153–157.

Thukydides, *Der Peloponnesische Krieg*. Übersetzt von Michael Weißenberger (Berlin, Boston 2017).

J. R. R. Tolkien, *Der Herr der Ringe*, 3 Bde. (Stuttgart 1980).

C. Velasco Felipe u. a., »La Almoloya (Pliego – Muía, Murcia): Palacios y Élites Gobernantes en la Edad del Bronce.« In: J. A. Zapata (Hrsg.), *El legado de Murcia en la história* (Múrcia 2016), S. 41–59.

T. M. Whitelaw, »The Development and Character of Urban Communities in Prehistoric Crete in their Regional Context: a Preliminary Study.« In: Q. Letesson/C. Knappett (Hrsg.), *Minoan Architecture and Urbanism: New Perspectives on an Ancient Built Environment* (Oxford 2017), S. 114–180.

T. Wilkinson, *Aufstieg und Fall des Alten Ägypten. Die Geschichte einer geheimnisvollen Zivilisation vom 5. Jahrtausend v. Chr. bis Kleopatra* (München 2010).

K. A. Wittfogel, *Die orientalische Despotie. Eine vergleichende Untersuchung totaler Macht* (Berlin 1971).

A. Woodward/J. R. Hunter/D. Bukach, *Ritual in Early Bronze Age Grave Goods: an Examination of Ritual and Dress Equipment from Chalcolithic and Early Bronze Age Graves in England* (Oxford 2015).

M. Yon, *The City of Ugarit at Tell Ras Shamra* (Winona Lake 2006).

4 MEHR ALS NUR FERNWEH

J. Aruz/ S. B. Graff/Y. Rakic (Hrsg.), *Cultures in Contact. From Mesopotamia to the Mediterranean in the Second Millennium B. C.* (New York 2013).

C. Bell, »The Merchants of Ugarit. Oligarchs of the Late Bronze Age Trade in Metals?« In: V. Kassianidou/ G. Papasavvas (Hrsg.), *Eastern Mediterranean Metallurgy in the Second Millennium BC* (Oxford 2012), S. 180–187.

D. Berger u. a., »Neue Wege zur Herkunftsbestimmung des bronzezeitlichen Zinns.« In: *Blickpunkt Archäologie* 4, 2014, S. 76–82.

D. Berger u. a., »Isotope Systematics and Chemical Composition of Tin Ingots from Mochlos (Crete) and other Late Bronze Age Sites in the Eastern Mediterranean Sea: An Ultimate Key to Tin Provenance?« In: *PLoS ONE* 14 (6), 2019, e0218326.

P. Clark, *The Dover Bronze Age Boat* (Oxford 2004).

Das Gilgamesch-Epos. Neu übersetzt und kommentiert von S. M. Maul (München 2005).

W. David, »Bronzedepotfunde der Früh- und Mittelbronzezeit in Ostbayern.« In: *Fines transire* 24, 2015, S. 87–111.

W. David (Hrsg.), *AENIGMA – Der rätselhafte Code der Bronzezeit. Brotlaibidole als Medium europäischer Kommunikation vor über 3500 Jahren* (München 2011).

N. Dominy u. a., »Mummified Baboons Reveal the Far Reach of Early Egyptian Mariners.« In: *eLife Sciences* 9, 2020, e60860.

W. M. Flinders Petrie, *The Royal Tombs of the First Dynasty, Part I* (London 1900).

J. Henderson, »Glass Production and Bronze Age Europe«. In: *Antiquity* 62, 1988, S. 435–451.

F. Kaul, »Bronze Age Archaeology and Cosmology: Dialogues at the Crossroads.« In: *Acta Archaeologica* 88, 1, 2017, S. 35–56.

F. Kaul, »The Nordic Razor and the Mycenaean Lifestyle.« In: *Antiquity* 87, 2013, S. 461–472.

F. Kaul, »The Possibilities for an Afterlife. Souls and Cosmology in the Nordic Bronze Age.« In: S. Brather/W. Heizmann/S. Patzold (Hrsg.), *Between the Worlds* (Berlin 2020), S. 185–202.

F. Kaul/J. Varberg, »Von Ägypten nach Dänemark, von Mesopotamien nach Halle – Glasperlen als Fernhandelsgut der Bronzezeit.« In: H. Meller/ M. Schefzik (2020), S. 164–167.

S. Kutscher, »Der frühbronzezeitliche Spangenhort von Oberding, Lkr. Erding. Erste Ergebnisse.« In: *Archäologische Informationen* 40, 2017, S. 423–433.

S. Marinatos, »Zur Frage der Grotte von Arkalochori.« In: *Kadmos – Zeitschrift für vor- und frühgriechische Epigraphik* 1 (2), 1962, S. 87–94.

C. Metzner-Nebelsick u. a., »82 kg gebündeltes Kupfer. Der frühbronzezeitliche Spangenbarrenhort von Oberding – Erster Nachweis des Dezimalsystems in Mitteleuropa?« In: H. Meller/M. Schefzik (2020), S. 152–155.

P. Montet, *Byblos et l'Égypte: quatre campagnes de fouilles à Gebeil: 1921, 1922, 1923, 1924* (Paris 1928).

J. Müller, »Neolithische und chalkolithische Spondylus-Artefakte. Anmerkungen zu Verbreitung, Tauschgebiet und sozialer Funktion.« In: C. Becker u. a. (Hrsg.), *Χρόνος. Beiträge zur prähistorischen Archäologie zwischen Nord- und Südosteuropa* (Eselkamp 1997), S. 91–106.

E. Pernicka, »Die Anfänge der Metallurgie in Mitteleuropa.« In: H. Meller (Hrsg.), *Der geschmiedete Himmel. Die weite Welt im Herzen Europas vor 3600 Jahren* (Stuttgart 2004), S. 134–135.

P. Pétrequin/A.-M. Pétrequin (Hrsg.), *JADE: grandes haches alpines du Néolithique européen. Ve et IVe millénaires av. J.-C.*, 4 Bände (Gray 2012, 2017).

C. Pulak, »Das Schiffswrack von Uluburun.« In: Ü. Yalçin,/ C. Pulak/R. Slotta (Hrsg.), *Das Schiff von Uluburun. Welthandel vor 3000 Jahren* (Bochum 2005), S. 55–102.

K. Randsborg, »Kivik, Archaeology & Iconography.« In: *Acta Archaeologica* 64, 1993, S. 1–147.

K. Randsborg/I. Merkyte, »Bronze Age Universitas. Kivig/Kivik Revisited.« In: *Acta Archaeologica* 82, 2011, S. 163–180.

C. Sagan, *Blauer Punkt im All. Unsere Zukunft im Kosmos* (München 1996).

T. Schunke, »Ein mittelbronzezeitlicher Altweg und weitere Wegerelikte bei Oechlitz, Saalekreis.« In: M. Becker u. a., *Neue Gleise auf alten Wegen* II (Halle/S. 2017), S. 67–78.

T. Schunke/J. Filipp, »Lieferschein der Frühbronzezeit?« In: H. Meller/K. Geppert (Hrsg.), *Himmelsscheibe, Eiszeitriesen, Jenseitsreiter. 270 Funde aus 140 Jahren Landesmuseum für Vorgeschichte Halle* (Halle/S. 2021, in Vorbereitung).

A. Scott u. a., »Exotic Foods Reveal Contact Between South Asia and the Near East During the Second Millennium BCE.« In: *PNAS* 118 (2), 2021, e2014956117.

B. F. Steinmann, »Eine frühmykenische Lanzenspitze des Typs Sesklo in der Antikensammlung Erlangen.« In: *Archäologischer Anzeiger* 2013/2, S. 1–19.

B. F. Steinmann, »Kyhna oder hin und zurück – Zentraleuropa und der Mittelmeerkontakt.« In: H. Meller/M. Schefzik (2020), S. 174–177.

B. F. Steinmann, »Malen mit Metall – Die Technik der Tauschierung von der Levante bis ins Unstruttal.« In: H. Meller/M. Schefzik (2020), S. 178–181.

E. Thomsen/R. Andreasen, »Agricultural Lime Disturbs Natural Strontium Isotope Variations: Implications for Provenance and Migration Studies.« In: *Science Advances* 5 (3), 2019, eaav8083.

J. Varberg/B. Gratuze/F. Kaul, »Between Egypt, Mesopotamia and Scandinavia: Late Bronze Age Glass Beads Found in Denmark.« In: *Journal of Archaeological Science* 54, 2015, S. 168–181.

Ü. Yalçin/C. Pulak/R. Slotta (Hrsg.), *Das Schiff von Uluburun. Welthandel vor 3000 Jahren* (Bochum 2005).

5 GEHEIMNIS DES HIMMELS

M. Albani, »›Der das Siebengestirn und den Orion macht‹ (Am 5,8). Zur Bedeutung der Plejaden in der israelitischen Religionsgeschichte.« In: B. Janowski/M. Köckert (Hrsg.), *Religionsgeschichte Israels. Formale und materiale Aspekte* (Gütersloh 1999), S. 139–207.

J. Assmann, *Steinzeit und Sternzeit. Altägyptische Zeitkonzepte* (München 2011).

J. A. Becker, »Astronomie, Astrologie und Darstellungen von Himmelserscheinungen im Alten Orient des 3. und 2. Jahrtausends v. Chr.« In: H. Meller (Hrsg.): *Die Himmelsscheibe von Nebra. Forschungsbericht Landesmuseum Vorgeschichte Halle* (in Vorbereitung).

A. S. v. Bomhard, *Der ägyptische Kalender. Ein Werk für die Ewigkeit* (London 1999).

A. Demandt, *Zeit. Eine Kulturgeschichte* (Berlin 2015).

V. Haas, *Magie und Mythen in Babylonien. Von Dämonen, Hexen und Beschwörungspriestern* (Gifkendorf 1986).

H. Hunger, »Möglichkeiten und Grenzen früher Astronomie in Mesopotamien.« In: H. Meller/F. Bertemes (Hrsg.), *Der Griff nach den Sternen. Wie Europas Eliten zu Macht und Reichtum kamen* (Halle/S. 2010), S. 969–972.

H. Hunger/J. Steele, *The Babylonian Astronomical Compendium MUL.APIN* (London 2018).

G. V. Konstantopoulos, *They are Seven. Demons and Monsters in the Mesopotamian Textual and Artistic Tradition* (unveröffentlichte Dissertation University of Michigan 2015).

H. Köpp-Junk, »Sonne, Mond und Sterne – Bemerkungen zu den Anfängen der Astronomie im Alten Ägypten.« In: H. Meller (Hrsg.): *Die Himmelsscheibe von Nebra. Forschungsbericht Landesmuseum Vorgeschichte Halle* (in Vorbereitung).

J. J. v. Littrop, *Die Wunder des Himmels – Gemeinverständliche Astronomie* (Berlin 1910).

S. M. Maul, *Die Wahrsagekunst im Alten Orient. Zeichen des Himmels und der Erde* (München 2013).

J. McK Malville u. a., »Astronomy of Nabta Playa.« In: *African Skies* 11, 2007, S. 2–7.

C. Ruggles, *Handbook of Archaeoastronomy and Ethnoastronomy*, 3. Bde. (New York 2015).

J. M. Steele, »The Length of the Month in Mesopotamian Calendars of the First Millennium BC.« In: J. Steele (Hrsg.), *Calendars and Years. Astronomy and Time in the Ancient Near East* (Oxford 2007), S. 133–148.

J. M. Steele, »Making Sense of Time. Observational and Theoretical Calendars.« In: K. Radner/E. Robson, *The Oxford Handbook of Cuneiform Culture* (Oxford 2011), S. 470–485.

J. M. Steele, »Astronomy and Politics.« In: C. Ruggles, *Handbook of Archaeoastronomy and Ethnoastronomy*, Bd. 1 (New York 2015), S. 93–101.

J. M. Steele, *Rising Time Schemes in Babylonian Astronomy* (Cham 2017).

S. Stern, *Calendars in Antiquity. Empires, States, and Societies* (Oxford 2012).

L. Verderame, »Pleiades in Ancient Mesopotamia.« In: *Mediterranean Archaeology and Archaeometry*, 16/4, 2016, S. 109–117.

E. Voegelin, *Ordnung und Geschichte.* Bd. 1: *Die kosmologischen Reiche des Alten Orients – Mesopotamien und Ägypten* (München 2002).

B. L. van der Waerden, »Die Anfänge der Astronomie in Ägypten und Babylon.« In: *Erwachende Wissenschaft.* Bd. 2: *Die Anfänge der Astronomie* (Basel 1968), S. 9–52.

P. Whitfield, *Mapping the Heavens* (London 2018).

6 IM RHYTHMUS DES KOSMOS

H. Altenmüller, »Funery Boats and Boat Pits of the Old Kingdom.« In: *Archiv orientální. Quarterly Journal of Asian and African Studies* 70 (3), 2002, S. 269–290.

J. Assmann, »Ouroboros. The Ancient Egyptian Myth of the Journey of the Sun.« In: *Aegyptiaca. Journal of the History of Reception of Ancient Egypt* 4, 2019, S. 19–32.

J. Assmann, »Im Bild der Sonne – Konstruktionen von Göttlichkeit im Alten Ägypten.« In: A. Bärnreuther (Hrsg.), *Die Sonne. Brennpunkt der Kulturen der Welt* (Berlin 2009), S. 16–33.

F. Bertemes, »Die Sonne und ihre Bedeutung im religiös-mythologischen Kontext der Urgeschichte Alteuropas.« In: A. Bärnreuther (Hrsg.), *Die Sonne. Brennpunkt der Kulturen der Welt* (Berlin 2009), S. 94–117.

F. Blocher, »Sonne und Sonnengottheiten im Alten Vorderasien.« In: A. Bärnreuther (Hrsg.), *Die Sonne. Brennpunkt der Kulturen der Welt* (Berlin 2009), S. 40–53.

F. Blocher, »Gestirns- und Himmelsdarstellungen im alten Vorderasien von den Anfängen bis zur Mitte des 2. Jt. v. Chr.« In: H. Meller/F. Bertemes (Hrsg.), *Der Griff nach den Sternen. Wie Europas Eliten zu Macht und Reichtum kamen* (Halle/S. 2010), S. 973–987.

W. L. Friedrich u. a., »Santorini Eruption Radiocarbon Dated to 1627–1600 B. C.« In: *Science* 312, 2006, S. 548.

E. Hornung, *The Tomb of Pharao Seti. Das Grab Sethos' I* (Zürich, München 1991).

F. Kaul, *Ships on Bronzes. A Study in Bronze Age Religion and Iconography* (København 1998).

F. Kaul, »Die Felsbilder von Lökeberg – Sonnenbilder und Sonnenkult in der Nordischen Bronzezeit.« In. H. Meller (Hrsg.), *Der geschmiedete Himmel. Die weite Welt im Herzen Europas vor 3600 Jahren* (Stuttgart 2004), S. 66–69.

F. Kaul, »Schiffe als ›Tempel‹ der Bronzezeit – die Figurenensembles von Fårdal und Grevensvænge.« In: H. Meller (Hrsg.), *Der geschmiedete Himmel. Die weite Welt im Herzen Europas vor 3600 Jahren* (Stuttgart 2004), S. 70–73.

H. Köpp-Junk, »Die religiöse Konnotation von Schiffen im pharaonischen Ägypten.« In: H. Meller (Hrsg.): *Die Himmelsscheibe von Nebra. Forschungsbericht Landesmuseum Vorgeschichte Halle* (in Vorbereitung).

S. W. Manning u. a., »Dating the Thera (Santorini) Eruption. Archaeological and Acientific Evidence Supporting a High Chronology.« In: *Antiquity* 88, 2014, S. 1164–1179.

T. Mühlenbruch, »The Absolute Dating of the Volcanic Eruption of Santorini/Thera (Periferia South Agean/GR) – an Alternative Perspective.« In: *Prähistorische Zeitschrift* 92 (1), 2017, 92–107.

M. Ossendrijver, »Die Sonne im Alten Orient – Konzeptionen zwischen Mythos und Wissenschaft.« In: A. Bärnreuther (Hrsg.), *Die Sonne. Brennpunkt der Kulturen der Welt* (Berlin 2009), S. 54–65.

R. Risch/H. Meller, »Wandel und Kontinuität in Europa und im Mittelmeerraum um 1600 v. Chr.« In: H. Meller u. a. (Hrsg.), *1600 – Kultureller Umbruch im Schatten des Thera-Ausbruchs?* (Halle/S. 2013), S. 597–613.

H. Vankilde, »Bronzization: The Bronze Age as Pre-Modern Globalization.« In: *Prähistorische Zeitschrift* 91, 2016, S. 103–123.

J. Wegner, »A Royal Boat Burial and Watercraft Tableau of Egypt's 12th Dynasty (c. 1850 BCE) at South Abydos.« In: *The International Journal of Nautical Archaeology* 46/1, 2017, S. 5–30.

G. Zipf, »Zwei mysteriöse Objekte – Die Becken aus Haschendorf und Balkåkra.« In: H. Meller (Hrsg.), *Der geschmiedete Himmel. Die weite Welt im Herzen Europas vor 3600 Jahren* (Stuttgart 2004), S. 74–77.

7 DIE SPUR DES BERNSTEINS

J. A. Becker, »Das Gold des Nordens im Alten Orient. Bernsteinfunde des 3. und 2. Jahrtausends v. Chr.« In: H. Meller (Hrsg.): *Die Himmelsscheibe von Nebra. Forschungsbericht Landesmuseum Vorgeschichte Halle* (in Vorbereitung).

J. Becker/J. Jungfleisch/C. von Rüden (Hrsg.), *Tracing Technoscapes. The Production of Bronze Age Wall Paintings in the Eastern Mediterranean* (Leiden 2018).

G. Beckman, »Kanesh.« In: R. S. Bagnall u. a. (Hrsg.), *The Encyclopedia of Ancient History* (Oxford 2013), S. 3690–3691.

J.-H. Bunnefeld/L. Martin, »Von der Ostsee nach Assur – Zum Bernsteinaustausch im frühen 2. Jt. v. Chr.« In: H. Meller/M. Schefzik (2020), S. 160–163.

J.-H. Bunnefeld/J. A. Becker/L. Martin/H. Meller, »Baltic Amber in Assur. Forms and Significance of Amber Exchange between Europe and the Middle East, c. 2000–1300 BC« (in Vorbereitung).

E. Cancik-Kirschbaum, *Die Assyrer. Geschichte, Gesellschaft, Kultur* (München 2015).

M. Ernée, »Eine vergessene Bernsteinstraße? Bernstein und die Klassische Aunjetitzer Kultur in Böhmen.« In: P. L. Cellarosi u. a. (Hrsg.), *The Amber Roads. The Ancient Cultural and Commercial Communication Between the Peoples* (Rom 2016), S. 85–105.

A. Harding/H. Hughes-Brock, »Amber in the Mycenaean World.« In: *Annual of the British School Athens* 69, 1974, S. 145–172.

P. Jablonka, »Globalisierung im 3. Jahrtausend v. und n. Chr. – Interpretationen archäologisch sichtbarer Kontakte von der Ägäis bis zum Indus von der nordwestlichen Peripherie aus betrachtet.« In: *Altorientalische Forschungen* 41 (1), 2014, S. 41–62.

R. Jung, »Le relazioni egee degli insediamenti calabresi e del basso Tirreno durante l'età del bronzo.« In: L. Cicala/M. Pacciarelli (Hrsg.), *Centri fortificati indigeni della Calabria dalla protostoria all'età ellenistica* (Neapel 2017), S. 51–67.

R. Jung/M. Pacciarelli, »A Minoan Statuette from Punta di Zambrone in Southern Calabria (Italy).« In: E. Alram-Stern u. a. (Hrsg.), *Metaphysis: Ritual, Myth and Symbolism in the Agean Bronze Age* (Leuven, Liege 2016), S. 29–36.

R. Jung u. a., »Punta di Zambrone (Calabria) – a Bronze Age Harbor Site. First Preliminary Report on the Recent Bronze Age (2011–2012 Campaigns).« In: *Archaeologia Austriaca* 99, 2015, S. 53–110.

E. Kozal, *Anatolien im 2. Jt. v. u. Z. und die Hinterlassenschaften materieller Kultur aus dem Ostmittelmeerraum, insbesondere Zyperns* (Diss. Univ. Tübingen 2006).

F. Kulakoğlu/G. Öztürk, »New Evidence for International Trade in Bronze Age Central Anatolia: Recently Discovered Bullae at Kültepe-Kanesh.« In: *Antiquity* Project Gallery 89 (343), 2015, http://antiquity.ac.uk/projgall/kulakoglu343.

J. Maran, »Wessex und Mykene. Zur Bedeutung des Bernsteins in der Schachtgräberzeit Südgriechenlands.« In: *Internationale Archäologie – Studia honoraria* 21, 2004, S. 47–65.

J.-C. Marguern, *Mari: Capital of Northern Mesopotamia in the Third Millennium. The Archaeology of Tell Hariri on the Euphrates* (Oxford 2014).

C. v. Rüden, »Producing Aegeanness – An Innovation and its Impact in Middle and Late Bronze Age Syria/Northern Levant.« In: S. Burmeister/R. Bernbeck (Hrsg.), *The Interplay of People and Technologies. Archaeological Case Studies on Innovations* (Berlin 2017), S. 225–249.

J. M. Sasson, »Texts, Trade, and Travellers.« In: J. Aruz/K. Benzel/J. M. Evans (Hrsg.), *Beyond Babylon. Art, Trade, and Diplomacy in the Second Millennium B. C.* (New York 2008), S. 170–184.

T. Scarano, *Le fortificazioni della media età del Bronzo: strutture, contesti, materiali* (Foggia 2012).

T. Scarano, »Die Belagerung der bronzezeitlichen Befestigung von Roca Vecchia.« In: H. Meller/M. Schefzik (Hrsg.), *Krieg – eine archäologische Spurensuche* (Halle/S. 2015), S. 309–311.

M. Trolle Larsen, »The Old Assyrian Merchant Colonies.« In: J. Aruz/K. Benzel/J. M. Evans (Hrsg.), *Beyond Babylon. Art, Trade, and Diplomacy in the Second Millennium B. C.* (New York 2008), S. 70–81.

R.-B. Wartke, »Zu den Gründungsbeigaben aus der Mitte der archaischen Zikurrat von Assur.« In: M. Dietrich/O. Loretz (Hrsg.), *Beschreiben und Deuten in der Archäologie des Alten Orients* (Münster 1994), S. 335–345.

EPILOG

A. Müller-Karpe, »The Hittite Empire.« In: J. Aruz/K. Benzel/J. M. Evans (Hrsg.), *Beyond Babylon. Art, Trade, and Diplomacy in the Second Millennium B. C.* (New York 2008), S. 42–44.

P. Pfälzner, »Goldplaketten und andere prestigehaltige Einzelobjekte aus Gold, Silber und Bernstein aus der Königsgruft von *Qaṭna* im Kontext von Bestattung und Ritual.« In: P. Pfälzner (Hrsg.), *Interdisziplinäre Studien zur Königsgruft von Qaṭna* (Wiesbaden 2011), S. 137–190.

A. Schaer, »Die Bronzehand von Prêles (Kanton Bern/CH) – Die älteste anthropomorphe Bronzeplastik Europas?« In: *Archäologisches Korrespondenzblatt* 49, 2019, S. 57–69.

A. Schaer, »Die Bronzehand von Prêles, Kanton Bern (Schweiz).« In: H. Meller, S. Kimmig-Völkner, A. Reichenberger, *Ringe der Macht* (Halle/S. 2019), S. 301–320.

C. van Schaik/K. Michel, *Die Wahrheit über Eva. Die Erfindung der Ungleichheit von Frauen und Männern* (Hamburg 2020).

BILDNACHWEIS

5–6 LDA Sachsen-Anhalt, Juraj Lipták
8 LDA Sachsen-Anhalt, Karol Schauer
11 LDA Sachsen-Anhalt, Juraj Lipták
12 LDA Sachsen-Anhalt, Jan-Heinrich Bunnefeld
13 LDA Sachsen-Anhalt, Heiko Breuer
14 © Historic England Archive, DP149804
15 Alamy Stock Foto, funkyfood London – Paul Williams
16 picture alliance / dpa | Jens Wolf
17 LDA Sachsen-Anhalt, Teodoro Scarano
18 (links) LDA Sachsen-Anhalt, Juraj Lipták
18 (rechts) bpk / Scala
19 (oben) NASA/JPL
19 (unten) ESA
20 LDA Sachsen-Anhalt, Foto: Juraj Lipták; Grafik: Klaus Pockrandt
22–23 LDA Sachsen-Anhalt, Karol Schauer
24 bpk / DeAgostini / New Picture Library / G. Dagli Orti
25 LDA Sachsen-Anhalt, Klaus Pockrandt
26 Esna-Projekt Tübingen, Aufnahme: Ahmed Amin
27 LDA Sachsen-Anhalt, Karol Schauer
28 (links) LDA Sachsen-Anhalt, Juraj Lipták
28 (rechts) Science Photo Library, Larry Landolfi
30 L2M3 Kommunikationsdesign GmbH Stuttgart
31 (oben) pixabay, Klaus Stebani
31 (unten) LDA Sachsen-Anhalt, Juraj Lipták
32 LDA Sachsen-Anhalt, Juraj Lipták
33 LDA Sachsen-Anhalt, Klaus Pockrandt
34 LDA Sachsen-Anhalt, Juraj Lipták
35 LDA Sachsen-Anhalt, Karte: Nora Seeländer; Foto: Juraj Lipták, Grafik nach Schlosser 2003, Abb. 6
36 LDA Sachsen-Anhalt, Juraj Lipták
37 LDA Sachsen-Anhalt, Klaus Pockrandt
38 Juraj Lipták, München
39 LDA Sachsen-Anhalt, Juraj Lipták
40 LDA Sachsen-Anhalt, Karol Schauer
41 (oben) LDA Sachsen-Anhalt, Karol Schauer
41 (unten) Juraj Lipták, München
42–43 LDA Sachsen-Anhalt, Juraj Lipták
44 LDA Sachsen-Anhalt, Karol Schauer
46 Čeněk Ryzner, Řadové hroby blíž Únětic. Památky archaeologické a místopisné 11, 1880, Pl. XVI
47 LDA Sachsen-Anhalt, Karol Schauer
48 (oben) LDA Sachsen-Anhalt, Karol Schauer
48 (unten) Juraj Lipták, München
49 LDA Sachsen-Anhalt, Karol Schauer
50 Juraj Lipták, München
51 LDA Sachsen-Anhalt, Karol Schauer
52 Salzlandmuseum, Stefan Knopf
53 LDA Sachsen-Anhalt, Grafik: Anna Swieder; Datengrundlage Stonehenge Befunde Newall 1929, zwischen 80 u. 81; Datengrundlage Stonehenge Wälle Cleal u. a. 1995, Plan 1; Datengrundlage Pömmelte Befunde Spatzier 2017, Beil.; Datengrundlage Pömmelte Wälle Umzeichnung Matthias Zirm
54 LDA Sachsen-Anhalt, Grafik: Juliane Filipp; Datengrundlage Schönebeck Tim Grünewald; Pömmelte Matthias Zirm
55 Juraj Lipták, München
56 LDA Sachsen-Anhalt, André Spatzier
57 LDA Sachsen-Anhalt, Harald Meller
58 LDA Sachsen-Anhalt, Ralf Schwarz
59 Juraj Lipták, München
60 Salisbury and South Wiltshire Museum
61 (links) Salisbury and South Wiltshire Museum
61 (rechts) Thüringisches Landesamt für Denkmalpflege und Archäologie, Hauke Arnold
62 Juraj Lipták, München
63 Gregor Borg, Halle (Saale)
64 LDA Sachsen-Anhalt, Juraj Lipták
65 Juraj Lipták, München
66 LDA Sachsen-Anhalt, Karol Schauer
67 Juraj Lipták, München
68 LDA Sachsen-Anhalt, Juraj Lipták; Grafik: Birte Janzen
70 LDA Sachsen-Anhalt, Karol Schauer
72 Sächsisches Staatsarchiv, Hauptstaatsarchiv Dresden, 12884 Karten und Risse, Schr 006, F 072, Nr 006 (Makro 11106)
73 LDA Sachsen-Anhalt, Torsten Schunke
74 LDA Sachsen-Anhalt, Karol Schauer
75 Juraj Lipták, München
77 LDA Sachsen-Anhalt, Matthias Zirm
78–79 Juraj Lipták, München
80 LDA Sachsen-Anhalt, Karol Schauer
81 Thüringisches Landesamt für Denkmalpflege und Archäologie, Hauke Arnold
82 bpk / Ägyptisches Museum und Papyrussammlung, SMB / Sandra Steiß
84 LDA Sachsen-Anhalt, Juliane Filipp
85–86 Juraj Lipták, München
88 L. Czerniak, Najstarsze społeczności rolnice. Nowa epoka. In: M. Kobusiewicz kamienia do średniowiecza (Poznań 2008)
89 Jarmila Švédová/Institute of Archaeology, Czech Academy of Sciences, Prague
90 Samson Goetze

92 Pieter Brueghel the Elder creator QS:P170,Q43270 (https://commons.wikimedia.org/wiki/File:Pieter_Bruegel_the_Elder_-_The_Tower_of_Babel_(Rotterdam)_-_Google_Art_Project_-_edited.jpg), »Pieter Bruegel the Elder – The Tower of Babel (Rotterdam) – Google Art Project – edited«, bearbeitet, https://creativecommons.org/publicdomain/zero/1.0/legalcode
94 Chris Gorman
95 Von Künstler/-in unbekannt – http://www.bl.uk/catalogues/illuminatedmanuscripts/ILLUMIN.ASP?Size=mid&IllID=11718, Gemeinfrei, https://commons.wikimedia.org/w/index.php?curid=1785444
96 Aerial Cam, Adam Stanford
97 Historic England Archive: IC095/073 und 074
98 Grafik Juliane Filipp, Bad Bibra nach Vorlage Richards 2017, S. 27
99 (links) Grafik Juliane Filipp, Bad Bibra nach Vorlage Richards 2017, S. 27
99 (rechts) Grafik Juliane Filipp, Bad Bibra
100 Peter Palm, Berlin
101 Mike Pitts, Marlborough
102 © Historic England Archive, IC095_081
103 © Kelvin Wilson
104–105 Wiltshire Museum, Devizes
106 (links) Historic England Archive
106 (rechts) Historic England Archive, DP 149973
107 Royal Museums of Art and History Brüssel
108 ASOME Autonome Uni Barcelona, Dani Méndez-REVIVES
109 ASOME Autonome Uni Barcelona
111 Olaf Tausch (https://commons.wikimedia.org/wiki/File:Stiersprungfresko_03.jpg), »Stiersprungfresko 03«, https://creativecommons.org/licenses/by/3.0/legalcode
112 bpk / Scala
113 Aquarell von Jean-Claude Golvin. Musée départemental Arles Antique © Jean-Claude Golvin / Éditions Errance
114–115 Harald Meller, Halle
117 (links) Heritage-Images / CM Dixon / akg-images
117 (rechts) Olaf Tausch (https://commons.wikimedia.org/wiki/File:Diskos_von_Phaistos_(Seite_A)_11.jpg), »Diskos von Phaistos (Seite A) 11«, https://creativecommons.org/licenses/by/3.0/legalcode
118 Franziska Knoll, Halle
119 Harald Meller, Halle
120 Unknown authorUnknown author (https://commons.wikimedia.org/wiki/File:Lion_Gate_Mykene_with_Wilhelm_Dörpfeld_and_Heinrich_Schliemann.jpg), »Lion Gate Mykene with Wilhelm Dörpfeld and Heinrich Schliemann«, als gemeinfrei gekennzeichnet, Details auf Wikimedia Commons: https://commons.wikimedia.org/wiki/Template:PD-old
121 Alamy Stock Foto / aerial-photos.com
122 (links) Hellenic Ministry of Culture and Sports/HCRMDO
122 (rechts) bpk / Herbert Kraft
123 Hellenic Ministry of Culture and Sports / Ephorate of Antiquities of Argolida
125 Jebulon (https://commons.wikimedia.org/wiki/File:Boars's_tusk_helmet_NAMA6568_Athens_Greece1.jpg), »Boars's tusk helmet NAMA6568 Athens Greece1«, https://creativecommons.org/publicdomain/zero/1.0/legalcode
126 akg-images / Nimatallah
127 Badisches Landesmuseum Karlsruhe, Peter Gaul
128 Harald Meller, Halle
129 Karo 1930, bearbeitet Brigitte Parsche (LDA Sachsen-Anhalt)
130 Ashmolean Museum, AN1938.706
131 Carl Wilhelm Freiherr von Heideck, Freiheitskämpfer in der sogenannten Schatzkammer des Agamemnon bei Mykene, 1827–1829, Bleistift, Feder, Aquarell auf Papier auf Karton, 29,5 cm × 46,7 cm, Städtische Galerie im Lenbachhaus und Kunstbau München https://www.lenbachhaus.de/entdecken/sammlung-online/detail/freiheitskaempfer-in-der-sogenannten-schatzkammer-des-agamemnon-bei-mykene-30016693
132 Franziska Knoll, Halle
133 unbekannt (https://de.wikipedia.org/wiki/Datei:Nilflut_bei_Gisa.jpg), »Nilflut bei Gisa«
134 Unknown, perhaps more than one (https://commons.wikimedia.org/wiki/File:Narmer_Palette.jpg), »Narmer Palette«, als gemeinfrei gekennzeichnet, Details auf Wikimedia Commons: https://commons.wikimedia.org/wiki/Template:PD-old
135 HoremWeb (https://commons.wikimedia.org/wiki/File:Akhenaten_modell_head_replica.jpg), https://creativecommons.org/licenses/by-sa/4.0/legalcode
136 Geography: From Egypt, Upper Egypt, Thebes, Deir el-Bahri, Temple of Mentuhotep II, Egypt Exploration Fund excavations, 1907
137 Francis Frith (English, 1822–1898) (1822–1898) – photographer (English) Details of artist on Google Art Project (https://commons.wikimedia.org/wiki/File:Francis_Frith_(English)_-_The_Pyramids_of_Dahshoor,_From_the_East_-_Google_Art_Project.jpg), »Francis Frith (English) – The Pyramids of Dahshoor, From the East – Google Art Project«, als gemeinfrei gekennzeichnet, Details auf Wikimedia Commons: https://commons.wikimedia.org/wiki/Template:PD-old
138 akg-images / Science Photo Library
139 LDA Sachsen-Anhalt, Max Flügel
140 Claude F. A. Schaeffer (https://commons.wikimedia.org/wiki/File:Vue_d'avion_du_chantier_de_Ras_Shamra-Ugarit_sur_le_tell_apres_la_septième_campagne_(printemps_1935).jpg), »Vue d'avion du chantier de Ras Shamra-Ugarit sur le tell apres la septième campagne (printemps 1935)«, als gemeinfrei gekennzeichnet, Details auf Wikimedia Commons: https://commons.wikimedia.org/wiki/Template:PD-1996
141 bpk / Musée du Louvre, Dist. RMN – Grand Palais / Raphaël Chipault
142–144 © Qaṭna-Projekt der Universität Tübingen
145 Alamy Stock Foto / AF Fotografie
146 bpk / The Trustees of the British Museum
147 D-Stanley © flickr
148 Hans Ollermann (https://commons.wikimedia.org/wiki/File:Sargon_of_Akkad_(frontal).jpg), »Sargon of Akkad (frontal)«, https://creativecommons.org/licenses/by-sa/2.0/legalcode
150 anonymous Unknown authorUnknown author Mbzt (https://commons.wikimedia.org/wiki/File:P1050763_Louvre_code_Hammurabi_face_rwk.JPG), »P1050763 Louvre code Hammurabi face rwk«, https://creativecommons.org/licenses/by/3.0/legalcode
152 Elihu Vedder artist QS:P170,Q389726 (https://commons.wikimedia.org/wiki/File:Vedder,_Elihu_-_The_Questioner_of_the_Sphinx_-_1836.gif), »Vedder, Elihu – The Questioner of the Sphinx – 1836«, als gemeinfrei gekennzeichnet, Details auf Wikimedia Commons: https://commons.wikimedia.org/wiki/Template:PD-old
154–155 Juraj Lipták, München
156 (oben) bpk / Jürgen Liepe
156 (unten) EES, AB-RT.NEG.II.005
157 Bild: DB Hatshepsut 3605 Autor: Kairoinfo4U Lizenz: CC BY-SA 3.0

158 (links und Mitte) © 2020, The Trustees of the British Museum, CC BY-NC-SA 4.0.
158 (rechts) akg-images / James Morris
159 Deutsches Bergbau-Museum Bochum, Ünsal Yalçın
160 Institute for Nautical Archaeology, Texas
161 Institute for Nautical Archaeology, Texas, Cemal Pulak
162 Museum Erding / Jörg Stolz, BLfD 2017
163 Juraj Lipták, München
164 (links) Juraj Lipták, München
164 (rechts) Copyright Ministry of Culture/Directorate General of Antiquities-Lebanon
165–166 Juraj Lipták, München
167 Archäologisches Museum Hamburg (https://commons.wikimedia.org/wiki/File:Klapphocker_Daensen_Rekonstruktion.jpg), »Klapphocker Daensen Rekonstruktion«, https://creativecommons.org/licenses/by-sa/3.0/de/legalcode
168 Juraj Lipták, München
169 National Museum of Denmark, Roberto Fortuna & Kira Ursem
170 © Nikola Nevenov
171 Harald Meller, Halle
172 Ehud Galili, Israel
173 Wiltshire Museum Devizes
174 Alamy Stock Photo / Phil Watson
176 Courtesy New York State Archives
177 © British Library, Or. 8210/S.3326
178 J. J. von Littrow/P. Guthnick: Die Wunder des Himmels. Gemeinverständliche Darstellung des Weltsystems (Berlin 1910).
179 bpk / Musée du Louvre, Dist. RMN – Grand Palais / Christian Decamps
180 The MET Museum, 48.105.52; Künstler: Charles K. Wilkinson (1979)
181 Alamy Stock Foto / Magica
182 Alamy Stock Foto / Classic Image
183 bpk / The Trustees of the British Museum
184 akg-images / Erich Lessing
185 bpk / RMN – Grand Palais, Les frères Chuzeville / Raphaël Chipault
186 Davide De Martin & the ESA/ESO/NASA Photoshop FITS Liberator
187 Elihu Vedder artist QS:P170,Q389726 (https://commons.wikimedia.org/wiki/File:Elihu_Vedder_-_The_Pleiades,_1885.jpg), »Elihu Vedder – The Pleiades, 1885«, als gemeinfrei gekennzeichnet, Details auf Wikimedia Commons: https://commons.wikimedia.org/wiki/Template:PD-old
188 bpk / RMN – Grand Palais / Franck Raux
190 Juraj Lipták, München
192 Francis Frith (English, 1822–1898) (1822–1898) – photographer (English) Details of artist on Google Art Project (https://commons.wikimedia.org/wiki/File:Francis_Frith_(English)_-_The_Pyramids_of_Dahshoor,_From_the_East_-_Google_Art_Project.jpg), »Francis Frith (English) – The Pyramids of Dahshoor, From the East – Google Art Project«, als gemeinfrei gekennzeichnet, Details auf Wikimedia Commons: https://commons.wikimedia.org/wiki/Template:PD-old
193 bpk / The Trustees of the British Museum
194 Alamy Stock Foto / The Print Collector
195–196 bpk / The Trustees of the British Museum
197 Ch. Doumas, The Wall-Paintings of Thera (Athen 1992) Abb. 36
198 akg-images / Florent Pey
199 courtesy University of Pennsylvania Museum of Archaeology and Anthropology
200 Djehouty (https://commons.wikimedia.org/wiki/File:Ägyptisches_Museum_Kairo_2016-03-29_Tutanchamun_Grabschatz_09.jpg), https://creativecommons.org/licenses/by-sa/4.0/legalcode
202 Roemer- und Pelizaeus-Museum Hildesheim, Sh. Shalchi
203 akg-images / Werner Forman
205 LDA Sachsen-Anhalt, Max Flügel
206 (oben) Juraj Lipták, München
206 (unten) LDA Sachsen-Anhalt, Svetlana Belizki
207 Copyright Ministry of Culture/Directorate General of Antiquities-Lebanon
209 LDA Sachsen-Anhalt, Fotos: Juraj Lipták, München; Montage: Brigitte Parsche (LDA Sachsen-Anhalt)
210–218 Juraj Lipták, München
220–221 LDA Sachsen-Anhalt, Max Flügel
222 Juraj Lipták, München
223 LDA Sachsen-Anhalt, Teodoro Scarano
224 LDA Sachsen-Anhalt, Sven Thomas
225–226 Vorderasiatisches Museum, Staatlichen Museen Berlin; Foto: Olaf M. Teßmer
228 Juraj Lipták, München
230 Kulakoglu, F. and Kangal, S. (eds.) 2010, Anatolia's Prologue. Kültepe Kanesh Karum. Assyrians in İstanbul. Kayseri Metropolitan Municipality. Seçil Ofset. İstanbul. fig. 6
231 MET Museum, Gift of Mr. and Mrs. J. J. Klejman, 1966
233 akg-images / Andrea Jemolo
234 akg-images / British Library
236 Juraj Lipták, München
238–239 © Archäologischer Dienst des Kantons Bern, Philippe Joner
240–242 © Qaṭna-Projekt der Universität Tübingen
243 Museum of Fine Arts, Boston
245 LDA Sachsen-Anhalt, Karol Schauer
246 LDA Sachsen-Anhalt, Fotos: Juraj Lipták, Montage: Brigitte Parsche
Nachsatz © NSSDC Photo Gallery

Der Verlag hat sich bemüht, die Rechtegeber ausfindig zu machen. Nicht in allen Fällen ist dies gelungen. Für Hinweise sind wir dankbar.

Erkundungen im Reich von Nebra

Viele der Orte, über die unser Buch berichtet, ermöglichen es, in die Vergangenheit einzutauchen. Wir präsentieren deshalb hier die Museen und Plätze, an denen die Welt der Himmelsscheibe erlebbar wird – und natürlich auch jenen Ort, an dem das bronzezeitliche Wunderwerk heute zu besichtigen ist.

Das Landesmuseum für Vorgeschichte Halle

Seitdem die Himmelsscheibe aus den Händen der Hehler gerettet wurde, ist sie im Landesmuseum für Vorgeschichte in Halle an der Saale zu sehen. In der Museumsinszenierung schwebt sie wie ein geheimnisvoller grüner Planet durch den dunklen Raum, über ihr dreht sich der Sternenhimmel. Das Museum lässt die europäische Kulturentwicklung der letzten Jahrtausende erfahrbar werden und zeigt viele der in unserem Buch vorgestellten Funde, wie etwa jene aus Leubingen, Helmsdorf oder Dieskau.

Öffnungszeiten

Di–Fr	9–17 Uhr
Sa/So/Feiertage	10–18 Uhr
montags	nach Voranmeldung

www.landesmuseum-vorgeschichte.de

Arche Nebra – die Himmelsscheibe erleben

Das Besucherzentrum am Fundort der Himmelsscheibe

Womöglich parkten einst die Sondengänger den Trabbi an dieser Stelle, bevor sie auf den Mittelberg stapften, wo sie die Himmelsscheibe ausgruben. Heute lädt hier die »Arche Nebra« ein, die archäologischen Erkenntnisse rund um die Himmelsscheibe zu inspizieren und im Planetarium den bronzezeitlichen Kosmos zu bestaunen. Die beeindruckende Architektur ist inspiriert von der auf der Himmelsscheibe abgebildeten Sonnenbarke. Über dem Fundort selbst wölbt sich auf dem Mittelberg das »Himmelsauge«, eine Scheibe aus poliertem Edelstahl. War die Bergspitze in der Bronzezeit unbewaldet, lässt heute ein Blick vom Aussichtsturm verstehen, warum die Menschen vor 3600 Jahren diesen Ort wählten, um die Himmelsscheibe zu opfern.

Öffnungszeiten

April–Oktober	täglich 10–18 Uhr
November–März	Di–Fr 10–16 Uhr
Sa/So/Feiertage	10–17 Uhr

Der Aussichtsturm ist täglich geöffnet.

www.himmelsscheibe-erleben.de

Das Sonnenobservatorium Goseck

Die Kreisgrabenanlage von Goseck stellt einen der frühesten archäologischen Belege für systematische Himmelsbeobachtungen dar. Das sagenhafte 7000 Jahre alte Monument ist vollständig ausgegraben und an der originalen Stelle rekonstruiert worden. In der Anlage können Besucher den Lauf der Sonne beobachten und die besondere Akustik der Holzarchitektur erleben. Ein kleines Informationszentrum im nahen Schloss Goseck vermittelt Wissenswertes zum Sonnenobservatorium, seiner Ausgrabung und dem europäischen Phänomen der Kreisgrabenanlagen.

Öffnungszeiten

Das Sonnenobservatorium ist ganzjährig frei zugänglich.

Informationszentrum zum Gosecker Sonnenobservatorium:

April–Dezember	täglich 11–17 Uhr
Januar–März	nur auf Anmeldung oder mit Führung.

www.sonnenobservatorium-goseck.info

Das Ringheiligtum Pömmelte

Südlich von Magdeburg, nur wenige Kilometer von der Elbe entfernt, ist seit Juni 2016 das »deutsche Stonehenge« zu besichtigen: das Ringheiligtum Pömmelte. Es ist die einzige Kreisgrabenanlage auf dem europäischen Kontinent, die zur selben Zeit wie die britische Megalithanlage entstand und eine ähnliche Komplexität aufweist – nur dass dieses Heiligtum vor über 4000 Jahren aus Holz errichtet wurde. Neben dem aus Cornwall stammenden Gold und Zinn der Himmelsscheibe haben wir es hier mit einem weiteren Beleg für die uralte Verbindung zwischen Mitteldeutschland und England zu tun. Pömmelte ist einer der Orte, an dem das Reich von Nebra entstand. Spektakuläres kultisches Geschehen, zu dem auch Menschenopfer gehörten, spielte dabei eine wichtige Rolle. Einige der Funde können im Salzlandmuseum in Schönebeck besichtigt werden.

Öffnungszeiten Ringheiligtum

Das Ringheiligtum Pömmelte ist ganzjährig frei zugänglich.

Öffnungszeiten des Salzlandmuseums

Di 10–16 Uhr
Do 10–18 Uhr
Fr 10–16 Uhr
So 14–18 Uhr

www.ringheiligtum-poemmelte.de

Der Bornhöck bei Dieskau

Wo einst zwischen Raßnitz und Gröbers der größte frühbronzezeitliche Grabhügel Mitteleuropas die Landschaft dominierte, steht heute ein Gedenkstein. Es gibt Überlegungen, den im 19. Jahrhundert abgetragenen Hügel, in dem auch der Meister der Himmelsscheibe bestattet worden sein könnte, zu rekonstruieren. Die Kopien des vermutlich dort gefundenen Goldschatzes sind im Landesmuseum ausgestellt, die Originale befinden sich in Moskau.

Der Grabhügel von Leubingen

Schon im 19. Jahrhundert drangen Archäologen in seine Grabkammer vor, trotzdem überstand er die Zeit bis heute nahezu unbeschadet: der Grabhügel des Fürsten von Leubingen bei Sömmerda. 2021 eröffnet an der A71 die Tank- und Rastanlage »Leubinger Fürstenhügel«, von der ein »Zeitreiseweg« direkt zum Bronzezeithügel führt. Eine kleine Ausstellung vor Ort informiert über dessen Bedeutung. Das Grabinventar mit dem Goldornat des Fürsten von Leubingen befindet sich im Landesmuseum für Vorgeschichte in Halle.

Das Museum für Vor- und Frühgeschichte Berlin

Das auf der Berliner Museumsinsel untergebrachte Museum für Vor- und Frühgeschichte ist ein wichtiger Ort, um die europäische Bronzezeit zu erkunden. Der an die 3000 Jahre alte »Berliner Goldhut« fasziniert mit seinen geheimnisvollen Ornamenten die Besucher. Auch wichtige Funde aus dem kulturellen Umfeld der Himmelsscheibe befinden sich in der Sammlung, so der Hortfund von Bennewitz, der aus 297 Beilen besteht, die vermutlich einer der Armeen des Fürsten von Dieskau gehörten.

www.smb.museum/museen-und-einrichtungen/museum-fuer-vor-und-fruehgeschichte